范例导航系列丛书

Flash CS6 中文版动画设计与制作

文杰书院　编著

U0215268

清华大学出版社

北 京

内 容 简 介

本书是"范例导航系列丛书"的一个分册，以通俗易懂的语言、精挑细选的实用技巧、翔实生动的操作案例，全面介绍了 Flash CS6 中文版基础知识及应用案例，主要内容包括图形的绘制与编辑，文本应用与编辑，编辑与操作对象，使用元件、实例和库，使用外部图片、声音和视频，使用时间轴和帧设计基本动画，图层与高级动画，骨骼运动与 3D 动画，ActionScript 脚本基础应用，使用常用语句创建交互式动画，使用行为与组件以及 Flash 动画的测试与发布等。

本书配套一张多媒体全景教学光盘，收录了本书全部知识点的视频教学课程，同时还赠送了多套相关视频教学课程，超低的学习门槛和超大光盘内容含量，可以帮助读者循序渐进地学习、掌握和提高。

本书面向初中级用户，适合无基础又想快速掌握 Adobe Flash CS6 的读者，可作为 Flash CS6 自学人员的参考用书，还可适用高等院校专业课教材和社会培训机构教材。

图书在版编目(CIP)数据

Flash CS6 中文版动画设计与制作/文杰书院编著. --北京：清华大学出版社，2014(2022.8 重印)
(范例导航系列丛书)
ISBN 978-7-302-37842-6

Ⅰ. ①F… Ⅱ. ①文… Ⅲ. ①动画制作软件 Ⅳ. ①TP391.41

中国版本图书馆 CIP 数据核字(2014)第 199309 号

责任编辑：魏　莹
装帧设计：杨玉兰
责任校对：李玉萍
责任印制：宋　林

出版发行：清华大学出版社
　　　　　网　　　址：http://www.tup.com.cn, http://www.wqbook.com
　　　　　地　　　址：北京清华大学学研大厦 A 座　　　邮　　编：100084
　　　　　社 总 机：010-83470000　　　　　　　　　邮　　购：010-62786544
　　　　　投稿与读者服务：010-62776969, c-service@tup.tsinghua.edu.cn
　　　　　质量反馈：010-62772015, zhiliang@tup.tsinghua.edu.cn
　　　　　课件下载：http://www.tup.com.cn, 010-62791865

印 装 者：三河市龙大印装有限公司
经　　销：全国新华书店
开　　本：185mm×260mm　　　印　张：27　　　字　数：653 千字
　　　　　(附 DVD 1 张)
版　　次：2014 年 10 月第 1 版　　　　　　　印　次：2022 年 8 月第 8 次印刷
定　　价：56.00 元

产品编号：056118-01

致 读 者

　　"范例导航系列丛书"将成为您"快速掌握电脑技能，灵活运用职场工作"的全新学习工具和业务宝典，通过"图书+多媒体视频教学光盘+网上学习指导"等多种方式与渠道，为您奉上丰盛的学习与进阶的盛宴。

　　"范例导航系列丛书"涵盖了电脑基础与办公、图形图像处理、计算机辅助设计等多个领域，本系列丛书汲取目前市面上同类图书作品的成功经验，针对读者最常见的需求来进行精心设计，从而知识更丰富，讲解更清晰，覆盖面更广，是读者首选的电脑入门与应用类学习与参考用书。

　　衷心希望通过我们坚持不懈的努力能够满足读者的需求，不断提高我们的图书编写和技术服务水平，进而达到与读者共同学习，共同提高的目的。

一、轻松易懂的学习模式

　　我们秉承"打造最优秀的图书、制作最优秀的电脑学习软件、提供最完善的学习与工作指导"的原则，在本系列图书的编写过程中，聘请电脑操作与教学经验丰富的老师和来自工作一线的技术骨干倾力合作编写，为您系统化地学习和掌握相关知识与技术奠定扎实的基础。

1. 快速入门、学以致用

　　本套图书特别注重读者学习习惯和实践工作应用，针对图书的内容与知识点，设计了更加贴近读者学习的教学模式，采用"基础知识学习+范例应用与上机指导+课后练习"的教学模式，帮助读者从初步了解到掌握再到实践应用，循序渐进地成为电脑应用高手与行业精英。

2. 版式清晰，条理分明

　　为便于读者学习和阅读本书，我们聘请专业的图书排版与设计师，根据读者的阅读习

惯，精心设计了赏心悦目的版式，全书图案精美、布局美观，读者可以轻松完成整个学习过程，进而在轻松愉快的阅读氛围中，快速学习、逐步提高。

3. 结合实践，注重职业化应用

本套图书在内容安排方面，尽量摒弃枯燥无味的基础理论，精选了更适合实际生活与工作的知识点，每个知识点均采用"**基础知识+范例应用**"的模式编写，其中"**基础知识**"操作部分偏重在知识的学习与灵活运用，"**范例应用**"主要讲解该知识点在实际工作和生活中的综合应用。除此之外，每一章的最后都安排了"课后练习"，帮助读者综合应用本章的知识制作实例并进行自我练习。

二、轻松实用的编写体例

本套图书在编写过程中，注重内容起点低，操作上手快，讲解言简意赅，读者不需要复杂的思考，即可快速掌握所学的知识与内容。同时针对知识点及各个知识板块的衔接，科学地划分章节，知识点分布由浅入深，符合读者循序渐进与逐步提高的学习习惯，从而使学习达到事半功倍的效果。

- **本章要点**：在每章的章首页，我们以言简意赅的语言，清晰地表述了本章即将介绍的知识点，读者可以有目的地学习与掌握相关知识。
- **操作步骤**：对于需要实践操作的内容，全部采用分步骤、分要点的讲解方式，图文并茂，使读者不但可以动手操作，还可以在大量实践案例的练习中，不断地积累经验、提高操作技能。
- **知识精讲**：对于软件功能和实际操作应用比较复杂的知识，或者难以理解的内容，进行更为详尽的讲解，帮助您拓展、提高与掌握更多的技巧。
- **范例应用与上机操作**：读者通过阅读和学习此部分内容，可以边动手操作，边阅读书中所介绍的实例，一步一步地快速掌握和巩固所学知识。
- **课后练习**：通过此栏目内容，不但可以温习所学知识，还可以通过练习，达到巩固基础、提高操作能力的目的。

三、精心制作的教学光盘

本套丛书配套多媒体视频教学光盘，旨在帮助读者完成"从入门到提高，从实践操作到职业化应用"的一站式学习与辅导过程。配套光盘共分为"基础入门"、"知识拓展"、

"上网交流"和"配套素材"4个模块，每个模块都注重知识点的分配与规划，使光盘功能更加完善。

- **基础入门**：在"基础入门"模块中，为读者提供了本书全部重要知识点的多媒体视频教学全程录像，从而帮助读者在阅读图书的同时，还可以通过观看视频操作快速掌握所学知识。

- **知识拓展**：在"知识拓展"模块中，为读者免费赠送了与本书相关的 4 套多媒体视频教学录像，读者在学习本书视频教学内容的同时，还可以学到更多的相关知识，读者相当于买了一本书，获得了 5 本书的知识与信息量！

- **上网交流**：在"上网交流"模块中，读者可以通过网上访问的形式，与清华大学出版社和本丛书作者远程沟通与交流，有助于读者在学习中有疑问的时候，可以快速解决问题。

- **配套素材**：在"配套素材"模块中，读者可以打开与本书学习内容相关的素材与资料文件夹，在这里读者可以结合图书中的知识点，通过配套素材全景还原知识点的讲解与设计过程。

四、图书产品与读者对象

"范例导航系列丛书"涵盖电脑应用的各个领域，为各类初、中级读者提供了全面的学习与交流平台，适合电脑的初、中级读者，以及对电脑有一定基础、需要进一步学习电脑办公技能的电脑爱好者与工作人员，也可作为大中专院校、各类电脑培训班的教材。本次出版共计 10 本，具体书目如下。

- Office 2010 电脑办公基础与应用（Windows 7+Office 2010 版）
- Dreamweaver CS6 网页设计与制作
- AutoCAD 2014 中文版基础与应用
- Excel 2010 电子表格入门与应用
- Flash CS6 中文版动画设计与制作
- CorelDRAW X6 中文版平面设计与制作
- Excel 2010 公式·函数·图表与数据分析
- Illustrator CS6 中文版平面设计与制作

- UG NX 8.5 中文版入门与应用

- After Effects CS6 基础入门与应用

五、全程学习与工作指导

为了帮助您顺利学习、高效就业，如果您在学习与工作中遇到疑难问题，欢迎您与我们及时地进行交流与沟通，我们将全程免费答疑。希望我们的工作能够让您更加满意，希望我们的指导能够为您带来更大的收获，希望我们可以成为志同道合的朋友！

您可以通过以下方式与我们取得联系：

QQ 号码：12119840

读者服务 QQ 交流群号：128780298

电子邮箱：itmingjian@163.com

文杰书院网站：www.itbook.net.cn

最后，感谢您对本系列图书的支持，我们将再接再厉，努力为读者奉献更加优秀的图书。衷心地祝愿您能早日成为电脑高手！

编　者

前　　言

Flash CS6 是一种集动画创作与应用程序开发于一身的创作软件，其为创建数字动画、交互式 Web 站点、桌面应用程序，以及手机应用程序开发提供了功能全面的创作和编辑环境，包含丰富的视频、声音、图形和动画设计与制作功能，为了帮助读者快速地了解和应用 Flash CS6 中文版，我们编写了本书。

本书在编写过程中根据读者的学习习惯，采用由浅入深的方式，通过大量的实例讲解，介绍了 Flash 的使用方法和技巧，为读者快速学习提供了一个全新的学习和实践操作平台，无论从基础知识安排还是实践应用能力的训练，都充分考虑了用户的需求，可以快速达到理论知识与应用能力的同步提高。

读者可以通过本书配套多媒体视频教学光盘学习，还可以通过光盘中的赠送视频学习其他相关视频课程。本书结构清晰、内容丰富，全书分为 15 章，主要包括 5 个方面的内容。

1. 基础知识与入门

第 1～3 章，介绍了 Flash CS6 中文版基础入门知识，包括使用 Flash 创建与编辑图形、文本应用与编辑方面的具体知识与操作案例。

2. 对象的操作

第 4～7 章，介绍了编辑和操作对象的方法，使用元件、实例和库，使用外部图片、声音和视频的具体操作知识。

3. 动画设计

第 8～10 章，讲解了使用时间轴和帧设计基本动画、使用图层与高级动画设计技巧，同时还介绍了骨骼运动与 3D 动画的制作方法。

4. 脚本编程与动画设计

第 11 和 12 章，分别讲解了 ActionScript 脚本应用方法与技巧，主要学习了编程基础、语法、数据类型和代码的编写，同时还介绍了使用常用语句创建交互式动画，以及使用行为与组件的具体操作方法等方面的知识、案例与技巧。

5. 发布与测试

第 15 章介绍了 Flash 动画的测试与发布方法，主要学习了 Flash 动画的测试、优化影片、发布 Flash 动画和导出 Flash 动画等方面的知识。

本书由文杰书院组织编写，参与本书编写工作的有李军、袁帅、王超、徐伟、李强、许媛媛、贾亮、安国英、冯臣、高桂华、贾丽艳、李统才、李伟、蔺丹、沈书慧、蔺影、宋艳辉、张艳玲、安国华、高金环、贾万学、蔺寿江、贾亚军、沈嵘、刘义等。

　　我们真切希望读者在阅读本书之后，可以开阔视野，提高实践操作技能，并从中学习和总结操作的经验和规律，达到灵活运用的水平。鉴于编者水平有限，书中纰漏和考虑不周之处在所难免，热忱欢迎读者予以批评、指正，以便我们日后能为您编写更好的图书。

　　如果您在使用本书时遇到问题，可以访问网站 http://www.itbook.net.cn 或发邮件至 itmingjian@163.com 与我们交流和沟通。

编　者

目　　录

第**1**章

Flash CS6 中文版基础入门

　　本章主要介绍了初步认识 Flash 和 Flash CS6 工作界面方面的知识与技巧，同时还讲解了 Flash CS6 的系统配置和 Flash 文件的基本操作方面的知识。通过本章的学习，读者可以掌握 Flash CS6 中文版基础入门方面的知识，为深入学习 Flash CS6 知识奠定基础。

 范 例 导 航

1. 初步认识 Flash
2. Flash CS6 工作界面
3. Flash CS6 的系统配置
4. Flash 文件的基本操作

1.1 初步认识 Flash

在 Flash CS6 中，用户可以进行创建网页广告、网站动画标志，以及带有同步声音的动画等操作，应用的领域非常广泛。本节将详细介绍初步认识 Flash CS6 方面的知识。

1.1.1 Flash 概述

Flash 是 Macromedia 公司推出的一款优秀的矢量动画编辑软件，Flash CS6 是其最新版本，利用该软件制作的动画尺寸要比位图动画文件(如 GLF 动画)尺寸小得多，用户不但可以在动画中加入声音、视频和位图图像，还可以制作交互式的影片或者具有完备功能的网站。

Flash CS6 是一种创作工具，设计人员和开发人员可用来创建演示文稿、应用程序和其他允许用户交互的内容，包含简单的动画、视频内容、复杂演示文稿和应用程序，以及介于之间的任何内容。一般而言，使用 Flash 创作的各个内容单元称为应用程序，即使只是很简单的动画，也可以通过添加图片、声音、视频和特殊效果，构建包含丰富媒体的 Flash 应用程序，如图 1-1 所示。

图 1-1

1.1.2 Flash 的应用领域

目前 Flash 被广泛应用于网页设计、网页广告、网络动画、多媒体教学软件、游戏设计、企业介绍、产品展示和电子相册等领域。下面详细介绍 Flash 应用领域方面的知识。

1. Flash MV 和二维动画

在网络世界中，许多网友都喜欢把自己制作的 Flash 音乐 MV 或 Flash 二维动画上传到网上供其他网友欣赏，实际上正是因为这些网络动画的流行，Flash 在网络中形成了一种独特的文化符号，如图 1-2 所示。

图 1-2

2. 多媒体教学课件

在教学课件中，相对于其他软件制作的课件，Flash 课件具有体积小、表现力强、视觉冲击力强的特点，在制作实验演示或多媒体教学光盘时，Flash 动画被广泛应用到其中，如图 1-3 所示。

图 1-3

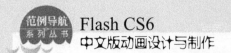

3. 制作 Flash 短片(如网站片头和网站广告)

Flash 短片具有简短、表现力强的特点，有一定的视觉冲击力，用户可以制作出一些动感时尚的 Flash 网页广告，吸引潜在客户的点击，并最终达到销售的目的，如图 1-4 所示。

图 1-4

4. 电子贺卡

用户还可以通过 Flash CS6 制作出精美的贺卡，通过传递一张贺卡的网页链接，收卡人在收到这个链接地址后，点击就可打开贺卡图片。贺卡种类很多，有静态图片的，也可以是动画的，甚至带有美妙的音乐，如图 1-5 所示。

图 1-5

5. 制作互动游戏

使用 Flash 的动作脚本功能可以制作一些精美、有趣的在线小游戏，如俄罗斯方块、贪吃蛇等，因为其具有体积小的优点，在手机游戏中也已嵌入 Flash 游戏，如图 1-6 所示。

图 1-6

6. Flash 导航及 Flash 动态网站

　　有时候为达到一定的视觉冲击力，很多企业网站往往在进入主页之前播放一段使用 Flash 制作的引导页，此外很多网站的 Logo(网站的标志)和 Banner(网页横幅广告)都采用 Flash 动画作为企业的宣传，当需要制作一些交互功能较强的网站时，可以使用 Flash 制作整个网站，互动性更强，如图 1-7 所示。

图 1-7

1.2 Flash CS6 工作界面

　　使用 Flash CS6 制作动画，首先要认识 Flash CS6 的工作界面。本节将重点介绍 Flash CS6 工作界面方面的知识。

1.2.1 Flash CS6 的工作界面组成

　　Flash CS6 工作界面主要由菜单栏、工具箱、主工具栏、【时间轴】面板、浮动面板和舞台等组成，如图 1-8 所示。

图 1-8

1.2.2 菜单栏

　　Flash CS6 的菜单栏包括【文件】菜单、【编辑】菜单、【视图】菜单、【插入】菜单、【修改】菜单、【文本】菜单、【命令】菜单、【控制】菜单、【调试】菜单、【窗口】菜单及【帮助】菜单，单击任何一个菜单，在弹出的下拉菜单中即可完成相应的命令操作，如图 1-9 所示。

文件(F)　编辑(E)　视图(V)　插入(I)　修改(M)　文本(T)　命令(C)　控制(O)　调试(D)　窗口(W)　帮助(H)

图 1-9

1.2.3 工具箱

工具箱提供了图形绘制和编辑的各种工具，分为"工具"区、"查看"区、"颜色"区以及"选项"区 4 个功能区，如图 1-10 所示。

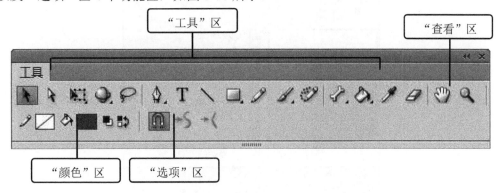

图 1-10

- ■　"工具"区：提供选择、创建、编辑图形的工具。
- ■　"查看"区：改变舞台画面以便更好地观察。
- ■　"颜色"区：选择绘制、编辑图形的笔触颜色和填充色。
- ■　"选项"区：不同工具有不同的选项，通过"选项"区可为当前选择的工具进行属性选择。

1.2.4 主工具栏

为了使用的方便，Flash CS6 将一些常用命令以按钮的形式组织在一起，置于操作界面上方的主工具栏中。这些按钮依次为【新建】按钮、【打开】按钮、【转到 Bridge】按钮、【保存】按钮、【打印】按钮、【剪切】按钮、【复制】按钮、【粘贴】按钮、【撤消】按钮、【重做】按钮、【贴紧至对象】按钮、【平滑】按钮、【伸直】按钮、【旋转与倾斜】按钮、【缩放】按钮以及【对齐】按钮，如图 1-11 所示。

图 1-11

1.2.5 浮动面板

浮动面板可以查看、组合和更改资源，但屏幕的大小有限，为了尽量使工作区最大，从而达到工作的需要，Flash CS6 提供了许多种自定义工作区的方式，如可以通过【窗口】菜单显示、隐藏面板，还可以通过鼠标拖动来调整面板的大小以及重新组合面板，如图 1-12 所示。

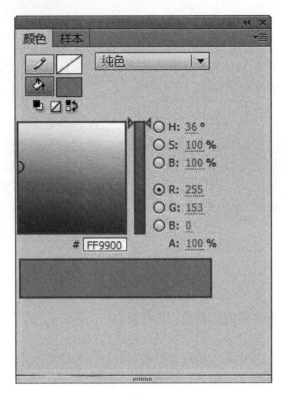

图 1-12

1.2.6　时间轴

　　时间轴用于组织和控制文件内容在一定的时间内播放，按照功能的不同，【时间轴】面板分为左、右两部分，分别为层控制区和时间线控制区，如图 1-13 所示。

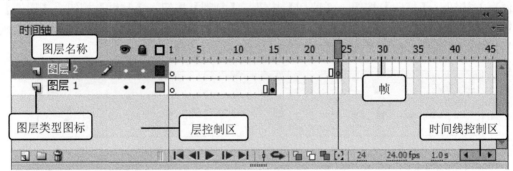

图 1-13

1.2.7　场景和舞台

　　场景是所有动画元素的最大活动空间，场景也就是常说的舞台，是编辑和播放动画的矩形区域，在舞台上可以放置和编辑向量插图、文本框、按钮、导入的位图图形、视频剪辑等对象，如图 1-14 所示。

图 1-14

1.2.8 【属性】面板

使用【属性】面板，可以很容易地查看和更改其属性，从而简化文档的创建过程，当选定单个对象时，如文本、组件、形状、位图、视频、组、帧等，【属性】面板可以显示相应的信息和设置，如图 1-15 所示。

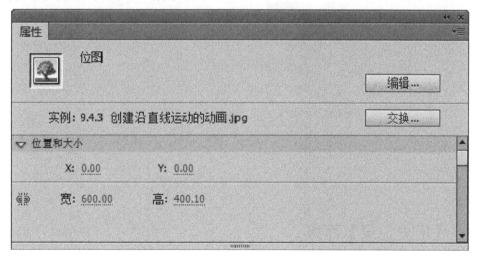

图 1-15

 # 1.3 Flash CS6 的系统配置

在 Flash CS6 中，系统配置包括【首选参数】对话框和设置浮动面板等。本节将详细介绍 Flash CS6 系统配置方面的操作知识。

1.3.1 【首选参数】对话框

在【首选参数】对话框中，用户可以自定义一些常规操作的参数选项。

在菜单栏中，选择【编辑】→【首选参数】菜单项，这样即可调出【首选参数】对话框，在【类别】列表框中，依次分为【常规】选项、ActionScript 选项、【自动套用格式】选项、【剪贴板】选项、【绘画】选项、【文本】选项、【警告】选项、【PSD 文件导入器】选项、【AI 文件导入器】选项和【发布缓存】选项等。

单击不同的选项，即可进入不同的选项界面，在相应的选项界面中选择不同的选项，这样即可设置【首选参数】对话框，如图 1-16 所示。

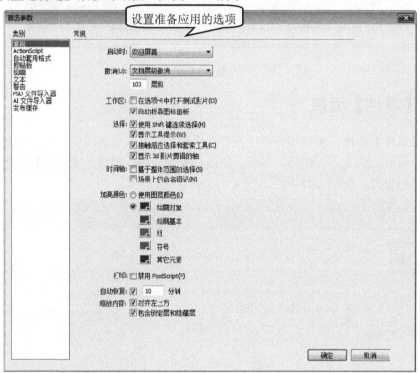

图 1-16

1.3.2 【历史记录】面板

在 Flash CS6 中，【历史记录】面板用于返回上一步或多步的操作，方便用户查看或重新操作，如图 1-17 所示。

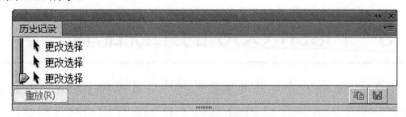

图 1-17

在 Flash CS6 中，在键盘上按下组合键 Ctrl+F10，这样同样可以打开【历史记录】面板；再次在键盘上按下组合键 Ctrl+F10，就可以快速关闭【历史记录】面板。

1.3.3 设置浮动面板

Flash 中的浮动面板用于快速地设置文档中对象的属性，可以应用系统默认的面板布局，也可以根据需要随意地显示或隐藏面板、调整面板的大小，还可以将最方便的面板布局形式保存到系统中，如图 1-18 所示。

图 1-18

1.4 Flash 文件的基本操作

在制作 Flash 动画之前，用户需要掌握 Flash 文件的基本操作，包括新建文件、打开文件和保存文件等操作。本节将详细介绍 Flash 文件的基本操作方面的知识。

1.4.1 新建文件

使用 Flash CS6 制作 Flash 动画的过程中，新建文件是其进行设计的第一个步骤，下面详细介绍新建文件的操作方法。

 ① 启动 Flash CS6，在菜单栏中，选择【文件】菜单项，② 在弹出的下拉菜单中，选择【新建】菜单项，如图 1-19 所示。

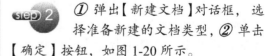 ① 弹出【新建文档】对话框，选择准备新建的文档类型，② 单击【确定】按钮，如图 1-20 所示。

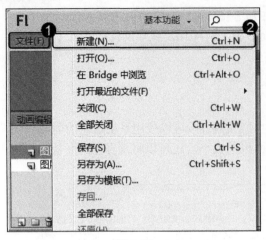

图 1-19

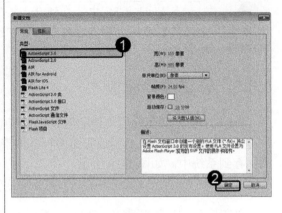

图 1-20

 通过以上方法即可完成新建文件的操作，如图 1-21 所示。

图 1-21

 智慧锦囊

在 Flash CS6 中，在键盘上按下 Ctrl+N 组合键，这样可以弹出【新建文档】对话框，并选择准备创建的文档类型，单击【确定】按钮，即可完成【新建文档】的操作。

考考您

请您根据上述方法创建一个 Flash 文档，测试一下您的学习效果。

1.4.2 打开文件

在 Flash CS6 程序中，用户可以快捷地打开需要再次编辑的文件，下面介绍打开文件的操作方法。

step 1 ① 启动 Flash CS6，在菜单栏中，选择【文件】菜单项，② 在弹出的下拉菜单中，选择【打开】菜单项，如图 1-22 所示。

step 2 ① 弹出【打开】对话框，选择文件存放的路径，如"桌面"，②选择准备打开的文件，③ 单击【打开】按钮，如图 1-23 所示。

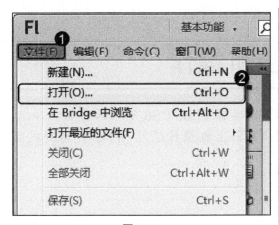

图 1-22

图 1-23

step 3 通过以上方法即可完成打开文件的操作，如图 1-24 所示。

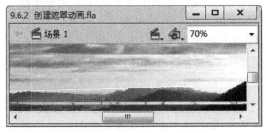

图 1-24

智慧锦囊

在 Flash CS6 中，在键盘上按下 Ctrl+O 组合键，这样可以弹出【打开】对话框，选择准备打开的文档，单击【打开】按钮，即可完成打开文档的操作。

1.4.3 保存文件

在编辑和制作完动画以后，就需要将动画文件保存起来，下面详细介绍保存文件的操作方法。

step 1 ① 启动 Flash CS6，在菜单栏中，选择【文件】菜单项，② 在弹出的下拉菜单中，选择【保存】菜单项，如图 1-25 所示。

step 2 ① 弹出【另存为】对话框，选择文件保存的路径，② 在【文件名】下拉列表框中，输入名称，③ 单击【保存】按钮，即可保存文档，如图 1-26 所示。

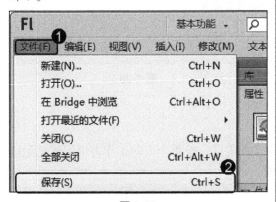

图 1-25

图 1-26

1.5 范例应用与上机操作

通过本章的学习，读者基本可以掌握 Flash CS6 中文版的基本知识和操作技巧，下面通过几个范例应用与上机操作练习一下，以达到巩固学习、拓展提高的目的。

1.5.1 自定义工具面板

使用 Flash CS6 的过程中，为方便用户更好、更便捷地操作，用户可以快速自定义工具面板，使用户在制作 Flash 的过程中更加得心应手。

step 1 ① 启动 Flash CS6，新建一个空白文件后，单击【编辑】主菜单，② 在弹出的下拉菜单中，选择【自定义工具面板】菜单项，如图 1-27 所示。

step 2 ① 弹出【自定义工具面板】对话框，选择准备自定义的工具按钮，② 在【可用工具】列表框中，选择添加到自定义工具组中的工具选项，③ 单击【增加】按钮，④ 在【当前选择】列表框中，显示添加自定义工具组的工具选项，⑤ 单击【确定】按钮。通过以上方法即可完成自定义工具面板的操作，如图 1-28 所示。

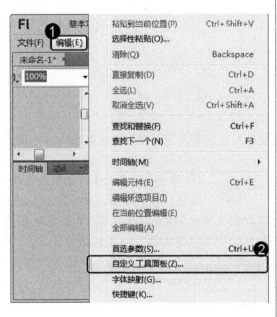

图 1-27

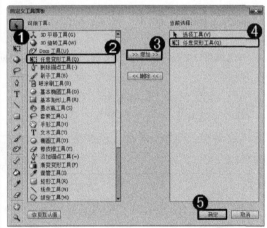

图 1-28

1.5.2 自定义功能区

使用 Flash CS6 的过程中，用户还可以自定义功能区，按照个人的工作习惯设置功能区的布局，使用户在制作 Flash 的过程中更加方便。

step 1 ① 启动 Flash CS6，运用本章所学知识新建一个空白文件后，单击【窗口】主菜单，② 在弹出的下拉菜单中，选择【工作区】菜单项，③ 在弹出的下拉菜单中，选择【设计人员】菜单项，如图 1-29 所示。

step 2 返回到 Flash CS6 主程序中，用户可以看到工作界面已经改变，通过以上方法即可完成自定义功能区的操作，如图 1-30 所示。

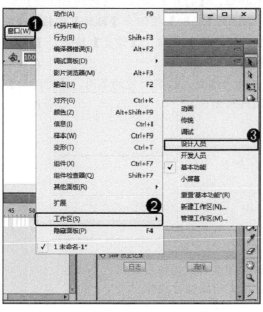

图 1-29

图 1-30

1.6 课后练习

1.6.1 思考与练习

一、填空题

1. Flash 是 Macromedia 公司推出的一款优秀的矢量动画编辑软件，_____是其最新的版本，利用该软件制作的动画尺寸要比位图动画文件尺寸小得多，用户不但可以在动画中加入_____、视频和位图图像，还可以制作_____或者具有完备功能的网站。

2. 目前 Flash 被广泛应用于_____、网页广告、_____、多媒体教学软件、_____、企业介绍、产品展示和电子相册等领域。

3. Flash CS6 工作界面主要由_____、工具箱、_____、【时间轴】面板、_____和舞台等组成。

二、判断题

1. 工具箱提供了图形绘制和编辑的各种工具，分为"工具"、"查看"和"颜色"等3个功能区。　　　　　　　　　　　　　　　　　　　　　　　　（　）

2. 为了使用的方便，Flash CS6 将一些常用命令以按钮的形式组织在一起，置于操作界面上方的主工具栏中，这些按钮依次为【新建】按钮、【打开】按钮、【转到 Bridge】按钮 、【保存】按钮、【打印】按钮、【剪切】按钮、【复制】按钮、【粘贴】按钮、【撤消】按钮、【重做】按钮、【贴紧至对象】按钮、【平滑】按钮、【伸直】按钮、【旋转与倾斜】按钮、【缩放】按钮以及【对齐】按钮。　　　　　　　　　　　　（　）

3. 时间轴用于组织和控制文件内容在一定时间内播放，按照功能的不同，【时间轴】面板分为上、下两部分，分别为层控制区和时间线控制区。　　　　　　（　）

三、思考题

1. 什么是场景和舞台？
2. 如何保存文件？

1.6.2　上机操作

1. 启动 Flash CS6 软件，进行新建 ActionScript 2.0 文件的练习操作。
2. 启动 Flash CS6 软件，进行保存一份未压缩文档的练习操作。

范例导航
系列丛书

第**2**章

图形的绘制与编辑

　　本章主要介绍了 Flash 图形基础知识和认识【工具】面板方面的
知识与技巧，同时还讲解了基本图形绘制、填充图形颜色和辅助绘图
工具方面的知识。通过本章的学习，读者可以掌握图形的绘制与编辑
方面的知识，为深入学习 Flash CS6 知识奠定基础。

范 例 导 航

1. Flash 图形基础知识

2. 认识【工具】面板

3. 基本图形绘制

4. 填充图形颜色

5. 辅助绘图工具

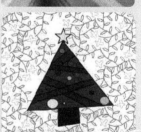

2.1 Flash 图形基础知识

在使用 Flash CS6 的过程中，用户应对 Flash 图形基础方面的知识有所了解，以便更好地绘制各种图形，本节将重点介绍 Flash 图形基础方面的知识。

2.1.1 对比位图与矢量图

在 Flash CS6 中，用户常用的图片格式多种多样，常见的图片格式包括位图与矢量图等。下面介绍位图与矢量图的对比知识，使用户更好地选择图片格式来制作 Flash 文件。

1. 位图

位图也称点阵图，就是最小单位由像素构成的图，缩放会失真。构成位图的最小单位是像素，位图就是由像素阵列的排列来实现其显示效果的，每个像素有自己的颜色信息，所以处理位图时，应着重考虑分辨率，分辨率越高，位图失真率越小，如图 2-1 所示。

图 2-1

2. 矢量图

矢量图也叫作向量图，是通过多个对象的组合生成的，对其中的每一个对象的记录方式，都是以数学函数来实现的，无论显示画面是大还是小，画面上的对象对应的算法是不变的，所以即使对画面进行倍数相当大的缩放，其显示效果仍不失真，如图 2-2 所示。

图 2-2

2.1.2 导入外部图像

在 Flash CS6 中，用户可以快速导入外部图像作为编辑的素材。下面以导入"2.1.2　导入外部图像.jpg"文件为例，详细介绍导入外部图像的操作方法。

step 1 ① 启动 Flash CS6，在菜单栏中，选择【文件】菜单项，② 在弹出的下拉菜单中，选择【导入】菜单项，③ 在弹出的子菜单中，选择【导入到舞台】菜单项，如图 2-3 所示。

step 2 ① 弹出【导入】对话框，选择准备导入的图像，② 单击【打开】按钮，如图 2-4 所示。

图 2-4

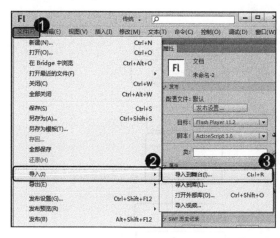

图 2-3

 step 3 通过以上方法即可完成导入外部图像的操作，如图 2-5 所示。

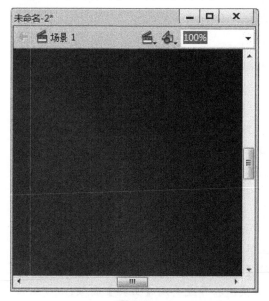

图 2-5

 智慧锦囊

在 Flash CS6 中，在键盘上按下 Ctrl+R 组合键，这样可以弹出【导入】对话框，并选择准备导入的图像文件，单击【打开】按钮，即可完成【导入外部图像】的操作。

考考您

请您根据上述方法导入一个外部图像，测试一下您的学习效果。

第 2 章　图形的绘制与编辑

2.2 【工具】面板的组成

利用工具箱中的工具可以绘制、选择和修改图形，为图形填充颜色或者改变舞台的视图等，本节将介绍【工具】面板组成方面的知识。

在 Flash CS6 中，工具箱中的工具可被分为 4 个部分，分别为"工具"区域、"查看"区域、"颜色"区域和"选项"区域，其具体组成如图 2-6 所示。

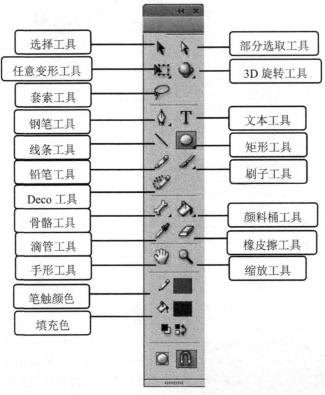

图 2-6

- "工具"区域：包含了绘图、填充、选取、变形和擦除等工具。
- "查看"区域：包含了缩放和手形工具。
- "颜色"区域：单击此按钮，可以设置笔触颜色和填充颜色。
- "选项"区域：显示工具属性或当前工具相关的工具选项。

一般情况下，在 Flash CS6 中，右击工具箱，在弹出的快捷菜单中选择【关闭】菜单项，用户可以快速关闭【工具】面板；在弹出的快捷菜单中选择【折叠为图标】菜单项，用户可以快速将【工具】面板折叠为图标形式。同时，在键盘上按下组合键 Ctrl+F2，用户可以快速打开或关闭【工具】面板。

2.3　基本图形绘制

　　在 Flash CS6 中，用户可以通过线条工具、铅笔工具、矩形工具、椭圆工具、基本矩形工具、基本椭圆工具、多角星形工具、刷子工具、喷涂刷工具、Deco 工具、钢笔工具等，绘制基本线条与图形。本节将以制作"系统图标"为例，详细介绍基本图形绘制方面的知识。

2.3.1　线条工具

　　在 Flash CS6 中，线条工具的主要功能是绘制直线，下面以绘制"系统图标"对角线为例，介绍线条工具的使用方法。

step 1　① 导入"2.1.2　导入外部图像"外部素材后，在工具箱中，单击【线条工具】按钮，② 设置【填充颜色】为 #FFFFFF，③ 在【属性】面板中，设置线条颜色、线条粗细、线条类型，如图 2-7 所示。

step 2　在舞台中，绘制多条不同角度的直线。通过以上方法即可完成使用线条工具绘制"系统图标"对角线的操作，如图 2-8 所示。

图 2-7

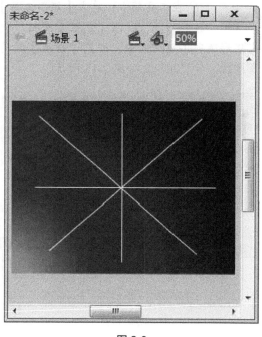

图 2-8

2.3.2　矩形工具与椭圆工具

　　在工具箱中，用户还可以通过创建矩形与椭圆工具绘制图形，下面以绘制"系统图标"为例，详细介绍矩形工具与椭圆工具的操作方法。

第 2 章　图形的绘制与编辑

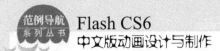

step 1 ① 在工具箱中，单击【椭圆工具】按钮，② 在【属性】面板中，设置椭圆的颜色、椭圆边框粗细和椭圆边框样式等，如图2-9所示。

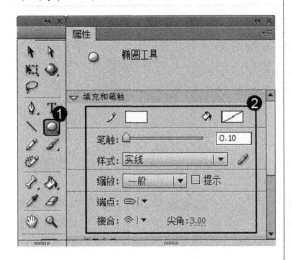

图 2-9

step 3 ① 在工具箱中，单击【矩形工具】按钮，② 在【属性】面板中，【矩形选项】选项组中，设置【矩形】圆角角度值，如"20"，如图2-11所示。

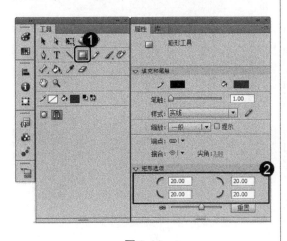

图 2-11

step 2 在舞台中，在键盘上按住 Ctrl 键的同时，绘制一个正圆。通过以上方法即可完成使用椭圆工具的操作，如图2-10所示。

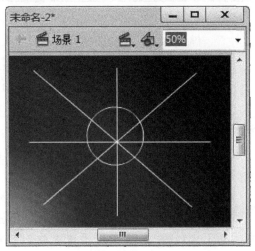

图 2-10

step 4 在舞台中，绘制一个矩形。通过以上方法即可完成使用矩形工具的操作，如图2-12所示。

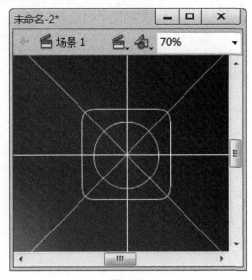

图 2-12

2.3.3 基本矩形工具与基本椭圆工具

在工具箱中，用户可以使用基本矩形工具与基本椭圆工具绘制图形。下面介绍运用基本矩形工具与基本椭圆工具的操作方法。

22

step 1 ① 在工具箱中，单击【基本椭圆工具】按钮 ，② 在【属性】面板中，设置椭圆的颜色、椭圆边框粗细和椭圆边框样式等，如图 2-13 所示。

图 2-13

step 3 ① 在工具箱中，单击【基本矩形工具】按钮 ，② 在【属性】面板中，在【矩形选项】选项组中，设置基本矩形圆角角度值，如"50"，如图 2-15 所示。

图 2-15

step 2 在舞台中，在键盘上按住 Ctrl 键的同时，绘制一个正圆。通过以上方法即可完成使用基本椭圆工具的操作，如图 2-14 所示。

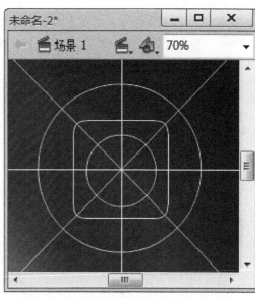

图 2-14

step 4 在舞台中，绘制一个矩形。通过以上方法即可完成使用基本矩形工具的操作，如图 2-16 所示。

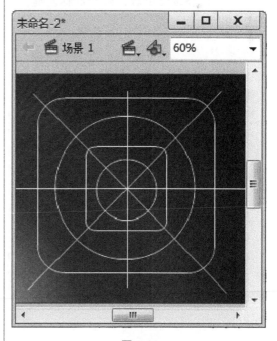

图 2-16

第 2 章 图形的绘制与编辑

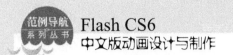

2.3.4 多角星形工具

在工具箱中，用户可以使用多角星形工具绘制图形，下面详细介绍多角星形工具创建图形的操作方法。

step 1　① 在工具箱中，单击【多角星形工具】按钮 ，② 在【属性】面板中，单击【选项】按钮，如图 2-17 所示。

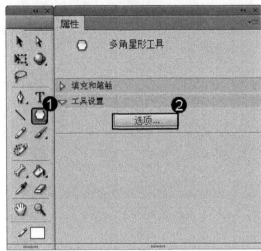

图 2-17

step 2　① 弹出【工具设置】对话框，在【样式】下拉列表框中，选择【星形】选项，② 在【边数】文本框中，设置多边形的边数，如 "5"，③ 单击【确定】按钮，如图 2-18 所示。

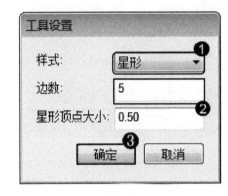

图 2-18

step 3　在舞台中，单击并拖动鼠标左键，到合适大小后，松开鼠标左键，如图 2-19 所示。

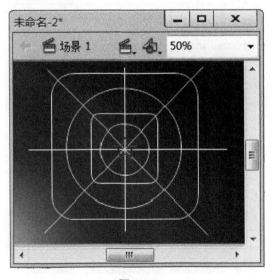

图 2-19

step 4　通过上述方法即可完成使用多角星形工具的操作，如图 2-20 所示。

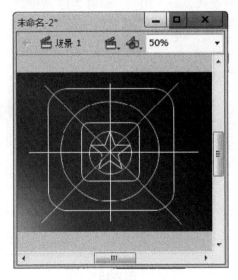

图 2-20

2.3.5 钢笔工具

在工具箱中，用户可以通过钢笔工具绘制图形，下面详细介绍通过钢笔工具绘制图形的操作方法。

step 1 ① 在工具箱中，单击【钢笔工具】按钮，② 将鼠标放置在舞台上想要绘制直线的起始位置并单击，③ 将鼠标放置在舞台上想要绘制直线的终止位置并单击，绘制一条直线，如图2-21所示。

step 2 运用相同的方法绘制其他三条直线。通过上述方法即可完成运用钢笔工具的操作，如图2-22所示。

图 2-21

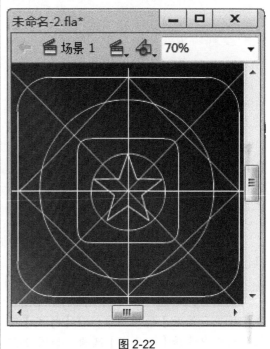

图 2-22

启动 Flash CS6，在工具箱中单击【钢笔工具】按钮，将鼠标放置在舞台上想要绘制曲线的起始位置，然后单击鼠标并按住不放，绘制出一条直线，将鼠标向其他方向拖曳，直线转换为曲线，释放鼠标，这样即可绘制一条曲线。

2.3.6 刷子工具

在工具箱中，用户可以通过刷子工具绘制图形，下面详细介绍通过刷子工具创建图形的操作方法。

step 1 ① 启动 Flash CS6，在工具箱中，单击【刷子工具】按钮，② 在【属性】面板中，在【平滑】选项组中的【平滑】微调框中，设置刷子工具的平滑度，如"0"，如图2-23所示。

step 2 选择合适颜色后，在舞台中，单击并拖动鼠标左键，涂抹指定的区域，然后释放鼠标左键。通过以上方法即可完成使用刷子工具涂刷图形的操作，如图2-24所示。

图 2-23

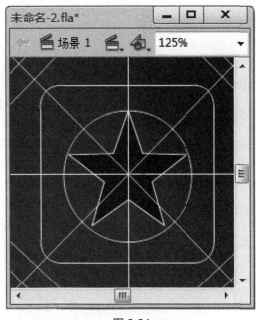

图 2-24

2.3.7　铅笔工具

在工具箱中，用户可以通过铅笔工具绘制各种形状的线型，下面详细介绍通过铅笔工具创建图形的操作方法。

step 1 ① 在工具箱中，单击【铅笔工具】按钮 ，② 在【属性】面板中，在【填充和笔触】选项组中，在【样式】下拉列表框中选择【斑马线】选项，如图 2-25 所示。

step 2 选择合适的样式后，在舞台上绘制的五角星四周单击并拖动鼠标左键绘制线条，当绘制完成后，松开鼠标左键即可完成在舞台上随意绘制线条的操作，如图 2-26 所示。

图 2-25

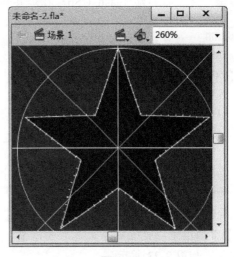

图 2-26

2.3.8　喷涂刷工具

在工具箱中，用户可以通过喷涂刷工具喷涂图形，下面详细介绍通过喷涂刷工具喷涂图形的操作方法。

step 1　① 在工具栏中，单击【喷涂刷工具】按钮 📷，② 在【属性】面板中，【画笔】选项组中，在【宽度】和【高度】微调框中，设置喷刷工具的像素值，如"5"，如图 2-27 所示。

step 2　在舞台中，在椭圆四周单击鼠标并拖动鼠标左键，喷刷图形，然后释放鼠标，这样即可完成运用喷涂刷工具喷涂图形的操作，如图 2-28 所示。

图 2-27

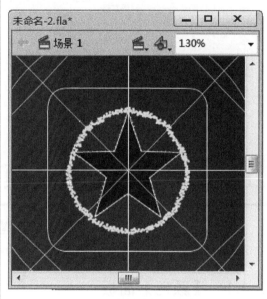

图 2-28

知识精讲

启动 Flash CS6，在工具箱中，单击【喷涂刷工具】按钮 📷 后，在【属性】面板中，在【元件】选项组中，选中【随机缩放】复选框，程序将随机缩放每个用于喷涂的基本图形元素的大小。

2.3.9　Deco 工具

在工具箱中，用户可以通过单击 Deco 工具绘制图形，下面详细介绍通过 Deco 工具绘制图形的操作方法。

step 1　① 在工具箱中，单击【Deco 工具】按钮 ✏️，② 在【属性】面板中，在【绘制效果】下拉列表框中选择【装饰性刷子】选项，③ 在【高级选项】下拉列表框中，选择【20：茂密的树叶】选项，如图 2-29 所示。

step 2　设置绘制图形的选项后，在舞台中矩形四周单击鼠标并拖动鼠标左键，绘制图形，然后释放鼠标，这样即可完成运用 Deco 工具绘制图形的操作，如图 2-30 所示。

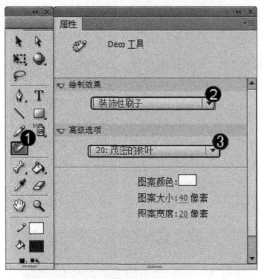

图 2-29

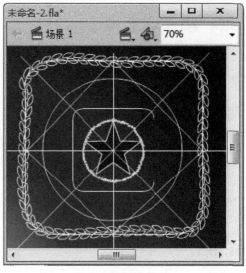

图 2-30

2.4 填充图形颜色

绘制图形后，所选对象的笔触或填充可以更改为指定的颜色，本节将继续以制作 "系统图标" 为例，详细介绍填充图形颜色方面的知识。

2.4.1 【颜色】面板

【颜色】面板能够提供更改笔触和填充颜色，以及创建多色渐变的选项，不但可以创建和编辑纯色，还可以创建和编辑渐变色，并使用渐变达到各种效果。

在程序中，单击【窗口】菜单项，在弹出的下拉菜单中，选择【颜色】菜单项，这样即可弹出【颜色】面板，如图 2-31 所示。

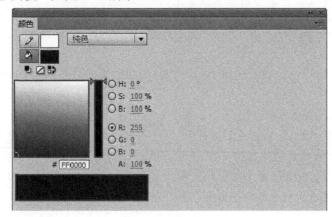

图 2-31

2.4.2 墨水瓶工具

在工具箱中，用户可以运用墨水瓶工具来填充图形边线，下面详细介绍通过墨水瓶工具填充边线的操作方法。

step 1 ① 打开"系统图标"素材后，在工具箱中，单击【墨水瓶工具】按钮 ，② 在【属性】面板中，在【笔触颜色】框中选择墨水瓶工具的颜色，如"绿色"，如图 2-32 所示。

step 2 在舞台中，单击图形的边线，这样即可将边线填充为准备填充的颜色。通过上述方法即可完成使用墨水瓶工具的操作，如图 2-33 所示。

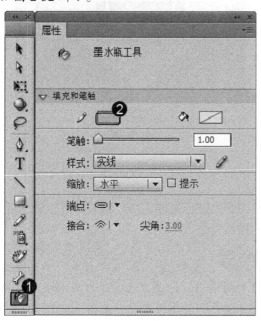

图 2-32

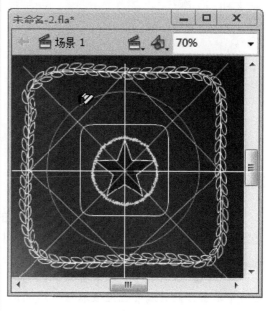

图 2-33

 启动 Flash CS6，在工具箱中，单击【墨水瓶工具】按钮 ，用户可以更改一个或多个线条以及形状轮廓的笔触颜色、宽度和样式，但它对直线或形状轮廓只能应用纯色，而不能应用渐变或位图。

2.4.3 颜料桶工具

在工具箱中，用户可以运用颜料桶工具填充图形颜色，下面详细介绍运用颜料桶工具填充颜色的操作方法。

step 1 ① 打开"系统图标"素材后，在工具箱中，单击【颜料桶工具】按钮 ，② 在【属性】面板中，在【填充颜色】框中选择颜料桶工具的颜色，如"灰色"，如图 2-34 所示。

step 2 在舞台中，单击准备填充的图形区域，这样即可将绘制的图形填充为准备填充的颜色。通过上述方法即可完成使用颜料桶工具的操作，如图 2-35 所示。

图 2-34

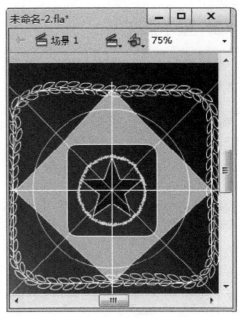

图 2-35

2.4.4 滴管工具

在工具箱中，使用滴管工具可以对导入的位图颜色进行采样，然后将采样后的颜色填充到其他对象中，下面详细介绍使用滴管工具的操作方法。

step 1 ① 单击【滴管工具】按钮，② 在舞台中，在准备吸取颜色的区域中单击，此时滴管已经吸取该区域的颜色，如"灰蓝色"，如图 2-36 所示。

step 2 ① 在工具箱中，单击【颜料桶工具】按钮，② 在舞台中，单击准备填充的图形。通过以上方法即可将吸管中的颜色填充到其他图形中，如图 2-37 所示。

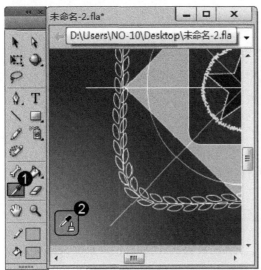

图 2-36

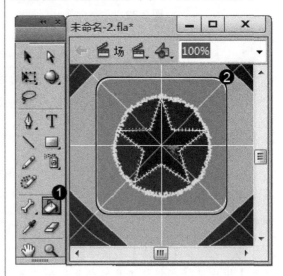

图 2-37

2.4.5　橡皮擦工具

在工具箱中，运用橡皮擦工具，用户可以擦除舞台中的多余部分，下面详细介绍使用橡皮擦工具的操作方法。

step 1　① 在工具箱中，单击【橡皮擦工具】按钮 ，② 在舞台中，准备擦除的图形上单击并拖动鼠标进行涂抹操作，当完成擦除后，释放鼠标左键，如图 2-38 所示。

step 2　通过以上方法即可完成使用橡皮擦工具的操作，如图 2-39 所示。

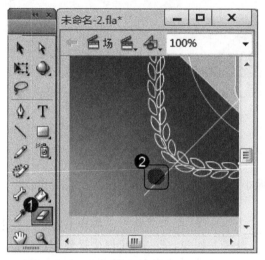

图 2-38

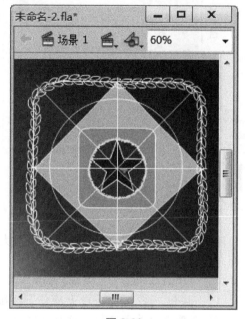

图 2-39

▦ 2.5　辅助绘图工具

在 Flash CS6 中，用户可以使用手形工具、缩放工具和【对齐】面板等辅助绘图工具绘制图形，本节将以制作"系统图标"为例，详细介绍辅助绘图工具方面的知识。

2.5.1　使用手形工具

在 Flash CS6 中，使用手形工具，用户可以移动整个舞台，方便用户查看图形各个部分，下面介绍使用手形工具的操作方法。

step 1　① 在工具箱中，单击【手形工具】按钮 ，② 在舞台中，在当鼠标变为手形以后即可通过拖动鼠标来实现对舞台的移动，如图 2-40 所示。

step 2　通过以上操作方法即可完成使用手形工具移动图形的操作，如图 2-41 所示。

第 2 章　图形的绘制与编辑

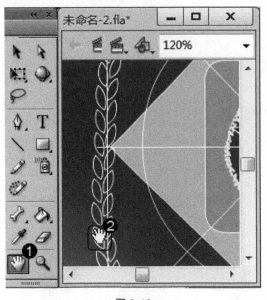

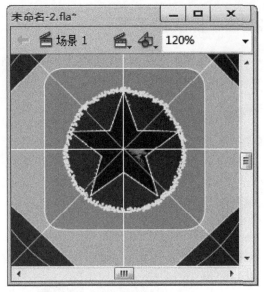

图 2-40

图 2-41

2.5.2　使用缩放工具

使用缩放工具，用户可以通过单击放大或缩小按钮，实现对舞台工作区的放大和缩小，下面介绍使用缩放工具的操作方法。

step 1　① 在工具箱中，单击【缩放工具】按钮，② 单击【放大操作】按钮，③ 在舞台中单击鼠标，这样即可放大图形，如图 2-42 所示。

step 2　① 在工具箱中，单击【缩放工具】按钮，② 单击【缩小操作】按钮，③ 在舞台中单击鼠标，这样即可缩小图形，如图 2-43 所示。

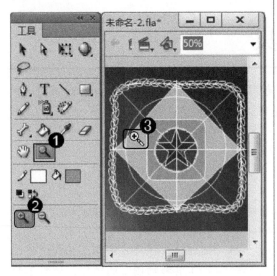

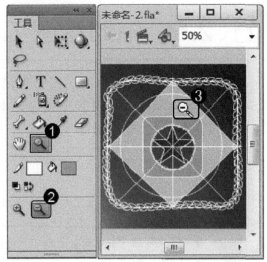

图 2-42

图 2-43

2.5.3 使用【对齐】面板

在【对齐】面板中，包括左对齐、水平中齐、右对齐、顶对齐、垂直中齐、底对齐等方式，下面详细介绍使用【对齐】面板的操作方法。

step 1 ① 在舞台中，将准备对齐的多个图形选中，② 在【对齐】面板中，单击【底对齐】按钮，如图 2-44 所示。

step 2 通过以上方法即可完成使用【对齐】面板对图形进行对齐的操作，如图 2-45 所示。

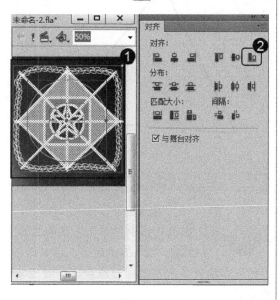

图 2-44

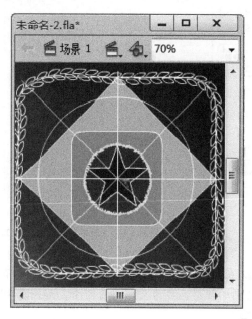

图 2-45

 2.6 范例应用与上机操作

通过本章的学习，读者基本可以掌握图形的绘制与编辑的基本知识和操作技巧，下面通过几个范例应用与上机操作练习一下，以达到巩固学习、拓展提高的目的。

2.6.1 绘制卡通版圣诞树

在 Flash CS6 中，用户可以运用本章所学的知识，绘制一个卡通圣诞树，下面详细介绍绘制卡通圣诞树的操作方法。

素材文件※无
效果文件※配套素材\第2章\效果文件\2.6.1 绘制卡通版圣诞树.fla

第 2 章 图形的绘制与编辑

33

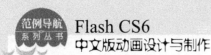
step 1 ① 新建文档,在工具箱中,单击【线条工具】按钮，② 在【属性】面板中,设置【笔触颜色】为黑色，③ 设置无填充颜色，④ 在【笔触】文本框中,输入笔触的大小数值,如"2",如图 2-46 所示。

step 2 在舞台上,绘制出一个三角图形,如图 2-47 所示。

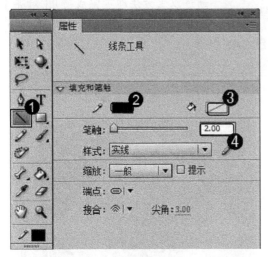

图 2-46

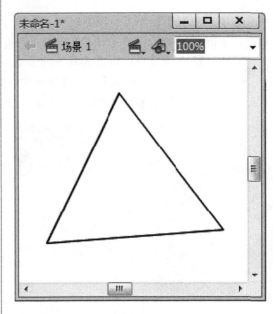

图 2-47

step 3 ① 绘制出一个三角图形后,在工具箱中,单击【线条工具】按钮，② 在舞台上,在三角图形的底部绘制一个不规则的矩形,作为圣诞树的树干,如图 2-48 所示。

step 4 ① 在工具箱中,单击【线条工具】按钮，② 在舞台上,在三角图形的内部绘制多条不规则的线条,如图 2-49 所示。

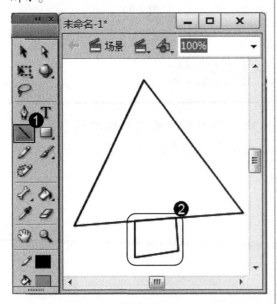

图 2-48

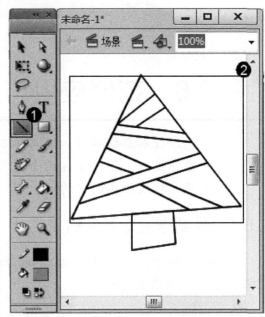

图 2-49

step 5　① 在工具箱中，单击【椭圆工具】按钮 ，② 在舞台中，三角形的内部绘制多个不规则的椭圆图形，如图 2-50 所示。

step 6　① 在工具箱中，单击【多角星形工具】按钮 ，② 在舞台中，三角形的顶部绘制一个五角星图形，如图 2-51 所示。

图 2-50

图 2-51

step 7　① 在工具箱中，单击【颜料桶工具】按钮 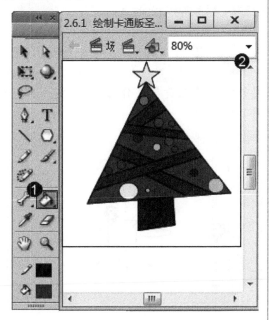，② 在舞台中，对创建的圣诞树图形填充自定义的颜色，如图 2-52 所示。

step 8　① 在工具箱中，单击【Deco 工具】按钮 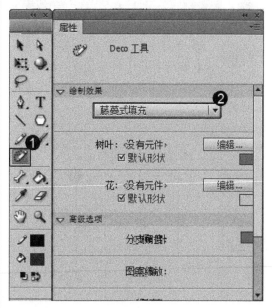，② 在【属性】面板中选择准备绘制的样式，如【藤蔓式填充】选项，如图 2-53 所示。

图 2-52

图 2-53

第 2 章　图形的绘制与编辑

step 9　在舞台中空白区域，单击鼠标设置填充效果，如图2-54所示。

step 10　通过以上方法即可完成绘制卡通版圣诞树的操作，如图2-55所示。

图 2-54

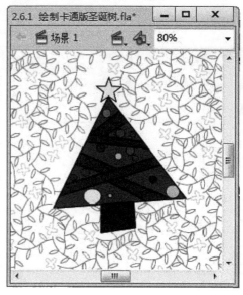

图 2-55

2.6.2　绘制盆景花朵

在 Flash CS6 中，用户可以运用本章所学的知识，绘制一个盆景花朵，下面详细介绍绘制盆景花朵的操作方法。

素材文件※无
效果文件※配套素材\第2章\效果文件\2.6.2　绘制盆景花朵.fla

step 1　①新建文档，在工具箱中，单击【椭圆工具】按钮，②在舞台中绘制多个不同角度的椭圆图形，作为花朵的花瓣，如图2-56所示。

step 2　①在工具箱中，单击【椭圆工具】按钮，②在舞台中绘制一个正圆并将其填充黄色，作为花朵的花蕊，如图2-57所示。

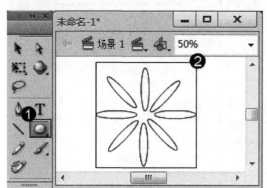

图 2-56

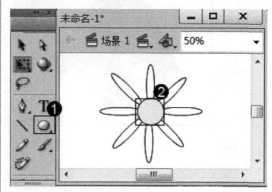

图 2-57

step 3　①在工具箱中，单击【颜料桶工具】按钮 🪣，②在舞台中，对创建的花瓣椭圆图形填充自定义的颜色，如"红色"，如图 2-58 所示。

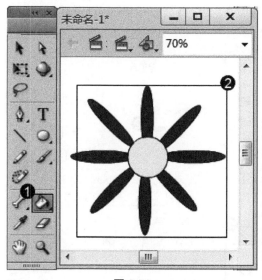

图 2-58

step 4　①在工具箱中，单击【线条工具】按钮 ╲，②在【属性】面板中，设置【笔触颜色】为黑色，③设置无填充颜色，④在【笔触】文本框中，输入笔触的大小数值，如"2"，如图 2-59 所示。

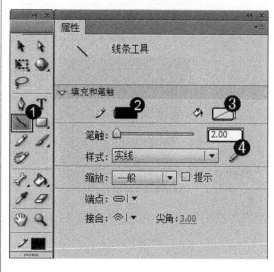

图 2-59

step 5　在舞台上绘制出一个梯形，作为花盆，如图 2-60 所示。

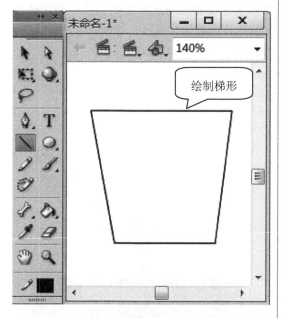

绘制梯形

图 2-60

step 6　①在工具箱中，单击【钢笔工具】按钮 ✒，②将鼠标放置在舞台上想要绘制直线的起始位置并单击，③将鼠标放置在舞台上想要绘制直线的终止位置并单击，绘制一条直线，如图 2-61 所示。

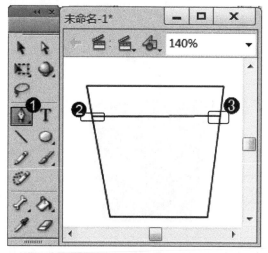

图 2-61

第 2 章　图形的绘制与编辑

step 7 ① 在工具箱中，单击【颜料桶工具】按钮 🪣，② 在舞台中，对创建的花盆图形填充自定义的颜色，如图 2-62 所示。

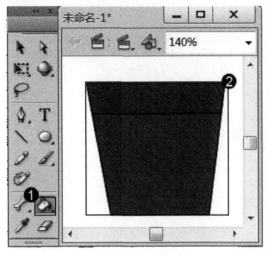

图 2-62

step 8 ① 在工具箱中，单击【铅笔工具】按钮 ✏️，② 在【属性】面板中，设置【笔触颜色】为棕色，③ 设置无填充颜色，④ 在【笔触】文本框中，输入笔触的大小数值，如"5"，如图 2-63 所示。

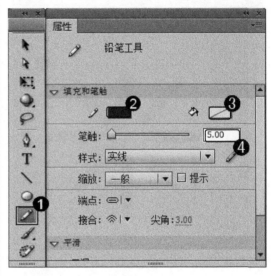

图 2-63

step 9 在舞台上，运用铅笔工具绘制出一个花朵的枝干，如图 2-64 所示。

图 2-64

step 10 ① 工具箱中，单击【刷子工具】按钮 🖌️，② 选择适合的颜色后，在舞台中单击并拖动鼠标左键，涂抹指定的区域，然后释放鼠标左键，绘制两片叶子图形，如图 2-65 所示。

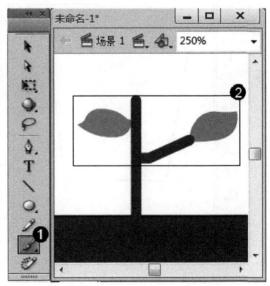

图 2-65

step11 将绘制的花朵图形移动至枝干上方进行组合，然后调整花朵的大小和旋转角度，如图2-66所示。

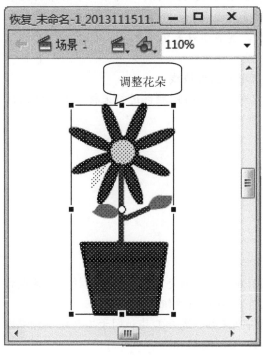

图 2-66

step12 通过上述方法即可完成绘制盆景花朵的操作，如图2-67所示。

图 2-67

2.7 课后练习

2.7.1 思考与练习

一、填空题

1. 在 Flash CS6 中，工具箱中的工具可被分为_____个部分，分别为"工具"区、_____、"颜色"区和_____。

2. 点阵图也称为_____，就是最小单位由像素构成的图，缩放会失真。构成位图的最小单位是像素，位图就是由_____来实现其显示效果的，每个像素有自己的颜色信息，所以处理位图时，应着重考虑分辨率，分辨率越高，位图失真率_____。

3. 【颜色】面板能够提供_____和填充颜色，以及创建多色渐变的选项，不但可以创建和编辑_____，还可以创建和编辑_____，并使用渐变达到各种效果。

第2章 图形的绘制与编辑

二、判断题

1. 矢量图也叫作向量图，是通过多个对象的组合生成的，对其中的每一个对象的记录方式，都是以数学函数来实现的，无论显示画面是大还是小，画面上的对象对应的算法是不变的，所以即使对画面进行倍数相当大的缩放，其显示效果仍不失真。　　（　　）

2. 在 Flash CS6 中，线条工具的主要功能是绘制矩形。　　（　　）

3. 在工具箱中，用户可以运用墨水瓶工具来填充图形边线。　　（　　）

4. 在工具箱中，单击【滴管工具】按钮可以对导入的位图颜色进行采样，然后将采样后的颜色填充到其他对象中。　　（　　）

三、思考题

1. 如何使用喷涂刷工具？
2. 如何使用颜料桶工具？

2.7.2　上机操作

1. 启动 Flash CS6 软件，使用椭圆工具、颜料桶工具、渐变变形工具和选择工具绘制按钮。效果文件可参考"配套素材\第 2 章\效果文件\绘制水晶按钮.fla"。

2. 启动 Flash CS6 软件，使用椭圆工具、颜料桶工具、线条工具和刷子工具绘制蝴蝶图形。效果文件可参考"配套素材\第 2 章\效果文件\绘制蝴蝶.fla"。

第 **3** 章

文本应用与编辑

　　本章主要介绍了使用文本工具和设置文本样式方面的知识与技巧，同时还讲解了文本的分离与变形以及对文本使用滤镜效果方面的知识。通过本章的学习，读者可以掌握文本应用与编辑方面的知识，为深入学习 Flash CS6 知识奠定基础。

范 例 导 航

1. 使用文本工具
2. 设置文本样式
3. 文本的分离与变形
4. 对文本使用滤镜效果

渭城曲

渭城朝雨浥轻尘，
客舍青青柳色新。
劝君更尽一杯酒，
西出阳关无故人。

空心字

彩虹卡片

3.1 使用文本工具

在 Flash CS6 中，用户可以创建三种类型的文本，包括静态文本、动态文本和输入文本等，本节将以创建诗文《渭城曲》文本为例，详细介绍使用文本工具方面的知识。

3.1.1 静态文本

在 Flash CS6 中，用户可以快速创建静态文本，静态文本框创建的文本在影片播放的过程中是不会改变的。

step 1 ① 新建文档，在工具箱中，单击【文本工具】按钮 T，② 在【属性】面板中，选择【静态文本】选项，③ 设置【大小】的数值为 36 点，④ 在【颜色】框中，选择准备应用的字体颜色，如图 3-1 所示。

step 2 在场景中，在准备输入文字的地方单击，出现光标后，在其中输入文字，如"渭城曲"。通过以上方法即可完成创建静态文本的操作。

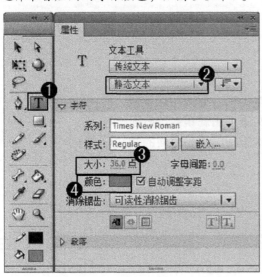

图 3-1

图 3-2

3.1.2 输入文本

输入文本是一种在动画播放过程中，可以接受用户的输入操作，从而产生交互的文本。下面详细介绍创建输入文本的操作方法。

step 1 ① 在工具箱中，单击【文本工具】按钮 T，② 在【属性】面板中，选择【输入文本】选项，如图 3-3 所示。

step 2 在场景中，在准备输入文字的地方单击，出现光标后输入文字，这样即可创建输入文本，如图 3-4 所示。

图 3-3

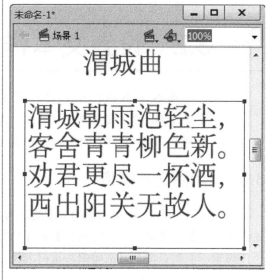

图 3-4

3.1.3 动态文本

动态文本是动态更新的文本，如体育得分、股票报价或天气预报等，下面详细介绍创建动态文本的操作方法。

step 1　① 在工具箱中，单击【文本工具】按钮 T，② 在【属性】面板中，选择【动态文本】选项，如图 3-5 所示。

step 2　将鼠标指针移动到场景中，当鼠标指针变成"＋"形状时，按住鼠标并拖动至合适大小，释放鼠标即可在舞台中出现文本框，然后在其中输入文本。通过以上方法即可完成创建动态文本的操作，如图 3-6 所示。

图 3-5

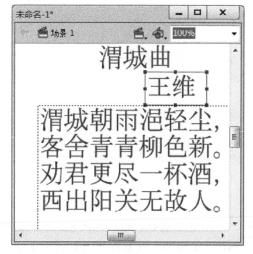

图 3-6

第3章 文本应用与编辑

43

3.2 设置文本样式

输入文本后，用户可以编辑文本样式，用于改变文本，其中包括消除文本锯齿、设置文字属性、为文本添加超链接、设置段落格式和引用外部文字等操作，本节将介绍设置文本样式方面的知识。

3.2.1 消除文本锯齿

在 Flash CS6 中，如果创建的文本边缘有明显的锯齿，那么在【属性】面板中，选择【动画消除锯齿】、【可读性消除锯齿】和【自定义消除锯齿】选项，用户均可以创建平滑的字体对象，下面以诗文《渭城曲》素材为例，详细介绍消除文本锯齿的操作方法。

1. 自定义消除锯齿

在 Flash CS6 中，用户可以运用自定义消除锯齿的方式消除文本的锯齿，下面介绍自定义消除锯齿的操作方法。

step 1 选择自定义消除锯齿的文本后，在工具箱中，单击【文本工具】按钮 **T**，在【属性】面板中，选择【自定义消除锯齿】选项，如图 3-7 所示。

step 2 ① 弹出【自定义消除锯齿】对话框，设置【粗细】的数值，② 设置【清晰度】的数值，③ 单击【确定】按钮，如图 3-8 所示。

图 3-7

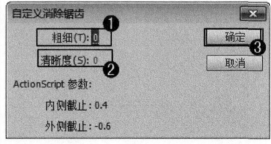

图 3-8

智慧锦囊

在【自定义消除锯齿】对话框中，【清晰度】微调框的作用是设置文本边缘和背景之间的过渡平滑度。【粗细】微调的作用是设置字体消除锯齿的粗细。

step 3 返回到舞台中，用户可以看到文本的变化，这样即可完成自定义消除锯齿的操作，如图 3-9 所示。

渭城曲

图 3-9

请您根据上述方法自定义消除文本锯齿，测试一下您的学习效果。

2. 动画消除锯齿

在文本【属性】面板中，选择【动画消除锯齿】选项后，字体小于 10 磅的时候，字体会不清晰地呈现，下面两组文字，是文本设置为动画消除锯齿前、后的对比，如图 3-10 所示。

渭城曲 渭城曲

图 3-10

3. 可读性消除锯齿

在文本【属性】面板中，选择【可读性消除锯齿】选项，可以增强较小字体的可读性，可读性消除锯齿使用了新的消除锯齿引擎，改进了字体的呈现效果，如图 3-11 所示。

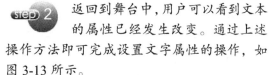

图 3-11

3.2.2 设置文字属性

在 Flash CS6 中，用户可以对已经创建的文本属性进行修改。下面介绍设置文字属性的操作方法。

step 1 ① 选中准备设置文字属性的文本后，在工具箱中，单击【文本工具】按钮 T，② 在【属性】面板中，在【系列】下拉列表框中，选择准备应用的字体，③ 设置【大小】的数值为 40 点，④ 在【颜色】框中，选择准备应用的字体颜色，如图 3-12 所示。

step 2 返回到舞台中，用户可以看到文本的属性已经发生改变。通过上述操作方法即可完成设置文字属性的操作，如图 3-13 所示。

第 3 章 文本应用与编辑

45

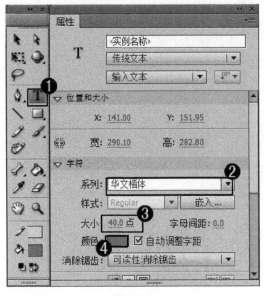

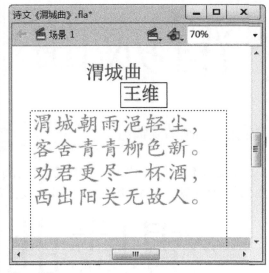

图 3-12

图 3-13

3.2.3 为文本添加超链接

在文本【属性】面板中，【链接】文本框中可以为水平文本添加超链接，单击该文本就可以跳转到其他文件。下面详细介绍为文本添加超链接的操作方法。

step 1 选中准备添加超链接的文本后，在【属性】面板的【选项】选项组中，在【链接】文本框中，输入准备添加超链接的网址，如图 3-14 所示。

step 2 返回到舞台中，文本下方出现下划线，这样即可完成设置超链接的操作，如图 3-15 所示。

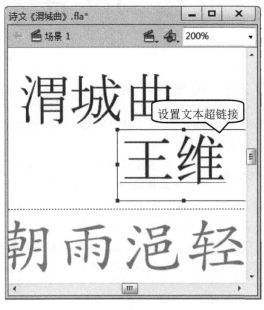

图 3-14

图 3-15

3.2.4 设置段落格式

在 Flash CS6 中，用户可以设置文本的段落格式，包括左对齐、居中对齐、右对齐和两端对齐等。下面详细介绍设置段落格式的操作方法。

step 1 选中准备设置段落格式的文本后，在【属性】面板中，在【段落】选项组中，单击【右对齐】按钮 ▤，如图 3-16 所示。

step 2 返回到舞台中，选中的文本已经右对齐。通过以上方法即可完成设置段落格式的操作，如图 3-17 所示。

图 3-16

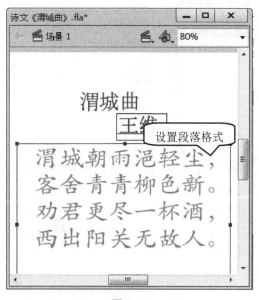

图 3-17

3.3 文本的分离与变形

Flash CS6 中，对文本进行变形与分离的操作，这样可以对文本起到一定的美化作用，本节将以诗文《渭城曲》素材为例，详细介绍文本的分离与变形方面的知识。

3.3.1 分离文本

在 Flash CS6 中，可以对文本块进行分离，使其成为单个的字符或填充图形，从而轻松地制作出每个字符的动画或设置特殊的文本效果。下面详细介绍分离文本的操作方法。

step 1 ① 在舞台中，创建准备分离的文本，② 在菜单栏中，选择【修改】菜单项，③ 在弹出的下拉菜单中，选择【分离】菜单项，如图 3-18 所示。

step 2 返回到舞台中，此时，在场景中的文本已经被分离，如图 3-19 所示。

图 3-19

图 3-18

step 3 ① 在菜单栏中，再次选择【修改】菜单项，② 在弹出的下拉菜单中，再次选择【分离】菜单项，如图 3-20 所示。

step 4 返回到舞台中，此时，在场景中选择的文本被完全分离。通过上述方法即可完成分离文本的操作，如图 3-21 所示。

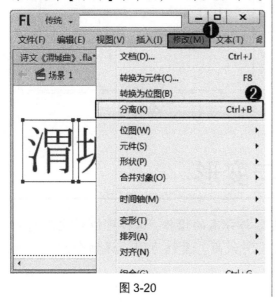

图 3-21

图 3-20

一旦文本被分离为填充图形后就不再具有文本的属性，而拥有了填充图形的属性。也就是说，对于分离为填充图形的文本，不能再更改其字体、字符间距等，但却可以对其应用渐变填充或位图填充等填充属性。

3.3.2 文本变形

在制作 Flash 动画时，经常会将文本对象变形，变形文本对象的方法与将图形对象变形的方法相似，下面详细介绍文本变形的操作方法。

1. 旋转文本

输入文本后，单击工具箱中的【任意变形工具】按钮，当文本框周围出现文本对象的轮廓线时，将鼠标指针移动到轮廓线的转角处，当鼠标指针变成形状时，按住鼠标左键向上或向下拖动，这样即可将文本对象进行旋转，如图 3-22 所示。

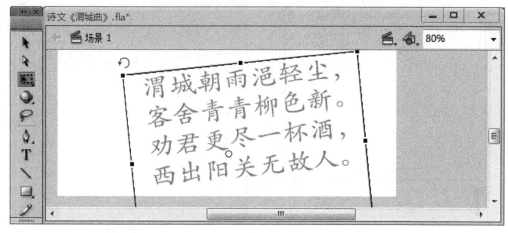

图 3-22

2. 倾斜文本

完成文本输入后，单击工具箱中的【任意变形工具】按钮，当文本框周围出现文本对象的轮廓线时，将鼠标指针移动到轮廓线的周围，当鼠标指针变成形状时，按住鼠标左键向上或向下拖动鼠标指针，这样即可将文本对象进行倾斜，如图 3-23 所示。

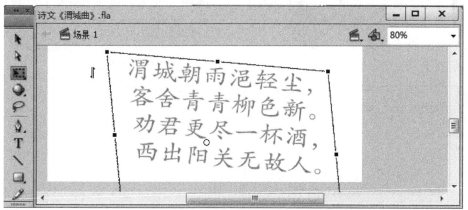

图 3-23

3. 缩放文本

将文本对象进行缩放的方法与缩放图形对象的方法相同。下面详细介绍缩放文本的操作方法。

第 3 章 文本应用与编辑

step 1 ① 在场景中,选择准备缩放的文本,② 在工具箱中,单击【任意变形工具】按钮,如图 3-24 所示。

step 2 当文本框周围出现文本对象的轮廓线时,将鼠标指针移动到轮廓线的转角处,当鼠标指针变成形状时,按住鼠标左键并拖动鼠标,这样即可缩放文本对象的大小,如图 3-25 所示。

图 3-24

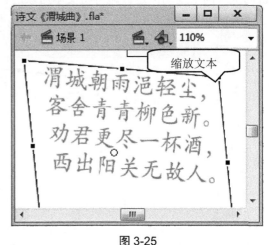

图 3-25

4. 水平翻转文本

在 Flash CS6 中,文本对象也可以像图形对象一样进行水平翻转。下面详细介绍水平翻转文本的操作方法。

step 1 ① 在场景中,选择准备缩放的文本后,在菜单栏中,选择【修改】菜单项,② 在弹出的下拉菜单中,选择【变形】菜单项,③ 在弹出的下拉菜单中,选择【水平翻转】菜单项,如图 3-26 所示。

step 2 通过以上方法即可完成水平翻转文本的操作,如图 3-27 所示。

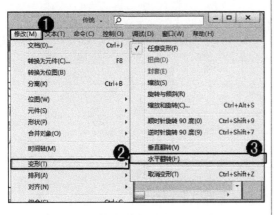

图 3-26

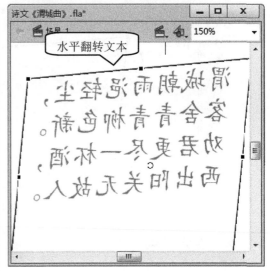

图 3-27

3.3.3 对文字进行局部变形

在 Flash CS6 中，用户可以对需要的文本进行局部变形的操作，以便更好地制作需要的艺术效果。下面详细介绍对文本局部变形的操作方法。

step 1 创建文本后，在键盘上连续按两次 Ctrl+B 组合键，将文本彻底地分离出来，如图 3-28 所示。

step 2 ① 在工具箱中，单击【任意变形工具】按钮，② 单击准备变形的文本局部，拖动鼠标左键进行变形的操作。通过以上方法即可完成对文本对象进行局部变形的操作，如图 3-29 所示。

图 3-28

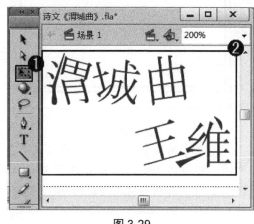

图 3-29

3.4 对文本使用滤镜效果

应用滤镜可以随时改变其选项，或者重新调整滤镜顺序以试验组合效果，滤镜【属性】面板是管理 Flash 滤镜的主要工具，在其中可以进行增加、删除滤镜或改变滤镜参数的操作，下面以诗文《渭城曲》文本素材为例，详细介绍对文本使用滤镜效果方面的知识。

3.4.1 【模糊】滤镜

在 Flash CS6 中，【模糊】滤镜可以柔化对象的边缘和细节。下面介绍设置【模糊】滤镜效果的操作。

step 1 ① 创建文本后，单击工具箱中的【任意变形工具】按钮，② 选择准备设置【模糊】滤镜的文本，如图 3-30 所示。

step 2 ① 在【属性】面板的【滤镜】选项组中，单击底部的【添加滤镜】按钮，② 在弹出的快捷菜单中，选择【模糊】菜单项，如图 3-31 所示。

第 3 章　文本应用与编辑

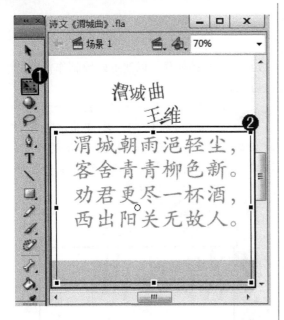

图 3-30

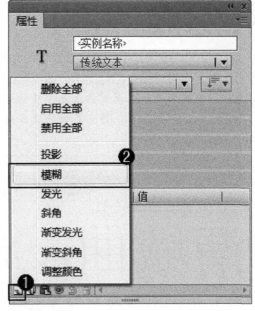

图 3-31

step 3 在【属性】面板中，用户可以设置模糊的效果，如图 3-32 所示。

step 4 设置【模糊】滤镜特效后，用户可以查看模糊的效果。通过上述方法即可完成应用【模糊】滤镜的操作，如图 3-33 所示。

图 3-32

图 3-33

3.4.2 【发光】滤镜

【发光】滤镜可控参数有模糊、强度、品质、颜色、挖空和内侧发光等，下面详细介绍【发光】滤镜效果的操作方法。

step 1　① 创建文本后，单击工具箱中的【任意变形工具】按钮，② 选择准备设置【发光】滤镜的文本，如图 3-34 所示。

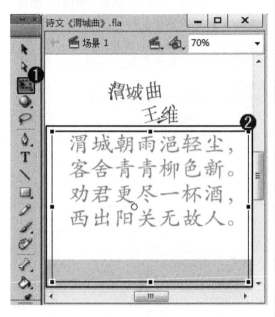

图 3-34

step 2　① 在【属性】面板的【滤镜】选项组中，单击底部的【添加滤镜】按钮，② 在弹出的快捷菜单中，选择【发光】菜单项，如图 3-35 所示。

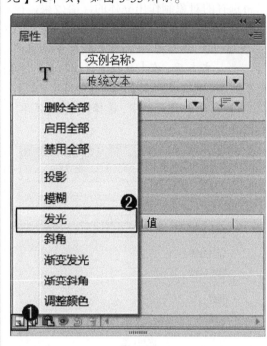

图 3-35

step 3　在【属性】面板中，用户可以设置发光的效果，如图 3-36 所示。

图 3-36

step 4　设置【发光】滤镜特效后，用户可以查看发光的效果。通过上述方法即可完成应用【发光】滤镜的操作，如图 3-37 所示。

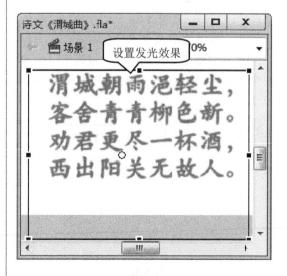

图 3-37

第 3 章 文本应用与编辑

3.4.3 【斜角】滤镜

【斜角】滤镜是让对象具有加亮的效果，使其看起来凸出于背景表面，在舞台中，可以将选择的对象制作出立体的浮雕效果，控制参数主要有模糊、强度、品质、阴影、加亮、角度、距离、挖空和类型等效果。下面介绍应用【斜角】滤镜效果的操作方法。

step 1 ① 选择准备应用【斜角】滤镜的文本后，在【属性】面板的【滤镜】选项组中，单击底部的【添加滤镜】按钮 ，② 在弹出的快捷菜单中，选择【斜角】菜单，如图 3-38 所示。

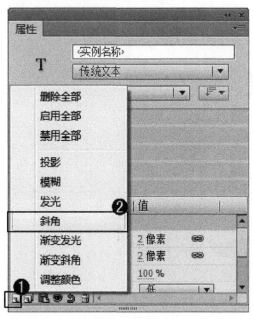

图 3-38

step 3 设置【斜角】滤镜特效后，用户可以查看斜角的效果。通过上述方法即可完成应用【斜角】滤镜的操作，如图 3-40 所示。

图 3-40

step 2 在【属性】面板中，用户可以设置斜角的参数，如图 3-39 所示。

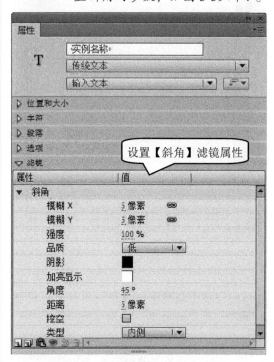

图 3-39

智慧锦囊

在【斜角】滤镜的【属性】面板中，部分参数的作用如下。

强度：设定斜角的强烈程度，取值范围为 0～100%，数值越大，斜角效果越明显。

品质：设定斜角倾斜的品质高低，可以选择【高】、【中】、【低】三项参数，品质越高，斜角效果越明显。

阴影：设置斜角的阴影颜色，可以在调色板中选择颜色。

加亮显示：设置斜角的高光加亮颜色，也可以在调色板中选择颜色。

3.4.4 【渐变发光】滤镜

【渐变发光】滤镜的效果和【发光】滤镜的效果基本一样，但是【渐变发光】滤镜可以调节发光的颜色为渐变颜色。下面详细介绍【渐变发光】滤镜效果的操作方法。

step 1 ① 创建文本后，单击工具箱中的【任意变形工具】按钮 ，② 选择准备设置【渐变发光】滤镜的文本，如图 3-41 所示。

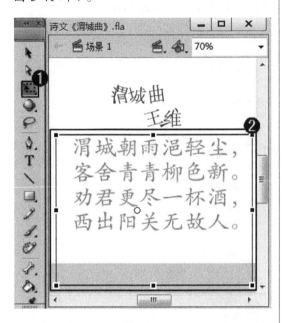

图 3-41

step 2 ① 在【属性】面板的【滤镜】选项组中，单击底部的【添加滤镜】按钮 ，② 在弹出的快捷菜单中，选择【渐变发光】菜单项，如图 3-42 所示。

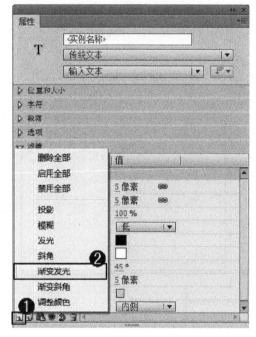

图 3-42

step 3 在【属性】面板中，用户可以设置渐变发光的效果，如图 3-43 所示。

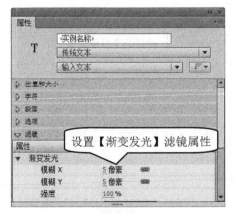

图 3-43

step 4 通过上述方法即可完成应用【渐变发光】滤镜的操作，如图 3-44 所示。

图 3-44

第 3 章 文本应用与编辑

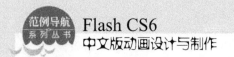

3.4.5 【渐变斜角】滤镜

【渐变斜角】滤镜是在斜角效果的基础上添加了渐变功能，使最后产生的效果更加出色，应用渐变斜角可以产生一种凸起效果，使得对象看起来好像从背景上凸起，且斜角表面有渐变颜色。下面详细介绍【渐变斜角】滤镜效果的操作方法。

step 1 ① 单击工具箱中的【任意变形工具】按钮，② 选择准备设置【渐变发光】滤镜的文本，如图 3-45 所示。

step 2 ① 在【属性】面板的【滤镜】选项组中，单击底部的【添加滤镜】按钮，② 在弹出的快捷菜单中，选择【渐变斜角】菜单项，如图 3-46 所示。

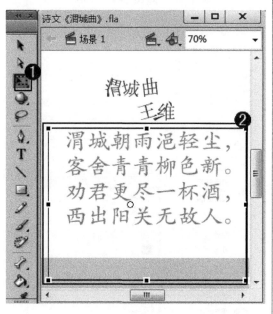

图 3-45

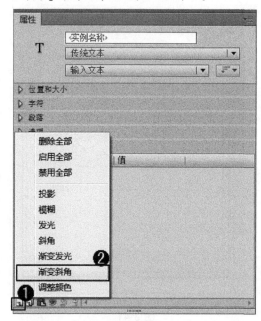

图 3-46

step 3 在【属性】面板中，用户可以设置渐变斜角的效果，如图 3-47 所示。

step 4 通过上述方法即可完成应用【渐变斜角】滤镜的操作，如图 3-48 所示。

图 3-47

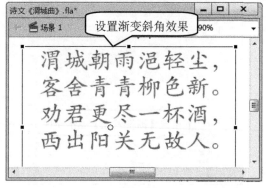

图 3-48

56

3.4.6 【调整颜色】滤镜

【调整颜色】滤镜可以对影片剪辑、文本或按钮进行颜色调整，比如亮度、对比度、饱和度和色相等，下面介绍【调整颜色】滤镜效果的操作方法。

step 1 ① 选择准备设置【调整颜色】滤镜的文本后，在【属性】面板的【滤镜】选项组中，单击底部的【添加滤镜】按钮，② 在弹出的快捷菜单中，选择【调整颜色】菜单项，如图 3-49 所示。

step 2 在【属性】面板中，用户可以设置调整颜色的效果，如图 3-50 所示。

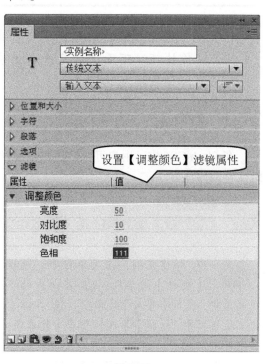

图 3-50

step 3 通过上述方法即可完成应用【调整颜色】滤镜的操作，如图 3-51 所示。

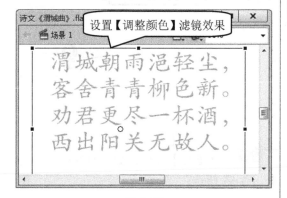

图 3-51

图 3-49

在【调整颜色】滤镜的【属性】面板中，部分参数作用如下。

亮度：调整对象的亮度。向左拖动滑块可以降低对象的亮度，向右拖动滑块可以增强对象的亮度，取值范围为-100～100。

对比度：调整对象的对比度。取值范围为-100～100，向左拖动滑块可以降低对象的对比度，向右拖动滑块可以增强对象的对比度。

色相：调整对象中各个颜色色相的浓度，取值范围为-180～180。

第 3 章 文本应用与编辑

指定斜角的渐变颜色。渐变包含两种或多种可相互淡入或混合的颜色。中间的指针控制渐变的 Alpha 颜色。可以更改 Alpha 指针的颜色，但是无法更改该颜色在渐变中的位置。

3.5 范例应用与上机操作

通过本章的学习，读者基本可以掌握文本应用与编辑的基本知识和操作技巧，下面通过几个范例应用与上机操作练习一下，以达到巩固学习、拓展提高的目的。

3.5.1 制作彩虹文字

在 Flash CS6 中，用户可以运用本章所学的知识，制作彩虹文字。下面详细介绍制作彩虹文字的操作方法。

素材文件 ※ 无

效果文件 ※ 配套素材\第 3 章\效果文件\3.5.1 制作彩虹文字.fla

step 1 ① 新建文档，在菜单栏中，选择【文件】菜单项，② 在弹出的下拉菜单中，选择【导入】菜单项，③ 在弹出的下拉菜单中，选择【导入到舞台】菜单项，如图 3-52 所示。

step 2 ① 弹出【导入】对话框，选择准备导入的素材背景图像，② 单击【打开】按钮，如图 3-53 所示。

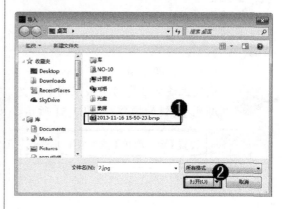

图 3-53

图 3-52

step 3 插入背景图像，然后在舞台中调整其大小，如图 3-54 所示。

step 4 ① 单击【时间轴】面板左下角的【新建图层】按钮，② 新建一个图层，如图 3-55 所示。

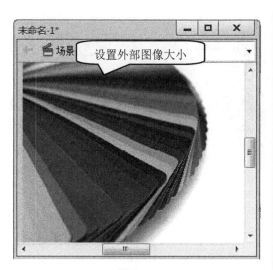

图 3-54

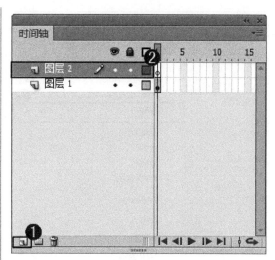

图 3-55

step 5 ① 选择新建的图层后，在工具箱中，单击【文本工具】按钮**T**，② 在【属性】面板中，选择【静态文本】选项，③ 设置【大小】的数值为 60 点，如图 3-56 所示。

step 6 在舞台中创建文本内容，如"彩虹卡片"，然后将其选中，如图 3-57 所示。

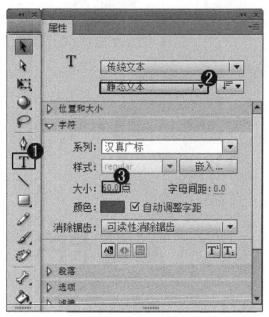

图 3-56

图 3-57

step 7 ① 选中创建的字体后，在菜单栏中，选择【修改】菜单项，② 在弹出的下拉菜单中，选择【分离】菜单项，如图 3-58 所示。

step 8 ① 分离文本后，在菜单栏中，再次选择【修改】菜单项，② 在弹出的下拉菜单中，再次选择【分离】菜单项，将文本彻底分离打散，如图 3-59 所示。

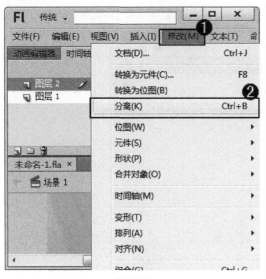

图 3-58

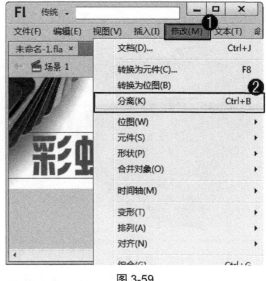

图 3-59

step 9 ① 选中分离打散的字体后，在【颜色】面板的【类型】下拉列表框中，选择【线性渐变】选项，② 设置第一个色标颜色为"FF0000"，③ 设置第二个色标颜色为"0000FF"，如图 3-60 所示。

step 10 通过以上方法即可完成制作彩虹文字的操作，如图 3-61 所示。

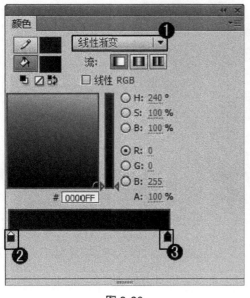

图 3-60

图 3-61

3.5.2 制作空心文字

空心文字就是删除文字笔画内部的填充色，留下笔画的轮廓构成的文字。下面介绍制作空心文字的操作方法。

step 1 ① 新建文档，在工具箱中，单击【文本工具】按钮T，② 在【属性】面板中，选择【静态文本】选项，③ 设置【大小】的数值为100点，如图3-62所示。

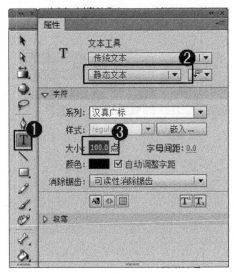

图 3-62

step 2 将光标置于文档中，输入准备创建的文本内容，如"空心字"，如图3-63所示。

图 3-63

step 3 ① 选中创建的文本后，在菜单栏中，选择【修改】菜单项，② 在弹出的下拉菜单中，选择【分离】菜单项，如图3-64所示。

step 4 ① 分离文本后，在菜单栏中，再次选择【修改】菜单项，② 在弹出的下拉菜单中，再次选择【分离】菜单项，将文本彻底分离打散，如图3-65所示。

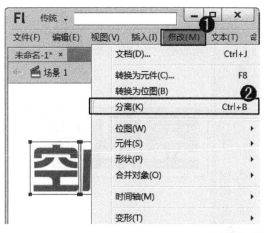

图 3-64

图 3-65

第 3 章 文本应用与编辑

Flash CS6
系列丛书 中文版动画设计与制作

step 5 ①在工具箱中，单击【墨水瓶工具】按钮 ，②在【属性】面板的【笔触】颜色框中选择准备应用的颜色，③设置【笔触】的大小数值为3点，如图3-66所示。

图 3-66

step 7 ①在工具箱中，单击【选择工具】按钮 ，②在文本的内部颜色上进行单击，选中文本的内部颜色，然后在键盘上按下 Delete 键进行删除操作，如图3-68所示。

图 3-68

step 6 返回到舞台中，使用墨水瓶工具在文本边缘处单击，填充文本外边框效果，如图3-67所示。

图 3-67

step 8 通过以上方法即可完成制作空心文字的操作，如图3-69所示。

图 3-69

62

3.5.3　制作渐变水晶字体

使用 Flash CS6，用户还可以制作出漂亮的渐变水晶字体。下面介绍制作渐变水晶字体的操作方法。

素材文件 ※ 无

效果文件 ※ 配套素材\第 3 章\效果文件\3.5.3　制作渐变水晶字体.fla

step 1 ① 新建文档，选择【修改】菜单项，② 在弹出的下拉菜单中，选择【文档】菜单项，如图 3-70 所示。

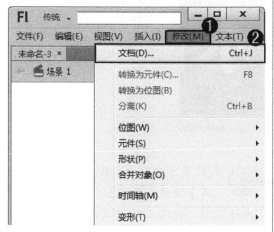

图 3-70

step 3 ① 设置文档后，在工具箱中单击【文本工具】按钮 T，② 在【属性】面板的【系列】下拉列表框中，选择准备应用的字体，③ 设置【大小】的数值为100 点，④ 在【颜色】框中，选择准备应用的字体颜色，如"白色"，如图 3-72 所示。

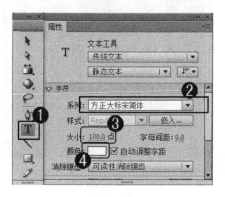

图 3-72

step 2 ① 弹出【文档设置】对话框，在【背景颜色】框中，设置文档的背景颜色，如选择"黑色"，② 单击【确定】按钮，如图 3-71 所示。

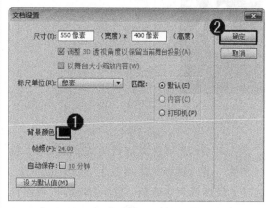

图 3-71

step 4 将光标置于文档中，输入准备创建的文本内容，如"水晶"，如图 3-73所示。

图 3-73

step 5　①选中创建的文本后，在菜单栏中，选择【修改】菜单项，②在弹出的下拉菜单中，选择【分离】菜单项，如图 3-74 所示。

step 6　①分离文本后，在菜单栏中，再次选择【修改】菜单项，②在弹出的下拉菜单中，再次选择【分离】菜单项，将文本彻底分离打散，如图 3-75 所示。

图 3-74

图 3-75

step 7　①选中分离打散的文本后，在【颜色】面板的【类型】下拉列表框中，选择【线性渐变】选项，②设置第一个色标颜色为"00CCFF"，③设置第二个色标颜色为"0066FF"，如图 3-76 所示。

step 8　①在工具箱中，单击【渐变变形工具】按钮，②将文本的渐变颜色旋转变形，使文本的渐变效果更加美观，如图 3-77 所示。

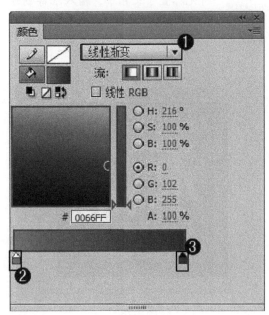

图 3-76

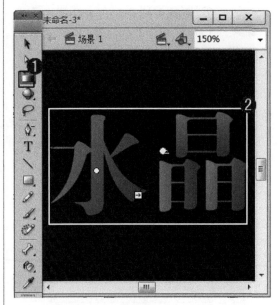

图 3-77

step 9 ① 在工具箱中，单击【多角星形工具】按钮 ⬡，② 在【属性】面板中，单击【选项】按钮，如图 3-78 所示。

图 3-78

step 11 在舞台中绘制多个五角星作为点缀，如图 3-80 所示。

图 3-80

step 10 ① 弹出【工具设置】对话框，在【样式】下拉列表框中，选择【星形】选项，② 在【边数】文本框中，设置多边形的边数，如"5"，③ 单击【确定】按钮，如图 3-79 所示。

图 3-79

step 12 通过上述操作方法即可完成制作渐变水晶字体的操作，如图 3-81 所示。

图 3-81

第3章 文本应用与编辑

65

3.6 课后练习

3.6.1 思考与练习

一、填空题

1. 在 Flash CS6 中，如果创建的文本边缘有明显的锯齿，那么在【属性】面板中，选择_____、_____和_____选项，用户均可以创建平滑的字体对象。

2. 在 Flash CS6 中，用户可以对文本块进行_____，使其成为单个的字符或_____，从而轻松地制作出每个字符的动画或设置特殊的_____效果。

3. 【斜角】滤镜是让对象具有加亮的效果，使其看起来凸出于背景表面，在舞台中，可以将选择的对象制作出立体的浮雕效果，控制参数主要有_____、强度、_____、阴影、加亮、_____、距离、挖空和类型等效果。

二、判断题

1. 在 Flash CS6 中，用户可以快速创建动态文本，动态文本框创建的文本在影片播放的过程中是不会改变的。   (　　)

2. 在文本【属性】面板中，【链接】文本框可以为水平文本添加超链接，单击该文本就可以跳转到其他文件。   (　　)

3. 用户可以对需要的文本进行局部变形的操作，以便更好地制作需要的艺术效果。
      (　　)

三、思考题

1. 如何创建动态文本？
2. 如何为文本添加超链接？

3.6.2 上机操作

1. 启动 Flash CS6 软件，使用修改文档命令、彻底分离命令、墨水瓶工具和染料桶工具绘制霓虹字体。效果文件可参考"配套素材\第 3 章\效果文件\制作霓虹字体.fla"。

2. 启动 Flash CS6 软件，使用修改文档命令、彻底分离命令、墨水瓶工具、选择工具、染料桶工具和径向渐变命令绘制立体字体。效果文件可参考"配套素材\第 3 章\效果文件\制作立体字体.fla"。

第**4**章

设置对象的颜色

　　本章主要介绍了颜色工具使用方面的知识与技巧，同时还讲解了颜色的应用与调整方面的知识。通过本章的学习，读者可以掌握设置对象颜色方面的知识，为深入学习 Flash CS6 知识奠定基础。

 范 例 导 航

1. 颜色工具的使用
2. 颜色的应用与调整

4.1　颜色工具的使用

在 Flash CS6 中，颜色工具是处理和绘制图形非常重要的道具，本节将以"填充猴子"素材为例，详细介绍颜色工具使用方面的知识与操作方法。

4.1.1　用墨水瓶工具改变线条颜色和样式

Flash CS6 中，在工具箱中，用户可以运用墨水瓶工具来填充边线、改变线条颜色和样式。下面详细介绍通过墨水瓶工具填充边线的操作方法。

step 1 ① 打开素材文件后，在工具箱中，单击【墨水瓶工具】按钮 ，② 在【属性】面板的【笔触颜色】框中，选择准备应用的笔触颜色，③ 在【笔触】文本框中，设置笔触大小为 3 点，④ 在【样式】下拉列表框中，选择准备应用的笔触样式，如图 4-1 所示。

step 2 在舞台中，单击图形的边线，这样即可完成使用墨水瓶工具改变线条颜色和样式的操作，如图 4-2 所示。

图 4-1

图 4-2

4.1.2　用颜料桶工具填充颜色

在工具箱中，运用颜料桶工具，用户可以为封闭区域填充颜色，还可以更改已涂色区域的颜色。下面介绍用颜料桶工具填充颜色的操作方法。

step 1　①打开素材文件后，在工具箱中，单击【颜料桶工具】按钮，②在【属性】面板的【填充颜色】框中，选择准备应用的填充颜色，如图4-3所示。

step 2　在舞台中，单击图形的内部，这样即可完成使用颜料桶工具填充图形颜色的操作，如图4-4所示。

图 4-3

图 4-4

4.1.3　用滴管工具选取颜色

在工具箱中，单击【滴管工具】按钮可以吸取舞台中的颜色，以填充到另一个图形上。下面详细介绍使用滴管工具的操作方法。

step 1　①打开素材文件后，在工具箱中，单击【滴管工具】按钮，②在舞台中，单击填充颜色的图形，此时滴管已经吸取该图形颜色，如图4-5所示。

step 2　①在工具箱中，单击【颜料桶工具】按钮，②在舞台中，单击准备填充的图形。通过以上方法即可将吸管中的颜色填充到其他图形中，如图4-6所示。

图 4-5

图 4-6

4.1.4　用刷子工具填充颜色

在工具箱中，使用刷子工具，用户可以在已有图形或空白工作区中绘制不同颜色、大小和形状的矢量块图形。下面介绍用刷子工具填充颜色的操作方法。

step 1 ① 打开素材文件后，在工具箱中，单击【刷子工具】按钮，② 在【刷子大小】下拉列表框中，选择刷子的尺寸，③ 在【刷子形状】下拉列表框中，设置刷子的形状，④ 在【属性】面板的【填充颜色】框中，选择准备应用的填充颜色，如图 4-7 所示。

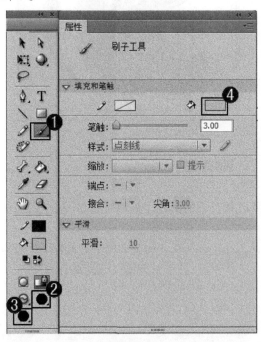

图 4-7

step 2 在舞台中，在猴子耳朵处使用刷子工具进行涂抹操作，绘制猴子耳蜗的形状。通过以上操作方法即可完成使用刷子工具填充颜色的操作，如图 4-8 所示。

图 4-8

4.1.5　绘制雨伞

掌握颜色工具使用方面的知识后，结合本章与之前所学知识。下面将详细介绍绘制雨伞的操作方法。

素材文件❋❋无
效果文件❋❋配套素材\第 4 章\效果文件\4.1.5　绘制雨.fla

step 1 ① 新建空白文档后，在工具箱中，单击【椭圆工具】按钮，② 在【属性】面板中，将【开始角度】设置为 180，如图 4-9 所示。

step 2 在舞台中，拖动鼠标左键绘制一个半圆形状，如图 4-10 所示。

图 4-9

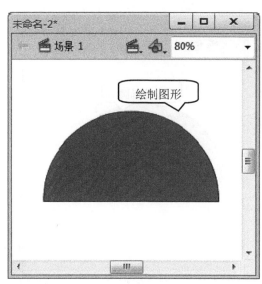

图 4-10

step 3 ① 在工具箱中，单击【椭圆工具】按钮 ，② 在【属性】面板中，将【开始角度】设置为 0，如图 4-11 所示。

step 4 在舞台中，拖动鼠标左键绘制 3 个大小相等的椭圆图形，如图 4-12 所示。

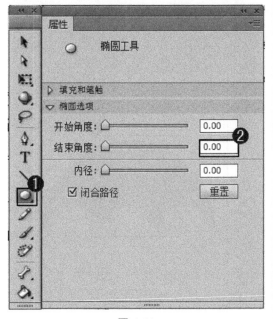

图 4-11

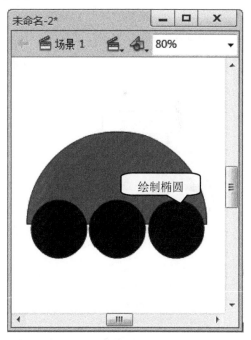

图 4-12

step 5 选中 3 个椭圆，在键盘上按下 Delete 键，删除绘制的椭圆，如图 4-13 所示。

step 6 ① 在工具箱中，单击【线条工具】按钮，② 设置【填充颜色】为 #FF9900，③ 在【属性】面板中，设置线条笔触大小的数值为 1 点，如图 4-14 所示。

图 4-13

图 4-14

step 7　在舞台中，绘制两条线条，如图 4-15 所示。

step 8　① 在工具箱中，单击【选择工具】按钮 ，② 在舞台中，调整线条的形状，如图 4-16 所示。

图 4-15

图 4-16

step 9　① 打开【颜色】面板，在【类型】下拉列表框中，选择【径向渐变】选项，② 设置第一个色标颜色为"FF99FF"，③ 设置第二个色标颜色为"FFCC00"，如图 4-17 所示。

step 10　① 在工具箱中，单击【颜料桶工具】按钮 ，② 在舞台中，单击图形内部，填充渐变颜色，如图 4-18 所示。

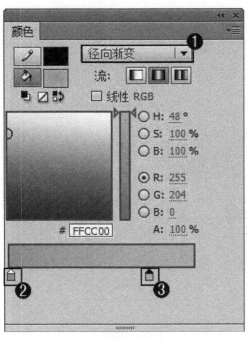

图 4-17

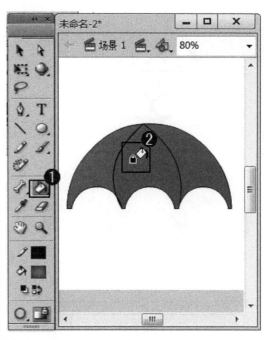

图 4-18

step11 ① 在工具箱中，单击【多角星形工具】按钮 ，② 在【属性】面板中，单击【选项】按钮，如图 4-19 所示。

step12 ① 弹出【工具设置】对话框，在【样式】下拉列表框中，选择【星形】选项，② 在【边数】文本框中，设置多边形的边数，如 "5"，③ 单击【确定】按钮，如图 4-20 所示。

图 4-19

图 4-20

step13 在舞台中，单击并拖动鼠标左键，到合适大小后，松开鼠标左键，绘制一个五角星，如图 4-21 所示。

step14 ① 选择绘制的五角星，打开【颜色】面板，在【类型】下拉列表框中，选择【径向渐变】选项，② 设置第一个色标颜色为 "D2FF2A"，③ 设置第二个色标颜色为 "EE9A4F"，如图 4-22 所示。

图 4-21

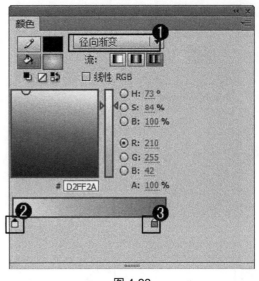

图 4-22

step 15 ① 在工具箱中，单击【颜料桶工具】按钮，② 在舞台中，单击五角星图形的内部，填充图形渐变颜色，如图 4-23 所示。

step 16 ① 在工具箱中，单击【椭圆工具】按钮，② 在舞台中，绘制一个椭圆图形，如图 4-24 所示。

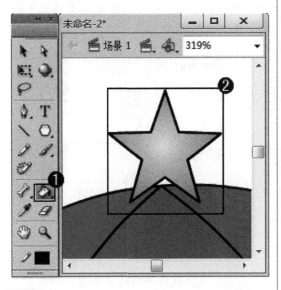

图 4-23

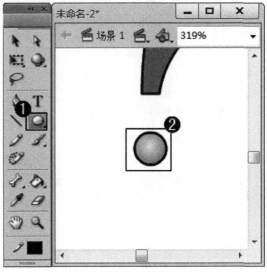

图 4-24

step 17 选择创建的椭圆图形，在键盘上按住 Alt 键，复制 3 个椭圆图形，如图 4-25 所示。

step 18 选择复制的椭圆图形，将其移动至合适的位置，如图 4-26 所示。

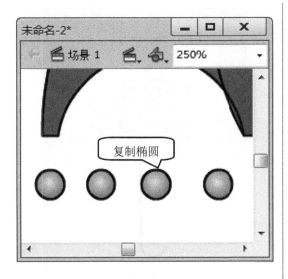

复制椭圆

图 4-25

图 4-26

STEP19 ① 将椭圆移动至合适位置后,在工具箱中,单击【线条工具】按钮，② 在【属性】面板中,设置【笔触颜色】为"黑色", ③ 设置线条笔触大小的数值为 5点,如图 4-27 所示。

STEP20 在舞台中,绘制两条线条作为雨伞的伞柄,如图 4-28 所示。

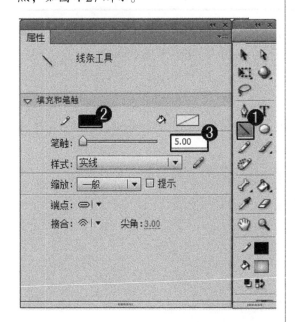

图 4-27

绘制线条

图 4-28

STEP21 ① 在工具箱中,单击【选择工具】按钮， ② 在舞台中,调整线条的形状,如图 4-29 所示。

STEP22 通过上述方法即可完成绘制雨伞的操作,如图 4-30 所示。

第4章 设置对象的颜色

75

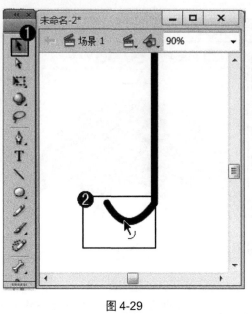

图 4-29

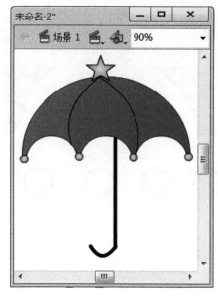

图 4-30

4.2　颜色的应用与调整

在 Flash CS6 中，颜色的应用与调整直接影响 Flash 作品的整体色调及其呈现的风格，本节将介绍颜色的应用与调整方面的知识。

4.2.1　设置【颜色】面板

在 Flash CS6 中，用户可以在【颜色】面板中设置各种颜色，在程序窗口中，单击【颜色】按钮，即可弹出【颜色】面板，如图 4-31 所示。

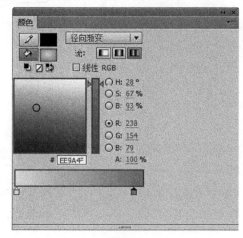

图 4-31

在 Flash CS6 中，如果在舞台中选定了对象，则在【颜色】面板中所进行的颜色更改会被应用到该对象上。可以在 RGB 或 HSB 模式下选择颜色，或使用十六进制模式直接输入颜色代码，还可以指定 Alpha 值定义颜色的透明度。另外，还可以从现有的调色板中选择颜色，对舞台实例应用渐变色，还有一个【亮度】调节控件可用来修改所有颜色模式下的颜色亮度。

4.2.2 用渐变变形工具进行填充变形

在工具箱中，使用渐变变形工具，用户可以对对象进行各种方式的填充变形处理，包括线性渐变填充和径向渐变填充两种方式，下面介绍使用渐变变形工具进行填充变形的操作方法。

1. 线性渐变填充

在 Flash CS6 中，用户可以使用线性渐变功能快速填充图形对象，其具体操作方法如下。

Step 1 ① 新建空白文件后，在工具箱中单击【多角星形工具】按钮，② 在舞台中，绘制一个五角星图形，如图 4-32 所示。

Step 2 ① 打开【颜色】面板，在【类型】下拉列表框中，选择【线性渐变】选项，② 设置第一个色标颜色为"D2FF2A"，③ 设置第二个色标颜色为"EE0000"，如图 4-33 所示。

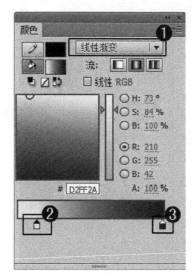

图 4-32

图 4-33

Step 3 ① 在工具箱中，单击【颜料桶工具】按钮，② 在舞台中，单击图形的内部，这样即可在图形内部添加线性渐变颜色，如图 4-34 所示。

Step 4 ① 在工具箱中，单击【渐变变形工具】按钮，② 在舞台中，单击图形，图形上出现两条平行线，被称为"渐变控制线"，同时还显示了两个圆形和一个方形的渐变控制点，如图 4-35 所示。

第 4 章 设置对象的颜色

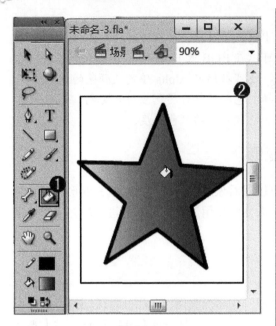

图 4-34

step 5　拖动渐变控制线之间的圆形控制点，可以移动渐变图案中心控制点的位置，如图 4-36 所示。

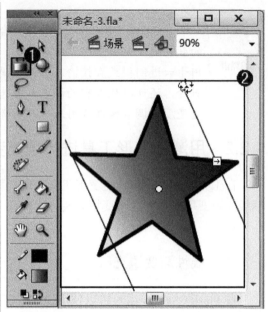

图 4-35

step 6　拖动渐变控制线之间的方形控制点，可以调整渐变图案的渐变距离，如图 4-37 所示。

图 4-36

step 7　拖动渐变控制线端点的圆形控制点，可以调整渐变控制线的倾斜角度，如图 4-38 所示。

图 4-37

step 8　通过上述方法即可完成线性渐变填充的操作，如图 4-39 所示。

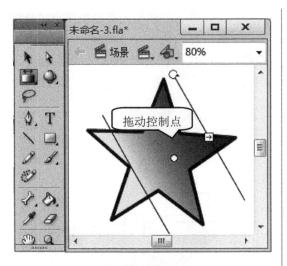

图 4-38

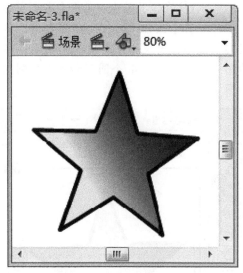

图 4-39

2. 径向渐变填充

在 Flash CS6 中，用户还可以使用径向渐变功能快速填充图形对象，其具体操作方法如下。

step 1 ① 打开【颜色】面板，在【类型】下拉列表框中，选择【径向渐变】选项，② 设置第一个色标颜色为"D2FF2A"，③ 设置第二个色标颜色为"EE0000"，如图 4-40 所示。

step 2 ① 在工具箱中，单击【颜料桶工具】按钮🎨，② 在舞台中，单击图形的内部，这样即可在图形内部添加径向渐变颜色，如图 4-41 所示。

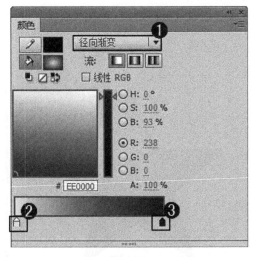

图 4-40

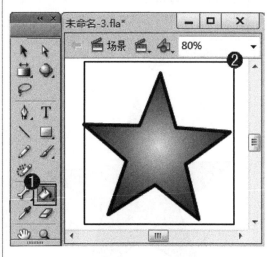

图 4-41

step 3　①在工具箱中，单击【渐变变形工具】按钮，②在舞台中，单击图形，图形上出现一个渐变控制圆圈，在它的圆心和圆周共有 4 个圆形和方形控制点，如图 4-42 所示。

step 4　单击并拖动渐变控制圆中间的圆形控制点，可以移动渐变图案中心控制点的位置，如图 4-43 所示。

图 4-42

图 4-43

step 5　单击并拖动渐变控制圆周围的方形控制点，可以调整渐变控制圆的长宽比，如图 4-44 所示。

step 6　拖动渐变控制圆周围紧挨着方形手柄的圆形控制点，可以调整渐变控制圆的大小，从而缩放渐变图形，如图 4-45 所示。

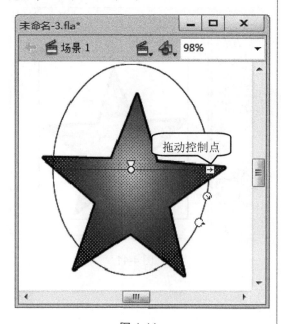

图 4-44

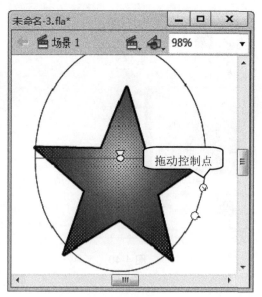

图 4-45

拖动渐变控制圆周围最下面的一个
圆形控制点，可以调整渐变控制圆
的倾斜方向，从而改变渐变图形的倾斜角度，
如图 4-46 所示。

 通过上述方法即可完成径向渐变
填充的操作，如图 4-47 所示。

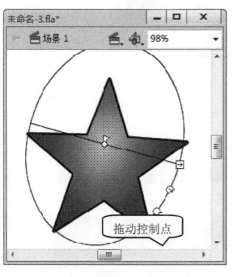

图 4-46

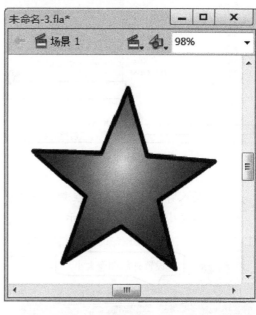

图 4-47

 ## 4.3　范例应用与上机操作

通过本章的学习，读者基本可以掌握设置对象颜色的基本知识和操作技巧，下面通过几个范例应用与上机操作练习一下，以达到巩固学习、拓展提高的目的。

4.3.1　绘制满天繁星

在 Flash CS6 中，用户可以运用本章所学的知识，绘制满天繁星的图形，其具体操作方法如下。

 素材文件※ 配套素材\第 4 章\素材文件\夜空.jpg
效果文件※ 配套素材\第 4 章\效果文件\4.3.1　绘制满天繁星.fla

 ① 新建文档，在菜单栏中，选择
【文件】菜单项，② 在弹出的下
拉菜单中，选择【导入】菜单项，③ 在弹出
的子菜单中，选择【导入到舞台】菜单项，
如图 4-48 所示。

 ① 弹出【导入】对话框，选择准
备导入的素材背景图像，② 单击
【打开】按钮，如图 4-49 所示。

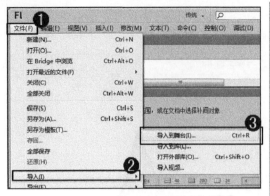

图 4-48

图 4-49

 step 3 插入背景图像，然后在舞台中调整其大小，如图 4-50 所示。

step 4 ① 单击【时间轴】面板左下角的【新建图层】按钮，② 新建一个图层，如图 4-51 所示。

图 4-50

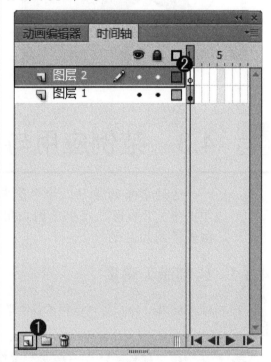

图 4-51

step 5 ① 在工具箱中，单击【多角星形工具】按钮 ，② 在【属性】面板中，单击【选项】按钮，如图 4-52 所示。

step 6 ① 弹出【工具设置】对话框，在【样式】下拉列表框中，选择【星形】选项，② 在【边数】文本框中，设置多边形的边数，如"5"，③ 单击【确定】按钮，如图 4-53 所示。

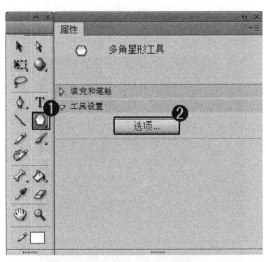

图 4-52

step 7 在舞台中，单击并拖动鼠标左键，到合适大小后，松开鼠标左键，绘制一个五角星，如图 4-54 所示。

图 4-54

step 9 选择的五角星图形已经填充成径向渐变图案，如图 4-56 所示。

图 4-53

step 8 ① 选择绘制的五角星，打开【颜色】面板，在【类型】下拉列表框中，选择【径向渐变】选项，② 设置第一个色标颜色为 "FFFFFF"，③ 设置第二个色标颜色为 "CCCCCC"，如图 4-55 所示。

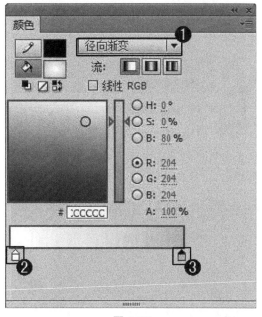

图 4-55

step 10 运用相同的操作方法在舞台中绘制更多的五角星图形，通过上述方法即可完成绘制满天繁星的操作，如图 4-57 所示。

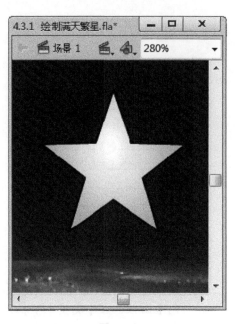
图 4-56

图 4-57

4.3.2 绘制雪人

在 Flash CS6 中，用户可以运用本章所学的知识，绘制一个雪人的图形，其具体操作方法如下。

素材文件❀无
效果文件❀配套素材\第 4 章\效果文件\4.3.2 绘制雪人.fla

step 1 ① 新建文档，在工具箱中，单击【矩形工具】按钮，② 在【属性】面板中，在【填充颜色】框中，设置填充颜色，如"天蓝色"，如图 4-58 所示。

step 2 在舞台中，绘制一个矩形图形，作为背景色，如图 4-59 所示。

图 4-58

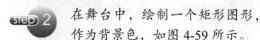
图 4-59

step 3　绘制背景后，在工具箱中，单击【刷子工具】按钮✐，② 在【刷子大小】下拉列表框中，选择刷子的尺寸，③ 在【刷子形状】下拉列表框中，设置刷子的形状，④ 在【属性】面板中，在【填充颜色】框中，选择准备应用的填充颜色，如"白色"，如图 4-60 所示。

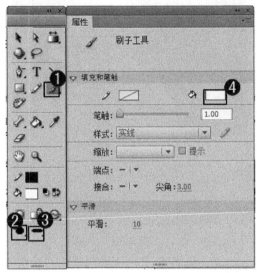

图 4-60

step 5　① 工具箱中，单击【椭圆工具】按钮⬭，② 在【属性】面板中，设置【填充颜色】为"白色"，③ 设置【笔触颜色】为"白色"，如图 4-62 所示。

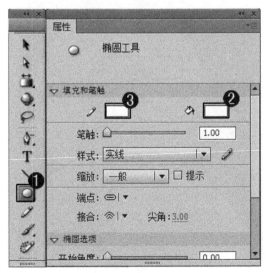

图 4-62

step 4　在舞台中，使用刷子工具，绘制一片雪地图形，如图 4-61 所示。

图 4-61

step 6　在舞台中，使用椭圆工具绘制一个椭圆，作为雪人的脑袋，如图 4-63 所示。

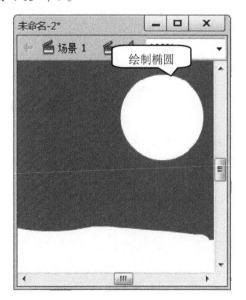

图 4-63

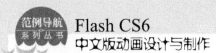
step 7　①在工具箱中，单击【椭圆工具】按钮 ◯，②在【属性】面板中，将【开始角度】设置为180，如图4-64所示。

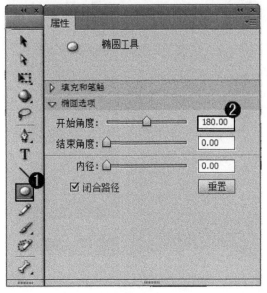

图4-64

step 8　在舞台中，使用椭圆工具绘制一个椭圆，作为雪人的身体，如图4-65所示。

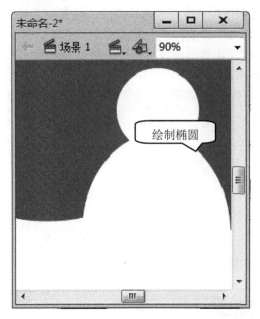

图4-65

step 9　①在工具箱中，单击【线条工具】按钮 ＼，②在【属性】面板中，设置【笔触颜色】为"#FF0000"，③设置线条笔触大小的数值为1点，如图4-66所示。

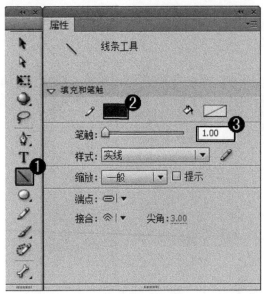

图4-66

step 10　在舞台中，使用线条工具绘制一个三角形，作为雪人的鼻子，如图4-67所示。

图4-67

step11　① 在工具箱中，单击【选择工具】按钮 ↖ ，② 在舞台中，调整线条的形状，如图 4-68 所示。

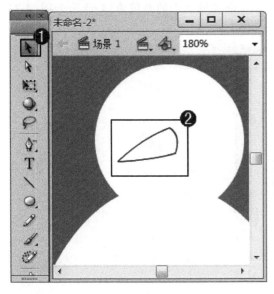

图 4-68

step12　① 打开【颜色】面板，在【类型】下拉列表框中，选择【线性渐变】选项，② 设置第一个色标颜色为 "FF0764"，③ 设置第二个色标颜色为 "FF0415"，如图 4-69 所示。

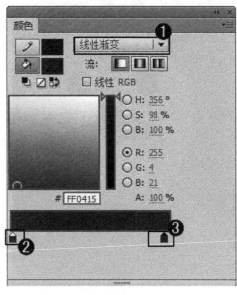

图 4-69

step13　① 在工具箱中，单击【颜料桶工具】按钮 ，② 在舞台中，使用颜料桶工具单击图形的内部，填充雪人鼻子颜色，如图 4-70 所示。

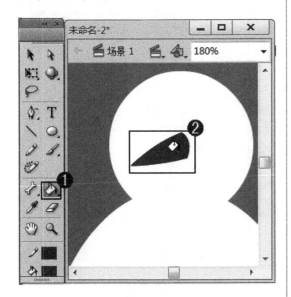

图 4-70

step14　① 在工具箱中，单击【刷子工具】按钮 ，② 在【刷子形状】下拉列表框中，设置刷子的形状，③ 在【属性】面板的【填充颜色】框中，选择准备应用的填充颜色，如 "黑色"，如图 4-71 所示。

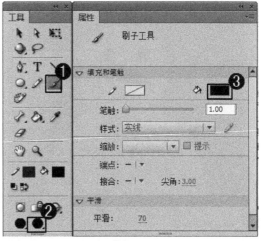

图 4-71

第 4 章　设置对象的颜色

87

step15　在舞台中，使用刷子工具，在椭圆中，绘制两个不规则圆圈，作为雪人的眼睛，如图 4-72 所示。

图 4-72

step17　在舞台中，使用线条工具，在椭圆中，绘制多个线条，作为雪人的手，如图 4-74 所示。

图 4-74

step16　① 在工具箱中，单击【线条工具】按钮，② 在【属性】面板中，设置【笔触颜色】为"棕色"，③ 设置线条笔触大小的数值为 4 点，如图 4-73 所示。

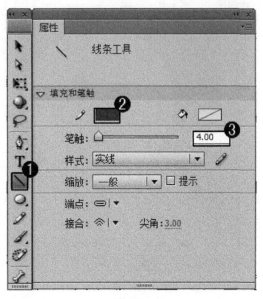

图 4-73

step18　① 工具箱中，单击【椭圆工具】按钮，② 在【属性】面板中，设置【填充颜色】为"白色"，③ 设置【笔触颜色】为"白色"，如图 4-75 所示。

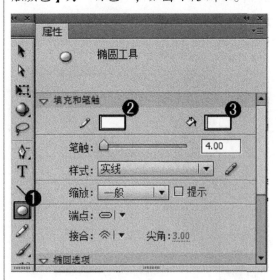

图 4-75

step19 在舞台中，使用椭圆工具绘制多个大小不等的椭圆，作为飘落的雪花，如图 4-76 所示。

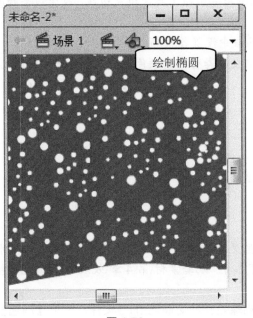

图 4-76

step20 通过上述方法即可完成绘制雪人的操作，如图 4-77 所示。

图 4-77

4.4　课后练习

4.4.1　思考与练习

一、填空题

1. 在工具箱中，使用_____工具，用户可以对对象进行各种方式的_____处理，包括线性渐变填充和_____两种方式。

2. 在工具箱中，运用_____工具，用户可以为_____填充颜色，同时还可以更改已涂色区域的颜色。

3. 在工具箱中，使用_____工具，用户可以在_____或空白工作区中绘制不同_____、大小和_____的矢量块图形。

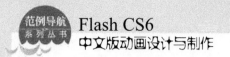

二、判断题

1. 在 Flash CS6 中，在工具箱中，用户可以运用墨水瓶工具来填充边线，改变线条颜色和样式。　　　　　　　　　　　　　　　　　　　　　　　　（　　）

2. 在 Flash CS6 中，用户可以在【渐变】面板中设置各种颜色。　　　　（　　）

3. 在工具箱中，单击【滴管工具】按钮可以吸取舞台中的颜色，填充到另一个图形上。　　　　　　　　　　　　　　　　　　　　　　　　　　　　　（　　）

三、思考题

1. 如何使用滴管工具选取颜色？

2. 如何使用墨水瓶工具改变线条颜色和样式？

4.4.2　上机操作

1. 打开"配套素材\第 4 章\素材文件\填充星星时钟.fla"文件，使用颜料桶工具和墨水瓶工具命令，进行填充图形的操作。效果文件可参考"配套素材\第 4 章\效果文件\填充星星时钟.fla"。

2. 打开"配套素材\第 4 章\素材文件\更改蝴蝶翅膀渐变颜色.fla"文件，使用【颜色】面板和颜料桶工具命令，进行填充图形的操作。效果文件可参考"配套素材\第 4 章\效果文件\更改蝴蝶翅膀渐变颜色.fla"。

范例导航
系列丛书

第 **5** 章

编辑与操作对象

　　本章主要介绍了选择对象、使用查看工具和对象的基本操作方面的知识与技巧，同时还讲解了对象的变形操作，合并对象，对象的组合、排列、分离以及使用辅助工具方面的知识。通过本章的学习，读者可以掌握编辑与操作对象方面的知识，为深入学习 Flash CS6 知识奠定基础。

范 例 导 航

1. 选择对象
2. 使用查看工具
3. 对象的基本操作
4. 对象的变形操作
5. 合并对象
6. 对象的组合、排列、分离
7. 使用辅助工具

5.1 选择对象

在 Flash CS6 中，在对对象进行操作前，需要先选择对象。选择对象的工具包括：选择工具、部分选取工具和套索工具等，不同的工具有着不同的选择功能，本节将以"搬运工"素材为例，详细介绍选择对象方面的知识。

5.1.1 使用选择工具选择对象

在 Flash CS6 中，对舞台中的对象进行编辑必须先选择该对象，因此选择对象是最基本的操作。下面介绍使用选择工具选择对象的操作方法。

① 在工具箱中，单击【选择工具】按钮，②在场景中，单击并拖动鼠标左键，绘制出一个矩形框，并使对象包含在矩形选取框中，然后释放鼠标，这样即可选中对象，如图 5-1 所示。

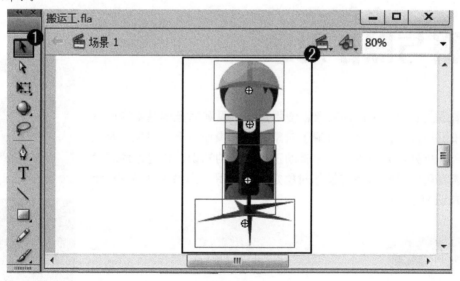

图 5-1

5.1.2 使用部分选取工具选择对象

在 Flash CS6 中，用户还可以通过使用部分选取工具来选择对象，在修改对象形状时，使用部分选取工具会更加得心应手。下面介绍使用部分选取工具的方法。

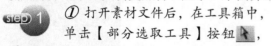
STEP 1 ① 打开素材文件后，在工具箱中，单击【部分选取工具】按钮，②在舞台中，选择对象相应的节点，单击鼠标左键并向任意方向拖曳，如图 5-2 所示。

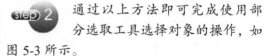
STEP 2 通过以上方法即可完成使用部分选取工具选择对象的操作，如图 5-3 所示。

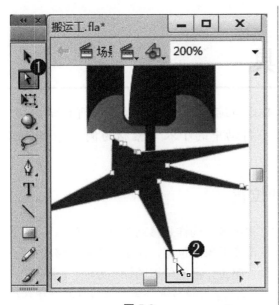

图 5-2

图 5-3

5.1.3 使用套索工具选择对象

套索工具和选择工具的使用方法相似,不同的是,套索工具可以选择不规则形状。下面详细介绍使用套索工具选择对象的操作方法。

step 1 ① 打开素材文件后,在工具箱中,单击【套索工具】按钮 ,② 将光标移动到准备选择对象的区域附近,按住鼠标左键不放,绘制一个需要选定对象的区域,如图 5-4 所示。

step 2 释放鼠标左键后,所画区域就是被选中的区域。通过上述方法即可完成使用套索工具选择对象的操作,如图 5-5 所示。

图 5-4

图 5-5

第 5 章 编辑与操作对象

93

5.2 使用查看工具

在 Flash CS6 中，使用手形工具与缩放工具，有助用户可以调整视图，更好地查看对象，本节将以"行动中的小人"素材为例，详细介绍使用查看工具方面的知识。

5.2.1 使用手形工具调整工作区的位置

手形工具用于移动工作区，调整场景中的可视区域。同样是移动工具，应注意与选择工具相区别，选择工具用于移动场景中的对象，改变对象的位置，而手形工具的移动不会影响场景中对象的位置。下面介绍使用手形工具调整工作区的位置的操作方法。

step 1　①打开素材文件后，在工具箱中，单击【手形工具】按钮，②在场景中，当光标变成🖐形状时，单击并拖曳鼠标，如图 5-6 所示。

step 2　移动鼠标至合适的位置后释放鼠标。通过上述方法即可使用手形工具调整工作区的位置，如图 5-7 所示。

图 5-6

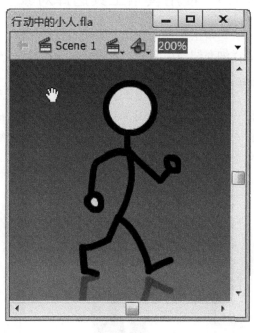

图 5-7

5.2.2 使用缩放工具调整工作区的大小

在 Flash CS6 中，使用缩放工具，用户可以更随意灵活地调整视图比例，缩放工具包含两种调整视图比例的方式，分别为放大和缩小。下面介绍使用缩放工具调整工作区的大小的操作方法。

Step 1　① 打开素材文件后，在工具箱中，单击【缩放工具】按钮🔍，② 在选项组中，单击【放大】按钮🔍，③ 在场景中单击，如图 5-8 所示。

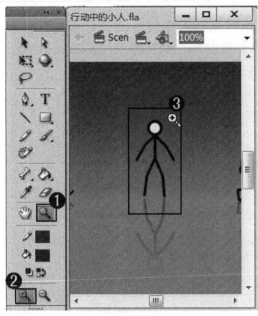

图 5-8

Step 3　① 打开素材文件后，在工具箱中，单击【缩放工具】按钮🔍，② 在选项组中，单击【缩小】按钮🔍，③ 在场景中单击，如图 5-10 所示。

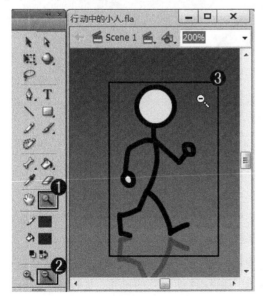

图 5-10

Step 2　通过上述操作方法即可使用缩放工具放大调整工作区，如图 5-9 所示。

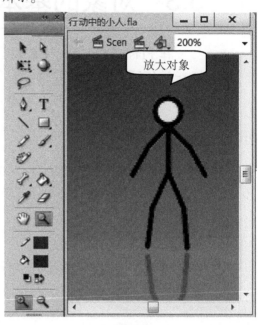

图 5-9

Step 4　通过上述操作方法即可使用缩放工具缩小调整工作区，如图 5-11 所示。

图 5-11

第 5 章　编辑与操作对象

95

5.3 对象的基本操作

在 Flash CS6 中，对象的基本操作包括对象的移动、复制和删除等，这些操作可以提高工作效率，节约工作时间，本节将以"震动中的手机"素材为例，详细介绍对象的基本操作方面的知识。

5.3.1 移动对象

在 Flash CS6 中，移动对象的方法多种多样，其中包括利用鼠标、方向键、【属性】面板和【信息】面板等进行移动。下面详细介绍移动对象的操作方法。

1. 利用方向键移动对象

在 Flash CS6 中，使用方向键进行对象移动，可使对象移动得更加精确，在场景中，选中对象，按下键盘上的上、下、左、右方向键，进行对象移动，如图 5-12 所示。

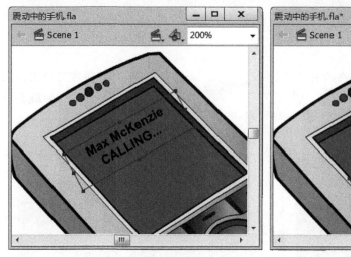

图 5-12

在 Flash CS6 中，一般情况下，利用方向键进行图形对象移动时，一次可以移动 1 个像素，在按住方向键的同时，按住 Shift 键，这样则可以一次移动 8 个像素。

2. 利用鼠标移动对象

在 Flash CS6 中，使用鼠标移动对象是最为快捷的方法，在场景中选中图形，按住鼠标左键，并向相应的位置进行拖动，这样即可完成利用鼠标移动对象的操作，如图 5-13 所示。

图 5-13

3. 利用【属性】面板移动对象

在场景中，选择准备移动的图形，在【属性】面板的【位置和大小】选项组的 X 和 Y 文本框中，输入相应的数值，然后按下 Enter 键，这样即可完成利用【属性】面板进行移动的操作，如图 5-14 所示。

图 5-14

4. 利用【信息】面板移动对象

在场景中，选择准备移动的图形，在【信息】面板的 X 和 Y 文本框中，输入相应的数值，然后按下 Enter 键，这样即可完成利用【信息】面板进行移动的操作，如图 5-15 所示。

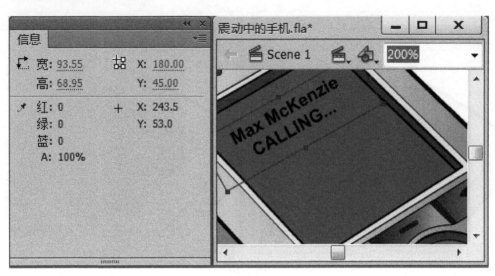

图 5-15

5.3.2 复制对象

在制作 Flash 动画时，用户经常需要通过 Flash 复制对象，以便制作出需要的效果。下面介绍复制对象的操作方法。

step 1 在场景中，选中准备复制的图形对象的同时，按住 Alt 键进行拖动，如图 5-16 所示。

step 2 通过以上方法即可完成复制对象的操作，如图 5-17 所示。

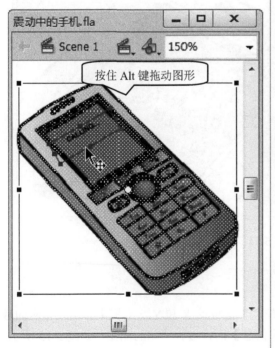

按住 Alt 键拖动图形

图 5-16

图 5-17

5.3.3 删除对象

在制作 Flash 动画的过程中，用户可以将不需要的图形对象删除。下面介绍删除对象的操作方法。

 step 1 在场景中，选中准备删除的图形对象，然后在键盘上按下 Delete 键，如图 5-18 所示。

step 2 通过以上方法即可完成删除对象的操作，如图 5-19 所示。

选择图形并按下 Delete 键

图 5-18

删除图形

图 5-19

5.4 对象的变形操作

在创建动画的过程中，用户可以通过扭曲、旋转和缩放等方法对图形对象进行变形，从而更加完善编辑中的图形对象，本节将以"变形字"素材为例，详细介绍变形对象方面的知识。

5.4.1 认识变形点

在 Flash CS6 中，在图形对象进行变形时，用户可以使用变形点作为变形参考，通过变形点位置的改变，从而改变旋转或者对齐的操作，不同的变形点位置产生的效果也不同，如图 5-20 所示。

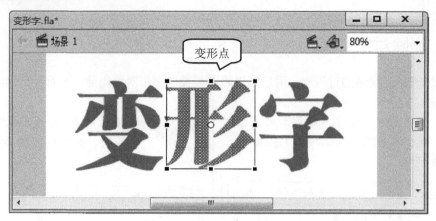

图 5-20

5.4.2 自由变形对象

自由变形可以使图形自由随意地变形，如缩放、倾斜、旋转等操作。下面详细介绍自由变形的操作方法。

1. 倾斜对象

在 Flash CS6 中，倾斜用于改变图形形状，使图形具有一定的倾斜角度。下面介绍倾斜对象的操作方法。

step 1 ① 打开素材文件并选择准备倾斜的图形部分后，在工具箱中，单击【任意变形工具】按钮，② 将光标移动到图形锚点之间的直线时，光标变成 ⇔ 形状，此时，单击并拖曳鼠标左键，可以看到图形倾斜的轮廓线，如图 5-21 所示。

step 2 释放鼠标，轮廓线倾斜的形状就是图形倾斜的形状，这样即可完成倾斜对象的操作，如图 5-22 所示。

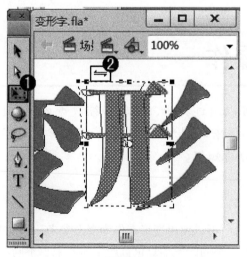

图 5-21

图 5-22

2. 旋转对象

在 Flash CS6 中，旋转用于改变图形的角度，从而达到绘制的要求。下面介绍旋转对象的操作方法。

step 1 ① 打开素材文件并选择准备旋转的图形部分后，在工具箱中，单击【任意变形工具】按钮 ，② 当光标移动到图形边角的锚点外侧时，光标变成 ⤿ 形状，单击并拖曳鼠标左键，可以看到图形对象旋转的轮廓线，如图 5-23 所示。

step 2 释放鼠标，轮廓线旋转的形状就是图形旋转的形状，这样即可完成旋转对象的操作，如图 5-24 所示。

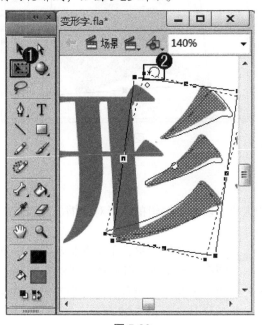

图 5-23

图 5-24

5.4.3 扭曲对象

在 Flash CS6 中，使用扭曲变形时，用户可以更改对象变换框上的控制点位置，从而改变对象的形状。下面详细介绍扭曲对象的操作方法。

step 1 ① 在 Flash CS6 中，打开素材文件并选择准备扭曲的图形部分后，在菜单栏中，选择【修改】菜单项，② 在弹出的下拉菜单中，选择【变形】菜单项，③ 在弹出的子菜单中，选择【扭曲】菜单项，如图 5-25 所示。

step 2 对象周围出现变形框，将鼠标指针放置在控制点上，当鼠标指针变成 ▷ 形状时，单击并拖动变形框上的变形点至指定位置。通过以上方法即可移动该点完成扭曲对象的操作，如图 5-26 所示。

第 5 章　编辑与操作对象

101

图 5-25

在键盘上按下 Shift 键并拖动角点，可以锥化该对象，使两个相邻两个角沿彼此相反的方向移动相同的距离。

图 5-26

5.4.4 缩放对象

在 Flash CS6 中，缩放对象可以改变对象的大小，以便将编辑的图形对象缩放至合适的比例。下面详细介绍缩放对象的操作方法。

step 1 ① 在 Flash CS6 中，打开素材文件并选择准备缩放的图形部分后，在菜单栏中，选择【修改】菜单项，② 在弹出的下拉菜单中，选择【变形】菜单项，③ 在弹出的子菜单中，选择【缩放】菜单项，如图 5-27 所示。

step 2 在场景中，单击并拖动其中一个变形点，图形对象可以沿 X 轴和 Y 轴两个方向进行缩放，这样即可完成缩放对象的操作，如图 5-28 所示。

图 5-27

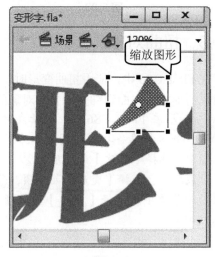

图 5-28

5.4.5 封套对象

封套对象可以使图形对象的变形效果更加完美，弥补了扭曲变形在某些局部无法完全照顾的缺点。下面详细介绍封套对象的操作方法。

step 1 ① 在 Flash CS6 中，打开素材文件并选择准备封套的图形部分后，在菜单栏中，选择【修改】菜单项，② 在弹出的下拉菜单中，选择【变形】菜单项，③ 在弹出的子菜单中，选择【封套】菜单项，如图 5-29 所示。

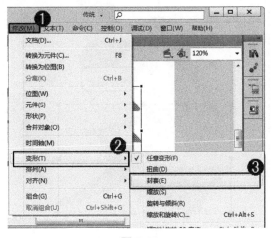

图 5-29

step 3 单击并拖动鼠标左键，这样即可对图形局部的点进行变形，如图 5-31 所示。

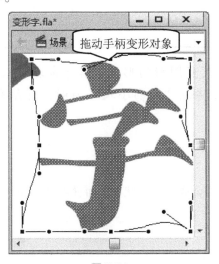

图 5-31

step 2 此时，对象的周围出现变换框，变换框上交错分布方形和圆形两种变形手柄，如图 5-30 所示。

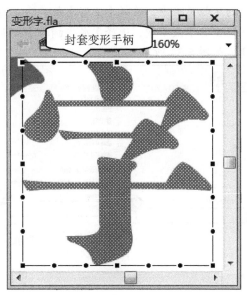

图 5-30

step 4 变形完成后，在舞台空白处单击，通过以上步骤即可完成封套对象的操作，如图 5-32 所示。

图 5-32

5.4.6 翻转对象

在 Flash CS6 中，使用翻转变形时，用户可以使编辑中的图形对象垂直或水平翻转，以便制作出需要的镜像的效果。下面介绍翻转对象的操作方法。

Step 1 ①在 Flash CS6 中，打开素材文件并选择准备翻转的图形部分后，在菜单栏中，选择【修改】菜单项，②在弹出的下拉菜单中，选择【变形】菜单项，③在弹出的子菜单中，选择【水平翻转】菜单项，如图 5-33 所示。

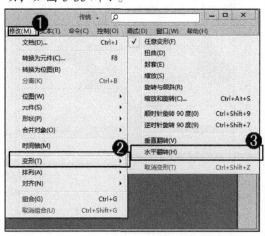

图 5-33

Step 2 通过以上步骤即可完成水平翻转对象的操作，如图 5-34 所示。

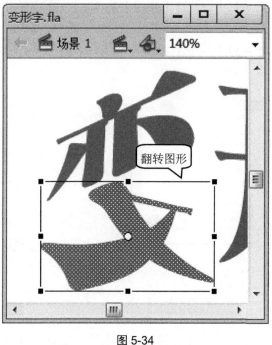

图 5-34

5.5 合并对象

在 Flash CS6 中，合并对象可以改变图形的形状，其中包括联合、交集、打孔和裁切等操作内容，本节将以"简易小人"为例，详细介绍合并对象方面的知识。

5.5.1 联合

使用【联合】命令，用户可以将两个或多个形状合成单个形状。下面详细介绍使用【联合】命令合成对象的操作方法。

（step 1）① 打开素材文件并选择准备联合的两个图形后，在菜单栏中，选择【修改】菜单项，② 在弹出的下拉菜单中，选择【合并对象】菜单项，③ 在弹出的子菜单中，选择【联合】菜单项，如图 5-35 所示。

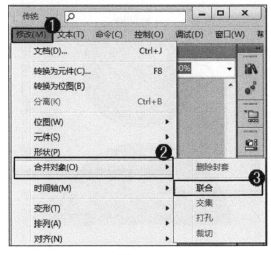

图 5-35

（step 2）通过以上步骤即可完成联合图形的操作，如图 5-36 所示。

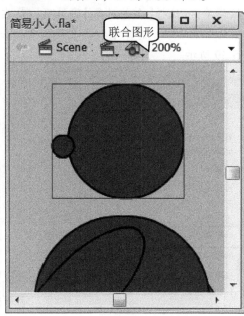

图 5-36

5.5.2 打孔

打孔用于删除选定绘制对象的某些部分，这些部分是该对象与另一个重叠对象的公共部分。下面详细介绍打孔对象的操作方法。

（step 1）打开素材文件，使用椭圆工具在素材上绘制一个小椭圆图形，如图 5-37 所示。

图 5-37

（step 2）使用选择工具选择准备打孔的两个图形对象，如图 5-38 所示。

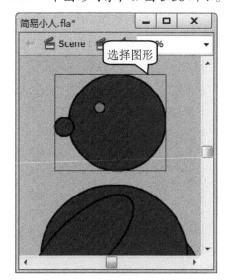

图 5-38

（side）第 5 章　编辑与操作对象

Step 3 ① 选择对象后，在菜单栏中，选择【修改】菜单项，② 在弹出的下拉菜单中，选择【合并对象】菜单项，③ 在弹出的子菜单中，选择【打孔】菜单项，如图 5-39 所示。

Step 4 通过上述方法即可完成打孔对象的操作，如图 5-40 所示。

图 5-39

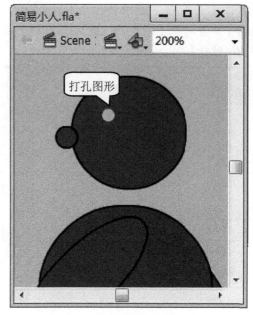

图 5-40

5.5.3 裁切

在 Flash CS6 中，【裁切】命令所得到的对象是独立的，不会合并为单个对象。下面详细介绍裁切对象的操作方法。

Step 1 打开素材文件，使用椭圆工具和矩形工具在素材上绘制一个椭圆和矩形并重叠在一起，如图 5-41 所示。

Step 2 ① 将准备裁切的两个图形对象选择后，菜单栏中，选择【修改】菜单项，② 在弹出的下拉菜单中，选择【合并对象】菜单项，③ 在弹出的子菜单中，选择【裁切】菜单项，如图 5-42 所示。

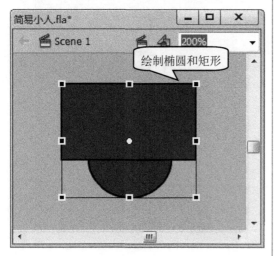

图 5-41

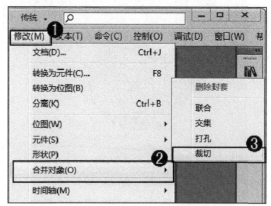

图 5-42

STEP 3 通过上述方法即可完成裁切对象的操作，将其移到至合适的位置并旋转合适的角度，作为卡通小人的一只脚，如图 5-43 所示。

STEP 4 运用裁切的操作方法再次绘制卡通小人的另一只脚，并移动合适的位置，如图 5-44 所示。

图 5-43

图 5-44

5.5.4 交集

在 Flash CS6 中，交集是指两个或两个以上的图形重叠的部分被保留，而其余部分被剪裁掉的过程。下面详细介绍交集对象的操作方法。

STEP 1 打开素材文件，使用椭圆工具在素材上绘制两个椭圆并交集在一起，如图 5-45 所示。

STEP 2 ① 将准备交集的两个图形对象选择后，在菜单栏中，选择【修改】菜单项，② 在弹出的下拉菜单中，选择【合并对象】菜单项，③ 在弹出的子菜单中，选择【交集】菜单项，如图 5-46 所示。

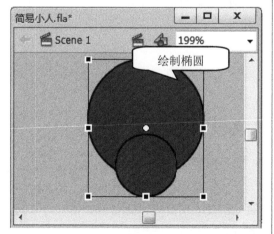

图 5-45

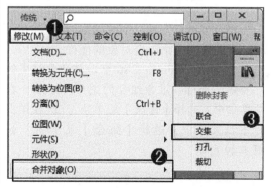

图 5-46

第 5 章 编辑与操作对象

107

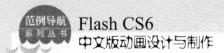
step 3 通过上述方法即可完成交集对象的操作，如图 5-47 所示。

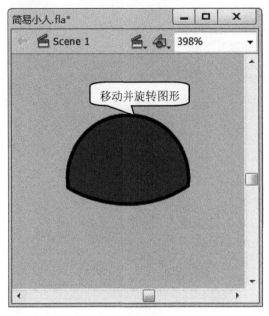

移动并旋转图形

图 5-47

step 4 将交集操作得到的图形移动至指定位置并旋转至合适的角度，将交集图形绘制成卡通小人的袖口，这样即可完成绘制卡通小人的操作，如图 5-48 所示。

绘制卡通小人

图 5-48

5.6 对象的组合、排列、分离

在 Flash CS6 中，用户可以根据工作的需求，对图形对象进行组合、排列和分离等操作，从而制作出满意的效果，本节将以制作"幸福男女"为例，详细介绍对象的组合、排列、分离方面的知识。

5.6.1 组合对象

将多个对象作为一个对象进行处理的时候，需要将其组合在一起作为一个整体进行移动。下面详细介绍组合对象的操作方法。

step 1 ① 在 Flash CS6 中，打开素材文件并选择准备组合的图形部分后，在菜单栏中，选择【修改】菜单项，② 在弹出的下拉菜单中，选择【组合】菜单项，如图 5-49 所示。

step 2 通过以上操作方法即可完成组合对象的操作，如图 5-50 所示。

智慧锦囊

在 Flash CS6 中，在键盘上按下组合键 Ctrl+G，同样可以进行组合图形对象的操作。

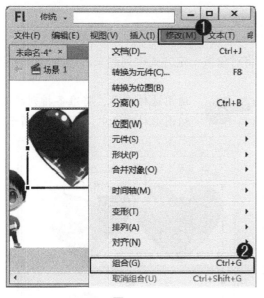

图 5-49

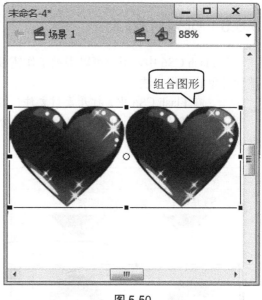

图 5-50

5.6.2 分离对象

使用【分离】功能，可以将文本区域或图形图像分离出来，转换为可编辑对象，下面详细介绍分离对象的操作方法。

step 1 ① 在 Flash CS6 中，打开素材文件并选择准备分离的图形部分后，在菜单栏中，选择【修改】菜单项，② 在弹出的下拉菜单中，选择【分离】菜单项，如图 5-51 所示。

step 2 通过以上操作方法即可完成分离对象的操作，如图 5-52 所示。

图 5-51

图 5-52

5.6.3 排列对象

在 Flash CS6 中，用户可以根据工作需要，将对象按一定方式排列起来。下面详细介绍排列对象的操作方法。

step 1 在 Flash CS6 中，打开素材文件，然后用上面的知识将两个卡通人物分离并组合，如图 5-53 所示。

图 5-53

step 2 使用选择工具，将准备排列的两组图形对象选中，如图 5-54 所示。

图 5-54

step 3 ① 在【对齐】面板中，选中【与舞台对齐】复选框，② 单击【垂直中齐】按钮 ，如图 5-55 所示。

图 5-55

step 4 通过以上方法即可完成排列对象的操作，如图 5-56 所示。

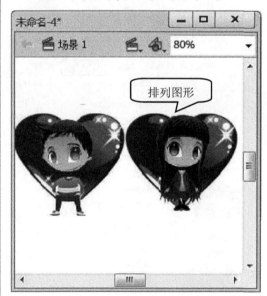

图 5-56

5.7 使用辅助工具

在 Flash CS6 中，用户可以使用辅助工具，如"标尺"、"辅助线"和"网格"等精确地绘制图形对象，本节将以"飞舞的瓢虫"素材为例，详细介绍使用辅助工具方面的知识。

5.7.1 使用标尺和辅助线

在 Flash CS6 中，启动标尺可以精确地定位对象在舞台上的位置，利用辅助线则可以使对象对齐到舞台中某一条纵线或横线。下面介绍使用标尺和辅助线的操作方法。

step 1 ① 在 Flash CS6 中，打开素材文件，在菜单栏中，选择【视图】菜单项，② 在弹出的下拉菜单中，选择【标尺】菜单项，如图 5-57 所示。

step 2 此时，在工作区中，在舞台边缘显示标尺，如图 5-58 所示。

图 5-57

图 5-58

step 3 在 Flash CS6 中，显示标尺后，将鼠标指针移动至文档窗口顶端的标尺刻度器处，单击并向下方拖动鼠标，在指定位置释放鼠标。通过以上操作方法即可在舞台中绘制出一条水平辅助线，如图 5-59 所示。

step 4 ① 创建辅助线后，在菜单栏中，选择【视图】菜单项，② 在弹出的下拉菜单中，选择【辅助线】菜单项，③ 在弹出的子菜单中包括【显示辅助线】、【锁定辅助线】、【编辑辅助线】和【清除辅助线】4 个菜单项，单击其中任何菜单项，即可打开相应的命令，如图 5-60 所示。

第 5 章　编辑与操作对象

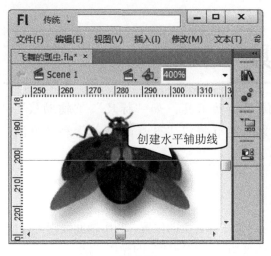

图 5-59

图 5-60

5.7.2　使用网格

Flash CS6 提供了用于定位对象的辅助工具，其中包括网格，可以在 Flash 文档中打开网格，并让对象与网格对齐。下面介绍使用网格的操作方法。

step 1　① 在 Flash CS6 中，打开素材文件，在菜单栏中，选择【视图】菜单项，② 在弹出的下拉菜单中，选择【网格】菜单项，③ 在弹出的子菜单中，选择【显示网格】菜单项，如图 5-61 所示。

step 2　此时，在工作区中，在舞台边缘显示网格。通过以上方法即可完成使用网格的操作，如图 5-62 所示。

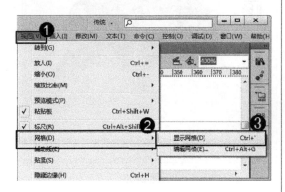

图 5-61

智慧锦囊

打开网格后，在菜单栏中，选择【视图】菜单项，在弹出的下拉菜单中，选择【网格】菜单项，在弹出的子菜单中，再次选择【显示网格】菜单项，这样可以取消网格显示的状态。

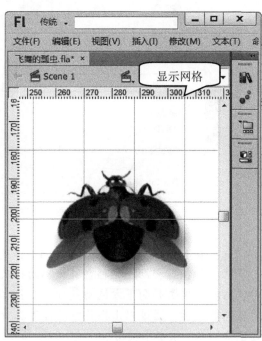

图 5-62

打开网格后，在 Flash CS6 中，在菜单栏中选择【视图】菜单项，在弹出的下拉菜单中，选择【网格】菜单项，在弹出的子菜单中，选择【编辑网格】菜单项，用户可以在弹出的【网格】对话框中设置网格的颜色、网格间的距离以及对象是否贴紧网格对齐等。

5.8 范例应用与上机操作

通过本章的学习，读者基本可以掌握编辑与操作对象的基本知识和操作技巧，下面通过几个范例应用与上机操作练习一下，以达到巩固学习、拓展提高的目的。

5.8.1 使用【变形】面板制作花朵

在 Flash CS6 中，用户可以运用本章所学的知识，使用【变形】面板制作花朵，有效减少操作时间，提高绘制效率。下面介绍使用【变形】面板制作花朵的操作方法。

素材文件※ 配套素材\第5章\素材文件\5.8.1 使用变形面板制作花朵.jpg
效果文件※ 配套素材\第5章\效果文件\5.8.1 使用变形面板制作花朵.fla

 step 1 ① 新建文档，在菜单栏中，选择【文件】菜单项，② 在弹出的下拉菜单中，选择【导入】菜单项，③ 在弹出的子菜单中，选择【导入到舞台】菜单项，如图 5-63 所示。

step 2 ① 弹出【导入】对话框，选择准备导入的素材背景图像，如"5.8.1 使用变形面板制作花朵.jpg"，② 单击【打开】按钮，如图 5-64 所示。

图 5-63

图 5-64

step 3 插入背景图像，然后在舞台中调整其大小，如图 5-65 所示。

图 5-65

step 5 ① 在工具箱中，设置【笔触颜色】为白色，② 设置【填充颜色】为红色，③ 单击【多角星形工具】按钮 ⬡，④ 在【属性】面板中，单击【选项】按钮，如图 5-67 所示。

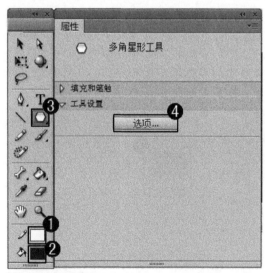

图 5-67

step 7 在舞台中，单击并拖动鼠标左键，到合适大小后，松开鼠标左键，绘制一个六角星，如图 5-69 所示。

step 4 ① 单击【时间轴】面板左下角的【新建图层】按钮，② 新建一个图层，如图 5-66 所示。

图 5-66

step 6 ① 弹出【工具设置】对话框，在【样式】下拉列表框中，选择【星形】选项，② 在【边数】文本框中，设置多边形的边数，如"6"，③ 在【星形顶点大小】文本框中，设置顶点大小的数值，如"1.00"，④ 单击【确定】按钮，如图 5-68 所示。

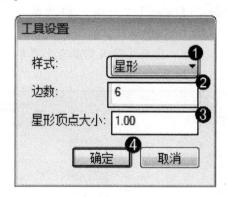

图 5-68

step 8 ① 选择绘制的六角星，在菜单栏中，选择【窗口】菜单项，② 在弹出的下拉菜单中，选择【变形】菜单项，如图 5-70 所示。

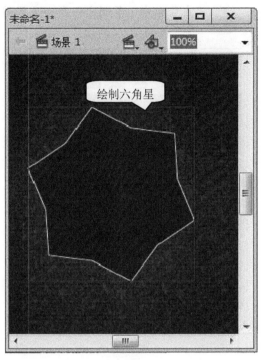

图 5-69

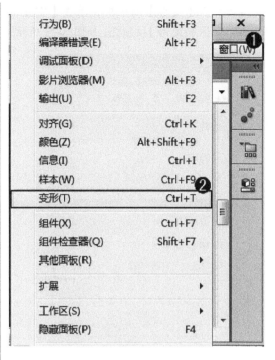

图 5-70

⑨ ① 打开【变形】面板后，设置【缩放宽度】为 80%，② 设置【缩放高度】为 80%，③ 在【旋转】微调框中，设置图形旋转的角度值，如"25"，如图 5-71 所示。

⑩ 舞台中，绘制的六角星图形已经被调整，如图 5-72 所示。

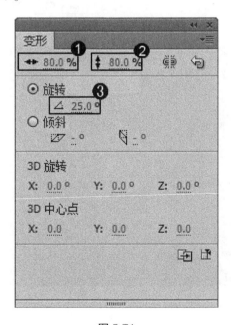

图 5-71

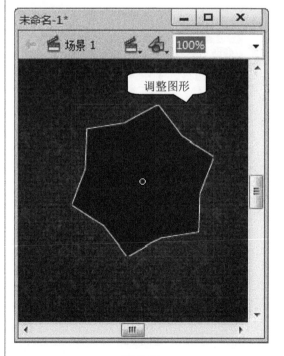

图 5-72

第 5 章　编辑与操作对象

115

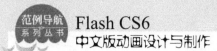

step 11 在【变形】面板中，单击【重置选区和变形】按钮，如图 5-73 所示。

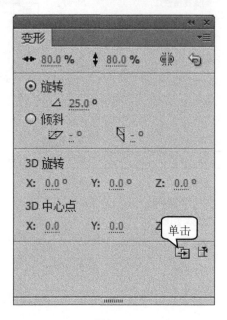

图 5-73

step 13 在【变形】面板中，多次单击【重置选区和变形】按钮，如图 5-75 所示。

step 12 在舞台中，复制出一个六角星图形，如图 5-74 所示。

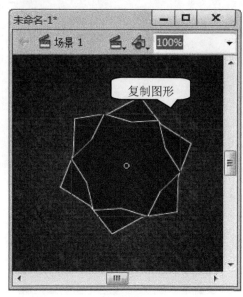

图 5-74

step 14 在舞台中，复制出多个六角星图形，制作出花朵重叠的效果。通过上述方法即可完成使用【变形】面板制作花朵的操作，如图 5-76 所示。

图 5-76

5.8.2 制作立体变形文字

在 Flash CS6 中，用户可以运用本章所学的知识，制作具有立体变形效果的文字，下面介绍制作立体光影文字的操作方法。

素材文件 ◆ 无
效果文件 ◆ 配套素材\第 5 章\效果文件\5.8.2　制作立体变形文字.fla

step 1　① 新建文档，在菜单栏中，选择【修改】菜单项，② 在弹出的下拉菜单中，选择【文档】菜单项，如图 5-77所示。

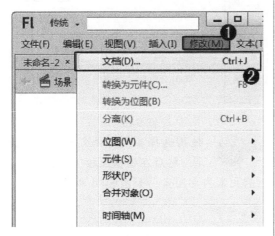

图 5-77

step 3　① 设置文档属性后，在工具箱中，单击【文本工具】按钮 T，② 在【属性】面板中，设置字体大小的数值为 100点，如图 5-79 所示。

图 5-79

step 2　① 弹出【文档设置】对话框，在【尺寸】文本框中，设置文档的宽度和高度，② 在【背景颜色】框中，设置文档的背景颜色，③ 单击【确定】按钮，如图 5-78 所示。

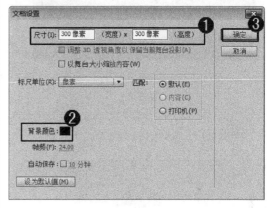

图 5-78

step 4　在舞台中创建文本，如"MV"，如图 5-80 所示。

图 5-80

第 5 章　编辑与操作对象

117

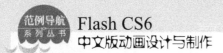
step 5 在键盘上连续按两次组合键 Ctrl+B，彻底分离文本，如图 5-81 所示。

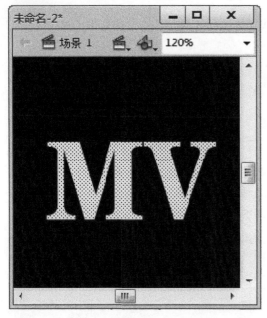

图 5-81

step 6 ① 在工具箱中，单击【墨水瓶工具】按钮，② 在【属性】面板的【笔触颜色】框中，选择准备应用的颜色，③ 设置【笔触】的大小数值为 1 点，如图 5-82 所示。

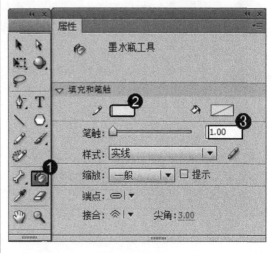

图 5-82

step 7 在舞台中，单击文本的边缘对文本进行描边，如图 5-83 所示。

图 5-83

step 8 使用选择工具选择文本填充的颜色，然后在键盘上按下 Delete 键，删除文本内部图案，如图 5-84 所示。

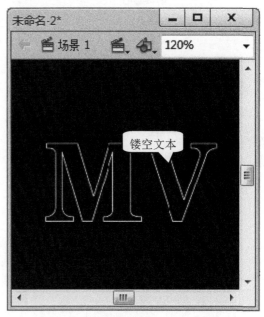

图 5-84

step 9 ① 在工具箱中，单击【选择工具】按钮，② 在键盘上按住 Alt 键的同时，拖动文本至合适的位置，释放鼠标，这样即可复制文本，如图 5-85 所示。

图 5-85

step 10 使用选择工具选择多余的文本线条，然后在键盘上按下 Delete 键，删除线条，如图 5-86 所示。

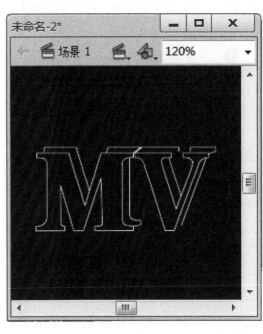

图 5-86

step 11 ① 在工具箱中，单击【线条工具】按钮，② 在舞台中，绘制文本的轮廓，如图 5-87 所示。

图 5-87

step 12 ① 在工具箱中，单击【套索工具】按钮 ○，② 将立体字"V"套索出来并移动至合适的位置，如图 5-88 所示。

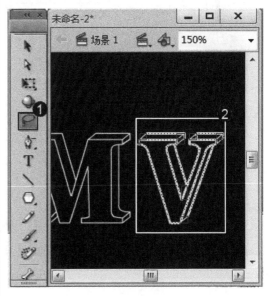

图 5-88

step13 ① 选择准备变形的立体字图形,在菜单栏中,选择【修改】菜单项,② 在弹出的下拉菜单中,选择【变形】菜单项,③ 在弹出的子菜单中,选择【扭曲】菜单项,如图 5-89 所示。

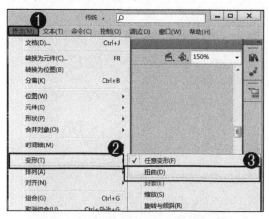

图 5-89

step15 运用相同的操作方法,在舞台中对其他文本进行变形操作,如图 5-91 所示。

图 5-91

step14 在舞台中,对选中的文本图形进行扭曲操作,如图 5-90 所示。

图 5-90

step16 在键盘上按住 Alt 键的同时,使用选择工具拖动变形后的文本至合适的位置,释放鼠标,这样即可复制文本,如图 5-92 所示。

图 5-92

step17 ① 选择复制的文本后，在菜单栏中，选择【修改】菜单项，② 在弹出的下拉菜单中，选择【变形】菜单项，③ 在弹出的子菜单中，选择【垂直翻转】菜单项，如图 5-93 所示。

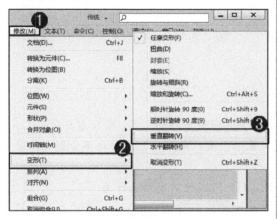

图 5-93

step18 垂直翻转文本后，将其移动至合适的位置，制作出倒影的效果，如图 5-94 所示。

图 5-94

step19 ① 选中全部文本，在菜单栏中，选择【修改】菜单项，② 在弹出的下拉菜单中，选择【组合】菜单项，如图 5-95 所示。

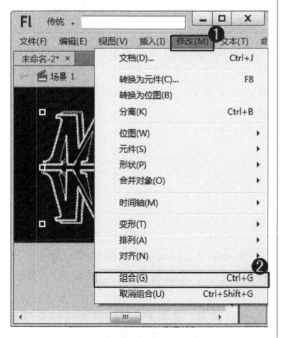

图 5-95

step20 这样可将文本组合在一起。通过以上方法即可完成制作立体变形文字的操作，如图 5-96 所示。

图 5-96

第 5 章 编辑与操作对象

121

5.9 课后练习

5.9.1 思考与练习

一、填空题

1. _____移动工作区，调整场景中的可视区域，同样是移动工具，应注意与_____区别，选择工具用于移动场景中的对象，改变对象的位置，而_____移动不会影响场景中对象的位置。

2. 在 Flash CS6 中，在图形对象进行变形时，用户可以使用变形点作为_____，通过变形点位置的改变，从而改变_____或者对齐的操作，不同的_____位置产生的效果也不同。

3. 在 Flash CS6 中，启动_____可以精确地定位对象在舞台上的位置，利用_____则可以使对象对齐到舞台中某一条纵线或_____。

二、判断题

1. 在 Flash CS6 中，缩放对象可以改变对象的大小，以便将编辑的图形对象缩放至合适的比例。　　　　　　　　　　　　　　　　　　　　　（　　）

2. 打孔用于保留选定绘制对象的某些部分，这些部分是该对象与另一个重叠对象的公共部分。　　　　　　　　　　　　　　　　　　　　　　　（　　）

3. 使用分离功能，可以将文本区域或图形图像分离出来，转换为可编辑对象。（　　）

三、思考题

1. 如何翻转对象？
2. 如何联合对象？

5.9.2 上机操作

1. 启动 Flash CS6 软件，使用新建文档命令、导入命令、缩放命令、新建图层命令、彻底分离命令、复制命令和填充命令、组合命令和任意变形工具绘制贺卡。效果文件可参考"配套素材\第 5 章\效果文件\绘制贺卡.fla"。

2. 启动 Flash CS6 软件，使用新建文档命令、线性工具、复制命令、缩放与旋转命令和组合命令绘制五角星图形。效果文件可参考"配套素材\第 5 章\效果文件\绘制五角星.fla"。

第6章

使用元件、实例和库

本章主要介绍了元件与实例的概念和元件的创建方面的知识与技巧，同时还讲解了元件引用的实例操作和库的管理方面的知识。通过本章的学习，读者可以掌握使用元件、实例和库方面的知识，为深入学习 Flash CS6 知识奠定基础。

范 例 导 航

1. 元件与实例的概念
2. 元件的创建
3. 元件引用的实例操作
4. 库的管理

6.1 元件与实例的概念

元件和实例是组成动画的基本元素，通过综合使用不同的元件，可以制作出丰富多彩的动画效果。在 Flash CS6 中，元件是在制作 Flash 动画时创建的对象，实例是指位于舞台或嵌套在另一个元件内的元件副本，本节将详细介绍元件与实例的概念方面的知识。

6.1.1 使用元件可减小文件量

元件是在 Flash 中创建的图形、按钮或影片剪辑。在 Flash 中元件只需创建一次，然后就可以在整个动画中反复地使用而不增加文件的大小。元件可以是静态的图形，也可以是连续的动画，甚至还可以将动作脚本添加到元件中去，以便对元件进行重复的使用。

使用元件可以减小文件量，在 Flash 里面一些相同的元素、动画都可以做到元件里，这样直接复制元件就能复制整段动画，基本不增加文件大小。

6.1.2 修改实例对元件产生的影响

实例是元件的复制品，一个元件可以产生多个实例，这些实例可以是相同的，也可以是通过分别编辑后得到的各种对象。

对实例的编辑只影响该实例本身，而不会影响到元件以及其他由该元件生成的实例，也就是说，对实例进行缩放、效果变化等操作，不会影响到元件本身。

6.1.3 修改元件对实例产生的影响

实例来源于元件，如果元件被修改，则舞台上所有该元件衍生的实例也将发生变化，舞台上的任何实例都是元件衍生的，如果元件被删除，则舞台上所有由该元件衍生的实例也将被删除，但要注意的是，元件的删除是不可撤消的操作，所以删除元件时要慎重考虑。

6.1.4 元件与实例的区别

元件和实例两者相互联系，但两者又不完全相同。

首先，元件决定了实例的基本形状，这使得实例不能脱离元件的原形而进行无规则的变化，一个元件可以有多个实例相联系，但每个实例只能对应于一个确定的元件。

其次，一个元件的多个实例可以有一些自己的特别属性，这使得和同一元件对应的各个实例可以变得各不相同，实现了实例的多样性，但无论怎样变，实例在基本形状上是相一致的，这一点是不可以改变的。

最后，元件必须有与之相对应的实例存在才有意义，如果一个元件在动画中没有相对应的实例存在，那么这个元件是多余的。

6.2　元件的创建

　　在 Flash CS6 中，元件是制作 Flash 动画过程中创建的对象，元件可以是图形、按钮或影片剪辑，并且可以在当前 Flash 文件或其他 Flash 文件中重复使用，本节将以制作"生日贺卡"为例，详细介绍创建元件方面的知识。

6.2.1　什么是元件

　　在 Flash CS6 中，元件是可反复取出使用的图形、按钮或一段小动画，元件中的小动画可以独立于动画进行播放，每个元件可由多个独立的元素组合而成，元件创建完成后，可以在当前 Flash 文档或其他 Flash 文档中重复使用，元件可以包含从其他应用程序中导入的插图元素，如图 6-1 所示。

图 6-1

6.2.2　元件类型

　　创建元件时需要选择元件类型，这取决于在文档中如何使用该元件。Flash 元件包括图形元件、按钮元件和影片剪辑元件三类。下面介绍元件类型方面的知识。

- 图形元件：图形元件可用于静态图像，并用来创建连接时间轴的可重用动画片段，图形元件与时间轴同步运行。
- 按钮元件：按钮元件可以创建响应鼠标单击、滑过或其他动作的交互式按钮，可以定义与各种按钮状态关联的图形。

（侧边栏）第 6 章　使用元件、实例和库

（侧边栏）第 6 章　使用元件、实例和库

- 影片剪辑元件：影片剪辑元件可以创建重用的动画片段，影片剪辑包含交互式控件、声音以及其他影片剪辑，也可以将影片剪辑放在按钮元件的时间轴内创建动画按钮。

6.2.3 创建图形元件

在 Flash CS6 中，图形元件主要用于创建动画中的静态图像或动画片段，交互式控件和声音，在图形元件动画序列中不起任何作用。下面详细介绍创建图形元件的操作方法。

step 1 ① 启动 Flash CS6，新建文档，在菜单栏中，选择【插入】菜单项，② 在弹出的下拉菜单中，选择【新建元件】菜单项，如图 6-2 所示。

step 2 ① 弹出【创建新元件】对话框，在【名称】文本框中，输入新元件名称，② 在【类型】下拉列表框中，选择【图形】选项，③ 单击【确定】按钮，如图 6-3 所示。

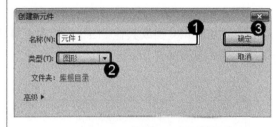

图 6-3

图 6-2

step 3 在键盘上按下组合键 Ctrl+R，导入一个外部图片至元件的编辑区域中，如图 6-4 所示。

step 4 此时，在【库】面板中即可显示创建的图形元件，这样即可完成创建图形元件的操作，如图 6-5 所示。

图 6-4

图 6-5

6.2.4 创建影片剪辑元件

在 Flash CS6 中，影片剪辑元件可以创建可重复使用的动画片段。影片剪辑类似一个小动画，有自己的时间轴，可以独立于主时间轴播放。下面详细介绍创建影片剪辑元件的操作方法。

step 1 ① 启动 Flash CS6，创建图形元件后并将其移动至场景中后，在菜单栏中，选择【插入】菜单项，② 在弹出的下拉菜单中，选择【新建元件】菜单项，如图 6-6 所示。

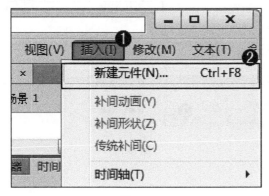

图 6-6

step 3 在舞台中，使用文字工具创建一个文本，如"生日快乐"，并在键盘上连续按两次组合键 Ctrl+B，彻底分离打散文本，如图 6-8 所示。

图 6-8

step 2 ① 弹出【创建新元件】对话框，在【名称】文本框中，输入新元件名称，② 在【类型】下拉列表框中，选择【影片剪辑】选项，③ 单击【确定】按钮，如图 6-7 所示。

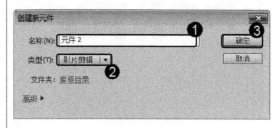

图 6-7

step 4 在【时间轴】面板中，选中第 15 帧，按下快捷键 F6，插入一个关键帧，如图 6-9 所示。

图 6-9

第 6 章 使用元件、实例和库

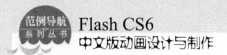

Step 5 插入关键帧后，将绘制的文本删除，使用文字工具创建一个文本，如"happy"，并在键盘上连续按两次组合键 Ctrl+B，彻底分离打散文本，如图 6-10 所示。

创建文本并分离文本

图 6-10

Step 6 ① 在【时间轴】面板中，在第 1～15 帧之间任意一帧上右击，在弹出的快捷菜单中，选择【创建补间形状】菜单项，② 单击面板底部的【播放】按钮 ▶，这样即可播放创建的影片剪辑元件。通过以上方法即可完成创建影片剪辑元件的操作，如图 6-11 所示。

图 6-11

6.2.5　创建按钮元件

在 Flash CS6 中，按钮元件实际上是四帧的交互影片剪辑，前三帧显示按钮的三种状态，第四帧定义按钮的活动区域，是对指针运动和动作做出反应并跳转到相应的帧。下面详细介绍创建按钮元件的操作方法。

Step 1 ① 启动 Flash CS6，创建影片剪辑元件后并将其移动至场景中后，在菜单栏中，选择【插入】菜单项，② 在弹出的下拉菜单中，选择【新建元件】菜单项，如图 6-12 所示。

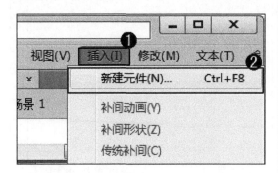

图 6-12

Step 2 ① 弹出【创建新元件】对话框，在【名称】文本框中，输入新元件名称，② 在【类型】下拉列表框中，选择【按钮】选项，③ 单击【确定】按钮，如图 6-13 所示。

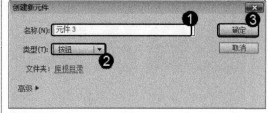

图 6-13

step 3　在【时间轴】面板中，单击【弹起】帧，如图 6-14 所示。

图 6-14

step 4　在舞台中，使用矩形工具绘制一个矩形，然后导入一个外部图片，如"生日快乐.png"，如图 6-15 所示。

绘制矩形并插入外部图片

图 6-15

step 5　在【时间轴】面板中，单击【指针经过】帧，然后在键盘上按下快捷键 F6，这样即可以插入一个关键帧，如图 6-16 所示。

单击

图 6-16

step 6　在舞台中，使用颜料桶工具改变矩形图形的颜色，如图 6-17 所示。

改变矩形颜色

图 6-17

step 7　在【时间轴】面板中，单击【按下】帧，然后在键盘上按下快捷键 F6，插入一个关键帧，如图 6-18 所示。

step 8　在舞台中，使用颜料桶工具改变矩形图形的颜色，如图 6-19 所示。

图 6-18

step 9 在【时间轴】面板中，单击【点击】帧，然后在键盘上按下快捷键 F6，插入一个关键帧，如图 6-20 所示。

图 6-19

step 10 在舞台中，使用颜料桶工具改变矩形图形的颜色，如图 6-21 所示。

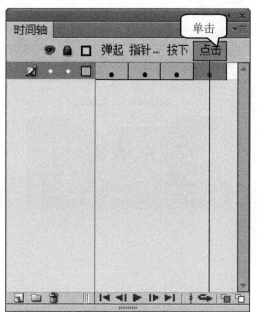

图 6-20

step 11 此时，在【库】面板中，显示刚刚创建的按钮元件。通过以上操作方法即可完成创建按钮元件的操作，如图 6-22 所示。

图 6-21

step 12 返回到舞台中，拖动创建的元件至舞台中并调整各个元件的大小。通过以上方法即可完成制作生日贺卡的操作，如图 6-23 所示。

创建按钮元件

图 6-22

图 6-23

6.2.6　将元素转换为图形元件

在 Flash CS6 中，还可以先绘制元素，然后将元素转换为图形元件。下面详细介绍将元素转换为图形元件的操作方法。

step 1 ① 启动 Flash CS6，打开"生日贺卡"素材，使用文字工具创建一个文本，如"2013.11.27"，如图 6-24 所示。

step 2 ① 选中对象后，在菜单栏中，选择【修改】菜单项，② 在弹出的下拉菜单中，选择【转换为元件】菜单项，如图 6-25 所示。

图 6-24

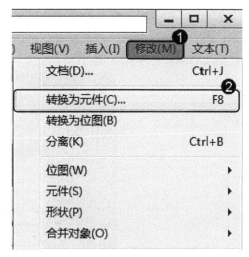

图 6-25

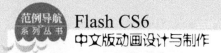

step 3 ① 弹出【转换为元件】对话框，在【名称】文本框中，输入准备使用的元件名称，② 在【类型】下拉列表框中，选择【图形】选项，③ 单击【确定】按钮，如图 6-26 所示。

step 4 此时，在舞台中，被选取的元素就已经转换为图形元件。通过以上方法即可完成将元素转换为图形元件的操作，如图 6-27 所示。

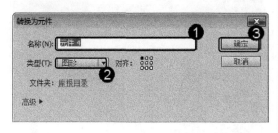

图 6-26

图 6-27

6.3 元件引用的实例操作

在 Flash CS6 的场景中，创建元件后，用户就可以将元件应用到工作区中，当元件拖到工作区中后，就转变为"实例"，一个元件可以创建多个实例，而且每个实例都有各自的属性，本节将详细介绍元件引用的实例操作方面的知识。

6.3.1 转换实例的类型

在 Flash CS6 中，实例的类型是可以相互转换的，在【属性】面板中，用户可以通过按钮、图形和影片剪辑 3 种类型进行实例的转换，当转换实例类型后，【属性】面板也会进行相应的变化，如图 6-28 所示。

图 6-28

下面详细介绍在实例【属性】面板中，这 3 种类型的知识点及其相应的变化。

■ 按钮：选择【按钮】选项后，在【交换】按钮的后面会出现下拉列表。
■ 图形：在选择【图形】选项后，【交换】按钮旁会出现播放模式下拉列表。
■ 影片剪辑：在选择【影片剪辑】选项后，会出现文本框实例名称。在其中可以为实例添加名称，方便下次使用。

6.3.2　为实例另外指定一个元件

在 Flash CS6 中，如果需要替换实例所引用的元件，但保留所有的原始实例属性，可以通过 Flash 的【交换元件】命令来实现。下面详细介绍为实例另外指定一个元件的操作方法。

step 1 启动 Flash CS6，打开"生日贺卡"素材，选择准备替换的实例，如图 6-29 所示。

图 6-29

step 3 ① 弹出【交换元件】对话框，选中准备替换的元件，如"字体"，② 单击【确定】按钮，如图 6-31 所示。

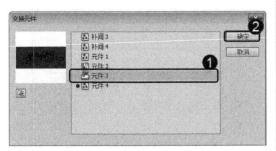

图 6-31

step 2 在【属性】面板中，单击【交换】按钮，如图 6-30 所示。

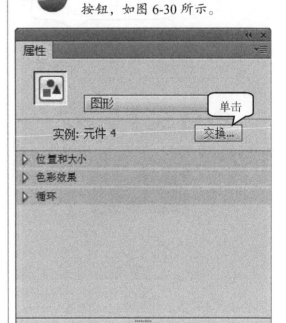

图 6-30

step 4 这样即可完成实例另外指定一个元件的操作，如图 6-32 所示。

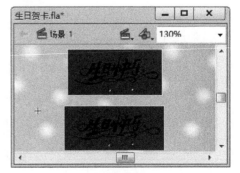

图 6-32

6.3.3 改变实例的颜色和透明效果

在 Flash CS6 中，要使实例和元件之间动画更加生动，用户可以改变实例的颜色和透明效果。下面详细介绍改变实例的颜色和透明效果的操作方法。

step 1 启动 Flash CS6，打开"生日贺卡"素材，选择改变实例的颜色的实例，如图 6-33 所示。

图 6-33

step 2 ①在【属性】面板中，在【样式】下拉列表框中，选择【色调】选项，②在【色调】文本框中，设置色调的颜色，③在【红】文本框中，设置色调数值，④在【绿】文本框中，设置色调数值，⑤在【蓝】文本框中，设置色调数值，如图 6-34 所示。

图 6-34

step 3 此时，在舞台中，选中的实例已经改变颜色，如图 6-35 所示。

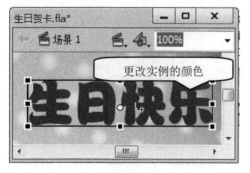

图 6-35

step 4 打开"生日贺卡"素材，选择准备改变透明效果的实例，如图 6-36 所示。

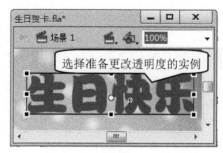

图 6-36

step 5 ① 在【属性】面板中，在【样式】下拉列表框中，选择 Alpha 选项，② 在 Alpha 文本框中，设置不透明度的数值，如图 6-37 所示。

图 6-37

step 6 此时，在舞台中，选中的实例已经改变透明度。通过以上方法即可完成改变实例颜色和透明效果的操作，如图 6-38 所示。

图 6-38

6.3.4 分离实例

在 Flash CS6 中，要将实例和元件之间的链接断开，用户可以通过分离实例的方法来实现，将实例分离后即可对实例进行修改。下面详细介绍分离实例的操作方法。

step 1 ① 在舞台中，选择准备分离的实例后，在菜单栏中，选择【修改】菜单项，② 在弹出的下拉菜单中，选择【分离】菜单项，如图 6-39 所示。

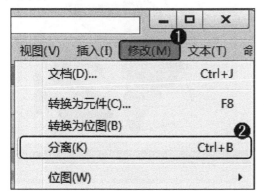

图 6-39

step 2 将实例分离为图形，即填充色和线条的组合，这样即可对分离的实例进行设置填充颜色、改变图形的填充色等操作，如图 6-40 所示。

图 6-40

6.3.5 调用其他影片中的元件

有时候为了工作，需要调用其他影片中的元件，作为己用。下面详细介绍调用其他影片中元件的操作方法。

step 1 ① 启动 Flash CS6，在菜单栏中，选择【文件】菜单项，② 在弹出的下拉菜单中，选择【导入】菜单项，③ 在弹出的子菜单中，选择【打开外部库】菜单项，如图 6-41 所示。

step 2 ① 弹出【作为库打开】对话框，选择准备调用的元件，② 单击【打开】按钮，如图 6-42 所示。

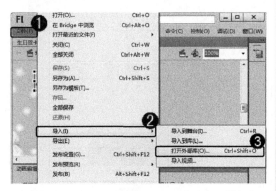

图 6-42

图 6-41

step 3 此时，在窗口中，自动弹出该影片的【外部库】面板，如图 6-43 所示。

step 4 在【库】面板中，选择相应的元件，如"元件 1"，将其拖曳到其他文档的舞台中，这样即可调用其他影片中的元件，如图 6-44 所示。

图 6-43

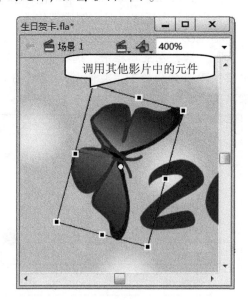

图 6-44

6.4 库的管理

　　在 Flash CS6 中，【库】面板可以组织文件夹中的库项目、查看项目在文档中使用的频率，并按类型对项目排序，本节将重点介绍库的管理方面的知识。

6.4.1 【库】面板的组成

　　在 Flash CS6 中，利用【库】面板，用户可以对库中的资源进行管理。下面详细介绍【库】面板组成方面的知识，如图 6-45 所示。

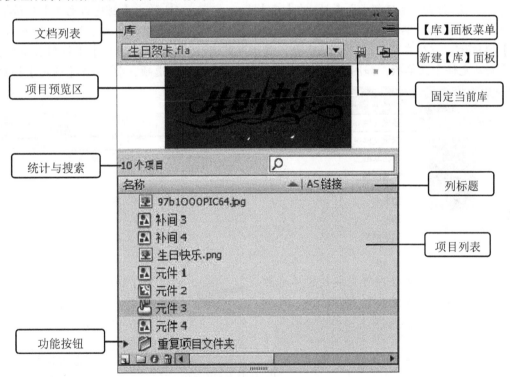

图 6-45

- 　　【库】面板菜单：单击该按钮，弹出【库】面板菜单，包括【新建元件】、【新建文件夹】、【新建字形】等命令。
- 　　文档列表：单击下拉按钮，可显示打开文档的列表，用于切换文档库。
- 　　固定当前库：用于切换文档的时候，【库】面板不会随文档的改变而改变，而是固定显示指定文档。
- 　　新建【库】面板：单击该按钮，可以同时打开多个【库】面板，每个面板显示不同文档的库。
- 　　项目预览区：在【库】面板中选中一个项目，在项目预览区中就会有相应的显示。

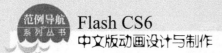

- 统计与搜索：该区域左侧是一个项目计算器，用于显示当前库中所包含的项目数，在右侧文本框中输入项目关键字，快速锁定目标项目。
- 列标题：在列标题中，包括"名称"、"链接"、"使用次数"、"修改日期"和"类型"五项信息。
- 项目列表：罗列出指定文档下的所有资源项目，包括插图、元件、音频等，从名称前面的图标可快速地识别项目类型。
- 功能按钮：包含不同的功能，单击任意按钮，显示的功能则不同。

6.4.2　创建库元素

在【库】面板中，用户可选择的文件类型有图形、按钮、影片剪辑、媒体声音、视频、字体和位图等，前面的 3 种是在 Flash 中产生的元件，后面的 4 种则是导入素材后产生的。下面详细介绍创建库元素的操作方法。

step 1 ① 打开"生日贺卡"素材，在【库】面板中，单击右上角的【库面板菜单】按钮，② 在弹出的下拉菜单中，选择【新建元件】菜单项，如图 6-46 所示。

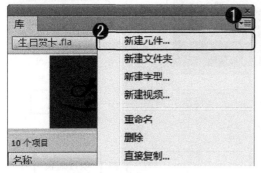

图 6-46

step 3 通过以上方法即可完成创建库元素的操作，如图 6-48 所示。

图 6-48

step 2 ① 弹出【创建新元件】对话框，在【名称】文本框中，输入新元件的名称，② 在【类型】下拉列表框中，选择【图形】选项，③ 单击【确定】按钮，如图 6-47 所示。

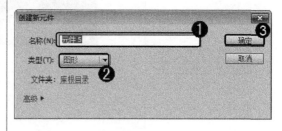

图 6-47

step 4 在【库】面板中，单击左下角的【新建元件】按钮，同样也可创建库元件，如图 6-49 所示。

图 6-49

6.4.3 使用公用库

Flash CS6 附带的范例库资源称为公用库，用户可利用公用库，向文档中添加按钮或声音，还可以创建自定义公用库，然后与创建的任何文档一起使用。下面介绍使用公用库的操作方法。

step 1 ① 打开"生日贺卡"素材，在菜单栏中，选择【窗口】菜单项，② 在弹出的下拉菜单中，选择【公用库】菜单项，③ 在弹出的子菜单中，选择 Buttons 菜单项，如图 6-50 所示。

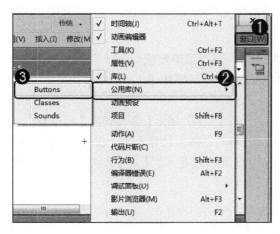

图 6-50

step 3 拖曳选中的元件到目标文本中，这样即可使用公用库创建实例，如图 6-52 所示。

图 6-52

step 2 打开【外部库】面板，选择准备使用的元件选项，如图 6-51 所示。

图 6-51

智慧锦囊

在 Flash CS6 中，在键盘上按下组合键 Ctrl+Shift+O，用户同样可以打开【外部库】面板。

考考您

请根据本节学习的库的管理方面的知识，在【外部库】面板中调用库文件，测试一下您的学习效果。

第 6 章 使用元件、实例和库

139

6.5 范例应用与上机操作

通过本章的学习，读者基本可以掌握使用元件、实例和库方面的基本知识和操作技巧，下面通过几个范例应用与上机操作练习一下，以达到巩固学习、拓展提高的目的。

6.5.1 制作菜单按钮

元件和实例是动画最基本的元素之一，利用按钮元件可以创建按钮。下面详细介绍制作菜单按钮的操作方法。

> 素材文件 ❀ 配套素材\第6章\素材文件\6.5.1 制作菜单按钮
> 效果文件 ❀ 配套素材\第6章\效果文件\6.5.1 制作菜单按钮.fla

step 1 ① 新建文档，在菜单栏中，选择【文件】菜单项，② 在弹出的下拉菜单中，选择【导入】菜单项，③ 在弹出的子菜单中，选择【导入到库】菜单项，如图 6-53 所示。

step 2 ① 弹出【导入到库】对话框，选择素材背景图，② 单击【打开】按钮，将图形导入到【库】面板中，如图 6-54 所示。

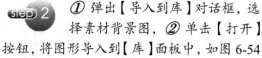

图 6-54

图 6-53

step 3 将图形导入到【库】面板中，在【库】面板中，选中导入的背景图，如图 6-55 所示。

step 4 将选中的背景图片拖曳到舞台上并调整其位置和大小，如图 6-56 所示。

选中准备拖入舞台的背景图片

图 6-55

调整图像的大小和位置

图 6-56

step 5 ① 在【时间轴】面板上，单击【新建图层】按钮，② 创建一个新图层，如图 6-57 所示。

step 6 ① 创建新图层，在工具箱中，单击【矩形工具】按钮，② 在舞台上绘制一个矩形并调整其旋转角度，如图 6-58 所示。

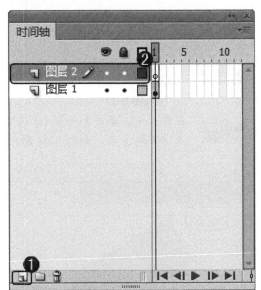

图 6-57

图 6-58

step 7 ① 选中创建的矩形，在键盘上按下F8 键，弹出【转换为元件】对话框，在该对话框的【名称】文本框中，输入元件

step 8 在【库】面板中，双击创建的按钮元件，进入元件编辑模式，如图 6-60 所示。

名称，② 在【类型】下拉列表框中，选择【按钮】选项，③ 单击【确定】按钮，如图 6-59 所示。

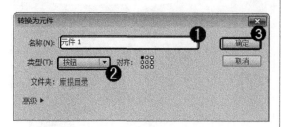

图 6-59

图 6-60

step 9 在【时间轴】面板上，单击【指针…】帧，按下 F6 键插入关键帧，如图 6-61 所示。

图 6-61

step 10 插入关键帧后，单击【按下】帧，按下 F6 键插入关键帧，如图 6-62 所示。

图 6-62

step 11 使用颜料桶工具在图形上单击，改变矩形的颜色，如图 6-63 所示。

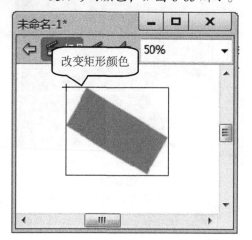

图 6-63

step 12 在舞台中，单击【场景 1】选项，返回至场景中，如图 6-64 所示。

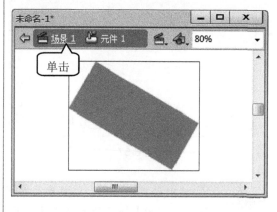

图 6-64

step13 ① 返回至场景后，在工具箱中，单击【文本工具】按钮 **T**，在图像上输入文字，如"枫叶"，如图 6-65 所示。

step14 ① 在工具箱中，单击【任意变形工具】按钮，② 旋转创建的文字，如图 6-66 所示。

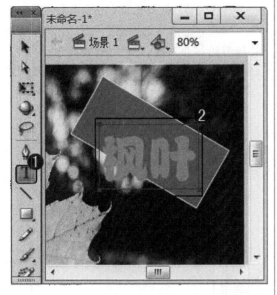

图 6-65

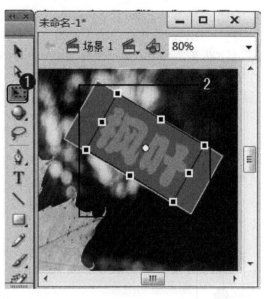

图 6-66

step15 ① 在菜单栏中，选择【控制】菜单项，② 在弹出的下拉菜单中，选择【测试影片】菜单项，③ 在弹出的子菜单中，选择【测试】菜单项，如图 6-67 所示。

step16 测试动画效果，通过以上方法即可完成制作菜单按钮的操作，如图 6-68 所示。

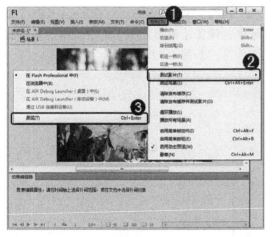

图 6-67

图 6-68

6.5.2 绘制手提包

通过运用工具箱中的工具以及本章的知识，用户可以绘制一个时尚的包，下面详细介绍其操作方法。

素材文件※无

效果文件※配套素材\第6章\效果文件\6.5.2　绘制手提包.fla

step 1 ① 启动 Flash CS6，新建一个文档，在工具箱中，单击【矩形工具】按钮□，② 在舞台上绘制一个矩形，如图 6-69 所示。

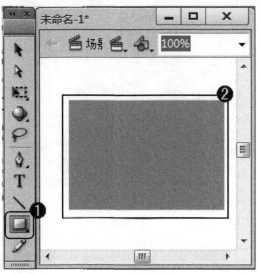

图 6-69

step 3 运用以上方法，在舞台上再绘制一个矩形并调整矩形形状，如图 6-71 所示。

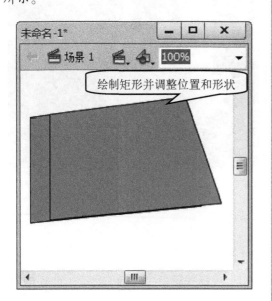

绘制矩形并调整位置和形状

图 6-71

step 2 ① 在工具箱中，单击【任意变形工具】按钮，② 在舞台上调整矩形的扭曲角度，如图 6-70 所示。

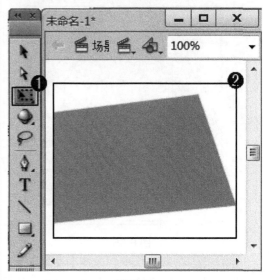

图 6-70

step 4 ① 在工具箱中，单击【基本椭圆工具】按钮，② 在【属性】面板中，设置【椭圆选项】选项组中的各项参数数值，如图 6-72 所示。

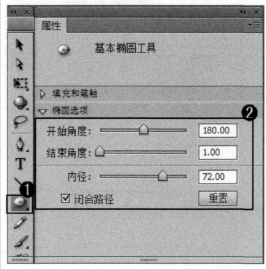

图 6-72

step 5　使用基本椭圆工具在舞台上绘制一个椭圆环图形，如图 6-73 所示。

绘制椭圆环

图 6-73

step 7　在键盘上按下 Alt 键的同时，拖动鼠标复制创建的椭圆环图形，并调节椭圆环的形状，按下组合键 Ctrl+Shift+向下方向键，将复制的椭圆环排列到顶层，得到如图 6-75 所示的效果。

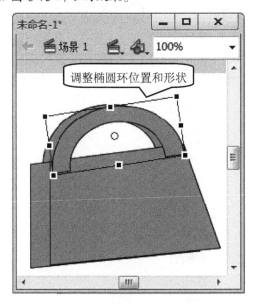

调整椭圆环位置和形状

图 6-75

step 6　将绘制的椭圆环拖动至指定的位置，并调节椭圆环的形状，按下组合键 Ctrl+Shift+向下方向键，将绘制的椭圆环排列到底层，得到如图 6-74 所示的效果。

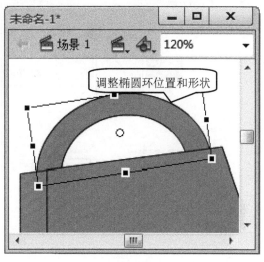

调整椭圆环位置和形状

图 6-74

step 8　① 在菜单栏中，选择【文件】菜单项，② 在弹出的下拉菜单中，选择【导入】菜单项，③ 在弹出的子菜单中，选择【导入到舞台】菜单项，如图 6-76 所示。

图 6-76

step 9 ① 弹出【导入】对话框，选择本书附赠的素材文件，如"6.5.2 绘制手提包.psd"，② 单击【打开】按钮，如图 6-77 所示。

图 6-77

step 10 弹出【将"6.5.2 绘制手提包.psd"导入到舞台】对话框，单击【确定】按钮，如图 6-78 所示。

图 6-78

step 11 ① 在工具箱中，单击【任意变形工具】按钮，② 在舞台上调整导入素材的大小和位置，如图 6-79 所示。

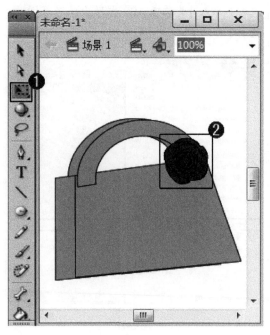

图 6-79

step 12 ① 将全部图形选中后，选择【修改】菜单项，② 在弹出的下拉菜单中，选择【转换为元件】菜单项，如图 6-80 所示。

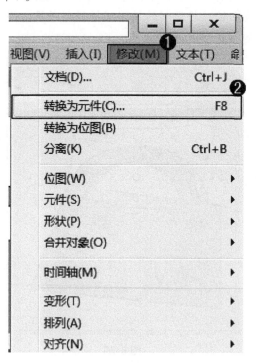

图 6-80

step 13 ① 弹出【转换为元件】对话框，在【名称】文本框中，输入新元件名称，② 在【类型】下拉列表框中，选择【图形】选项，③ 单击【确定】按钮，如图 6-81 所示。

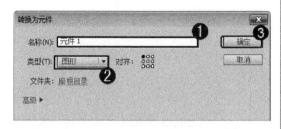

图 6-81

step 15 ① 选中创建的图形元件，在【属性】面板的【样式】下拉列表框中，选择【色调】选项，② 在【色调】文本框中，设置色调的颜色，③ 在【红】文本框中，设置色调数值，④ 在【绿】文本框中，设置色调数值，⑤ 在【蓝】文本框中，设置色调数值，如图 6-83 所示。

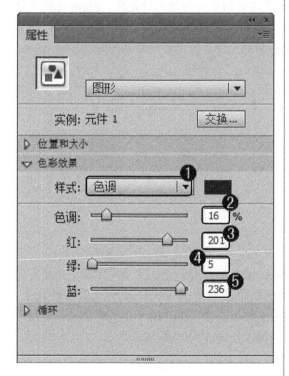

图 6-83

step 14 这样即可将图形转换为图形元件，如图 6-82 所示。

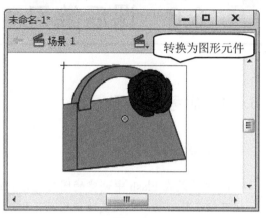

图 6-82

step 16 通过以上方法即可完成绘制手提包的操作，如图 6-84 所示。

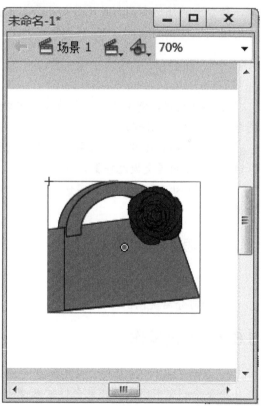

图 6-84

第 6 章 使用元件、实例和库

6.6 课后练习

6.6.1 思考与练习

一、填空题

1. 元件是在 Flash 中创建的图形、按钮或_____，在 Flash 中元件只需创建一次，然后就可以在整个动画中反复地使用而不增加文件的_____，元件可以是_____的图形，也可以是_____的动画，甚至还可以将动作脚本添加到元件中去，以便对元件进行_____的使用。

2. _____来源于元件，如果元件被修改，则舞台上所有该元件_____也将发生变化，舞台上的任何实例都是元件衍生的，如果元件被_____，则舞台上所有由该元件衍生的实例也将被删除。

二、判断题

1. 创建元件时需要选择元件类型，这取决于在文档中如何使用该元件，Flash 元件包括图形元件和按钮元件两类。 （ ）

2. 在 Flash CS6 中，如果需要替换实例所引用的元件，但保留所有的原始实例属性，可以通过 Flash 的【交换元件】命令来实现。 （ ）

3. 在 Flash CS6 中，要将实例和元件之间的链接断开，用户可以通过分离实例的方法来分离。 （ ）

三、思考题

1. 元件与实例有何区别？
2. 如何分离实例？

6.6.2 上机操作

1. 启动 Flash CS6 软件，使用新建元件命令、插入关键帧命令、多角形工具、创建补间形状命令绘制变形图形。效果文件可参考"配套素材\第 6 章\效果文件\制作变形图形.fla"。

2. 启动 Flash CS6 软件，使用新建元件命令、椭圆工具、颜料桶工具和线条工具绘制喇叭按钮。效果文件可参考"配套素材\第 6 章\效果文件\制作喇叭按钮.fla"。

第 **7** 章

使用外部图片、声音和视频

本章主要介绍了导入位图文件和使用视频方面的知识与技巧，同时还讲解了导入声音文件方面的知识。通过本章的学习，读者可以掌握使用外部图片、声音和视频方面的知识，为深入学习 Flash CS6 知识奠定基础。

范 例 导 航

1. 导入位图文件
2. 使用视频
3. 导入声音文件

7.1　导入位图文件

在制作 Flash 动画的过程中，用户可以根据编辑的需要在 Flash CS6 中导入各种格式的图片文件，本节将以制作"动态简报"为例，详细介绍导入位图文件方面的知识。

7.1.1　可导入图片素材的格式

一个 Flash 影片是由一个个的画面组成的,而每个画面又是由一张张图片构成,可以说,图片是构成动画的基础。

根据图像显示原理的不同，图形可以分为位图和矢量图。位图是指用点来描述的图形，如 JPG、BMP 和 PNG 等格式。矢量图是指用矢量化元素描绘的图形，如在 Flash 中绘制的图形都是矢量图，另外，EPS 和 WMF 等格式的图像也是矢量图。

在 Flash CS6 中，用户可以导入的图片格式有：JPG、GIF、BMP、WMF、EPS、DXF、EMF、PNG 等。通常情况下，推荐使用矢量图形，如 WMF、EPS 等格式的文件，如表 7-1 所示。

表 7-1　Flash CS6 可导入的文件格式

文件类型	扩展名
Adobe Illustrator	.ai
Adobe Photoshop	.psd
Auto CAD DXF	.dxf
位图	.bmp
增强的 Windows 元文件	.emf
FreeHand	.fh7、.fh8、.fh9、.fh10、.fh11
Future Splash 播放文件	.spl
GIF 和 GIF 动画	.gif
JPEG	.jpg
PNG	.png
Flash Player 6/7	.swf
Windows 元文件	.wmf

7.1.2　导入位图文件

在 Flash CS6 中，用户可以将位图导入到舞台或导入到库，以便对导入的位图进行编辑和修改。下面详细介绍导入位图文件的操作方法。

1. 导入位图文件到舞台

在 Flash CS6 中，将位图文件导入到舞台，这样可以直接对位图进行编辑。下面详细介绍导入位图文件到舞台的操作方法。

step 1 ① 新建文档,在菜单栏中,选择【文件】菜单项,② 在弹出的下拉菜单中,选择【导入】菜单项,③ 在弹出的子菜单中,选择【导入到舞台】菜单项,如图 7-1 所示。

step 2 ① 弹出【导入】对话框,选择素材背景图,② 单击【打开】按钮,如图 7-2 所示。

图 7-1

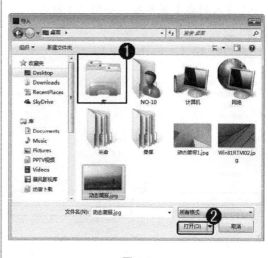

图 7-2

step 3 通过以上步骤即可完成在舞台中导入位图图像的操作,如图 7-3 所示。

图 7-3

智慧锦囊

在 Flash CS6 中,在键盘上按下组合键 Ctrl+R,用户同样可以打开【导入】对话框,进行导入位图的操作。

考考您

请您根据上述方法创建一个 Flash 文档并导入一张位图,测试一下您的学习效果。

第 7 章 使用外部图片、声音和视频

2. 导入位图文件到库

在 Flash CS6 中，用户还可以将文件导入到库，以便在【库】面板中编辑导入的图像。下面详细介绍导入位图文件到库的操作方法。

step 1 ① 在菜单栏中，选择【文件】菜单项，② 在弹出的下拉菜单中，选择【导入】菜单项，③ 在弹出的子菜单中，选择【导入到库】菜单项，如图 7-4 所示。

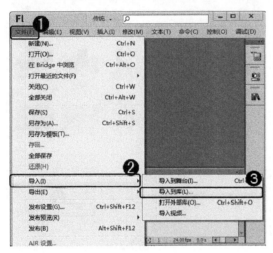

图 7-4

step 2 ① 弹出【导入到库】对话框，选择素材背景图，② 单击【打开】按钮，将图形导入到【库】面板中，如图 7-5 所示。

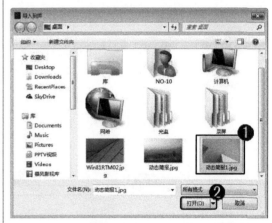

图 7-5

step 3 将图形导入到【库】面板中，在【库】面板中，选中导入的背景图，如图 7-6 所示。

图 7-6

step 4 将选中的背景图片拖曳到舞台上并调整其位置和大小。通过以上方法即可完成将位图图像导入【库】面板的操作，如图 7-7 所示。

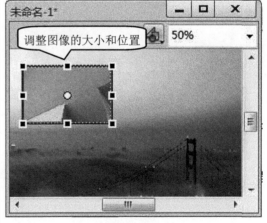

图 7-7

7.1.3 将位图转换为矢量图

在 Flash 动画制作的过程中，用户可以将位图转换为矢量图，以便更好地制作出各种位图转换为矢量图的效果。下面详细介绍将位图转换为矢量图的操作方法。

step 1 ① 选中准备转换为矢量图的位图，在菜单栏中，选择【修改】菜单项，② 在弹出的下拉菜单中，选择【位图】菜单项，③ 在弹出的子菜单中，选择【转换位图为矢量图】菜单项，如图 7-8 所示。

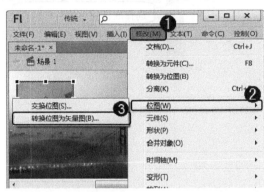

图 7-8

step 3 通过以上方法即可完成将位图转换为矢量图的操作，如图 7-10 所示。

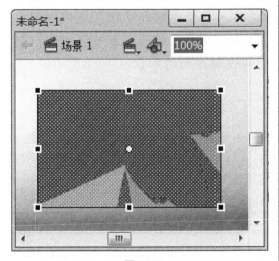

图 7-10

step 2 ① 弹出【转换位图为矢量图】对话框，设置各项参数，② 单击【确定】按钮，如图 7-9 所示。

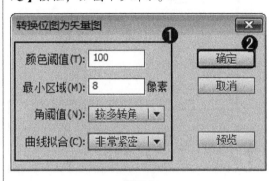

图 7-9

智慧锦囊

Flash CS6 中，在【转换位图为矢量图】对话框的【颜色阈值】文本框中，用户可以设置转换颜色范围，数值越低，颜色转换越丰富；在【最小区域】文本框中，用户可以设置转换图形的精确度，数值越低，精确度越高；在【曲线拟合】下拉列表框中，用户可以设置曲线的平滑度；在【角阈值】下拉列表框中，用户可以设置图像上尖角转换的平滑度。

7.1.4 设置导入位图属性

在 Flash CS6 中，用户可以在【库】面板中编辑导入位图的属性，以便得到满意的效果。下面详细介绍在【库】面板中编辑导入位图属性的操作方法。

第 7 章 使用外部图片、声音和视频

153

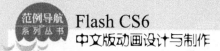

step 1 在【库】面板中，右击编辑的位图图像，在弹出的快捷菜单中，选择【编辑方式】菜单项，如图 7-11 所示。

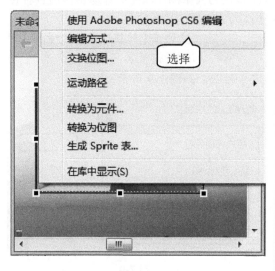

图 7-11

step 2 弹出【选择外部编辑器】对话框，在该对话框中，选择准备使用的编辑软件，这样即可进入该软件进行相应的编辑，编辑完成后，保存图像并关闭软件即可完成位图的编辑，如图 7-12 所示。

图 7-12

7.2 使用视频

在 Flash CS6 中，用户不但可以导入矢量图形和位图，还可以导入视频，视频的导入可以使 Flash 作品更加生动、精彩，本节将继续以制作"动态简报"为例，详细介绍外部视频方面的知识。

7.2.1 Flash 支持的视频类型

Flash CS6 支持的视频类型会因电脑配置的不同而不同，如果机器上已经安装了 QuickTime 7 及其以上版本，则在导入嵌入视频时，支持包括 MOV(QuickTime 影片)、AVI(音频视频交叉文件)和 MPG/MPEG 等格式的视频剪辑，如表 7-2 所示。

表 7-2 支持的视频类型

文件类型	扩 展 名
音频视频交叉	.avi
数字视频	.dv
运动图像专家组	.mpg、.mpeg
QuickTime 影片	.mov

如果导入的视频文件是系统不支持的文件格式，Flash CS6 会显示一条警告消息。如果电脑系统安装了 Direct X9 或更高版本，则在导入嵌入视频时，支持以下视频文件格式，如表 7-3 所示。

表 7-3　支持的视频类型

文件类型	扩 展 名
音频视频交叉	.avi
运动图像专家组	.mpg、.mpeg
Windows Media 文件	.wmv、.asf

7.2.2　在 Flash 中嵌入视频

在 Flash 中常用的视频文件格式是.flv，目前主流的视频网站使用的文件格式基本是.flv 的。下面详细介绍在 Flash 中嵌入视频的操作方法。

step 1　① 打开已经制作的"动态简报.fla"文档，选择【文件】菜单项，② 在弹出的下拉菜单中，选择【导入】菜单项，③ 在弹出的子菜单中，选择【导入视频】菜单项，如图 7-13 所示。

step 2　弹出【导入视频】对话框，单击【浏览】按钮，如图 7-14 所示。

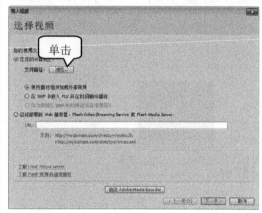

图 7-14

考考您

　　请您根据上述方法创建一个 Flash 文档，并在 Flash 中嵌入视频，测试一下您的学习效果。

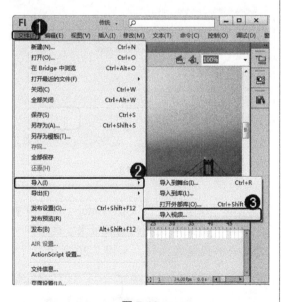

图 7-13

step 3　① 弹出【打开】对话框，选择准备导入的视频文件，② 单击【打开】按钮，如图 7-15 所示。

step 4　返回【导入视频】对话框，单击【下一步】按钮，如图 7-16 所示。

第 7 章 使用外部图片、声音和视频

图 7-15

图 7-16

 5　①在【导入视频】对话框的【外观】
下拉列表框中，选择准备应用的播
放器样式，②单击【下一步】按钮，如图 7-17
所示。

step 6　在【导入视频】对话框中，单击【完
成】按钮，如图 7-18 所示。

图 7-17

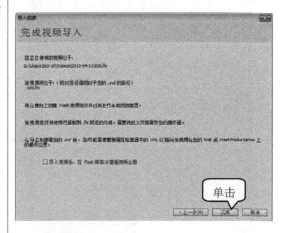

图 7-18

step 7　视频文件导入到舞台中后，调整视频
文件的大小和位置，如图 7-19 所示。

step 8　按下组合键 Ctrl+Enter，用户可查
看嵌入视频的播放效果，这样即可
完成嵌入视频的操作，如图 7-20 所示。

图 7-19

图 7-20

7.2.3 处理导入的视频文件

在 Flash 文档中导入视频后，用户可以根据需要对视频文件进行设置。下面详细介绍设置导入视频文件的操作方法。

 step 1 嵌入视频后，使用【属性】面板，用户可以更改舞台上嵌入或链接视频剪辑的实例属性，还可以为实例指定名称，设置宽度、高度和舞台的坐标位置，如图 7-21 所示。

step 2 除了在视频的【属性】面板中对视频进行设置外，还可以在【库】面板中，右击视频文件，在弹出的快捷菜单中，选择【属性】菜单项，进行相应的设置，如图 7-22 所示。

图 7-21

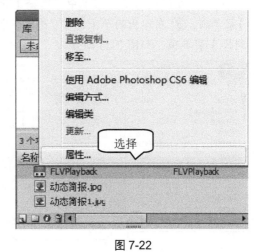

图 7-22

7.3 导入声音文件

在 Flash CS6 中，制作一部优秀的 Flash 动画，不仅要有漂亮的画面，生动而富有感染力的声音也是衡量 Flash 动画成功与否的重要因素之一，本节将继续以制作"动态简报"为例，介绍导入声音文件方面的知识。

7.3.1 Flash 支持的声音类型

在 Flash CS6 中，用户可以导入使用的声音素材，通常有三种格式：MP3、WAV 和 AIFF。在众多的格式里，我们应尽可能使用 MP3 格式的素材，因为 MP3 格式的素材既能够保持高保真的音效，还可以在 Flash 中得到更好的压缩效果。下面详细介绍 Flash 支持的声音类型方面的知识。

- WAV：WAV 格式的音频文件直接保存对声音波形的采样数据，数据没有经过压缩，WAV 格式的音频文件支持立体声和单声道，也可以是多种分辨率和采样率。
- AIFF：苹果公司开发的一种声音文件格式，支持 MAC 平台，支持 16 位 44kHz 立

第 7 章 使用外部图片、声音和视频

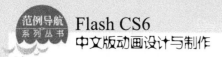

体声。

■ MP3：MP3 是最熟悉的一种数字音频格式，相同长度的音频文件用 MP3 格式存储，一般只有 WAV 格式的 1/10，具有体积小、传输方便的特点，拥有较好的声音质量。

7.3.2 导入音频文件

在 Flash CS6 中，提供多种使用声音的方式，当声音导入到文档后，将与位图、元件等一起保存在【库】面板中。下面详细介绍在 Flash 中导入音频文件的操作方法。

step 1 ① 打开已经制作的"动态简报.fla"文档，在菜单栏中，选择【文件】菜单项，② 在弹出的下拉菜单中，选择【导入】菜单项，③ 在弹出的子菜单中，选择【导入到库】菜单项，如图 7-23 所示。

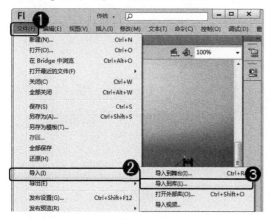

图 7-23

step 3 此时，声音文件就被导入到【库】面板中，选中【库】面板中的声音，在预览窗口中就会看到声音的波形，如图 7-25 所示。

图 7-25

step 2 ① 弹出【导入到库】对话框，选择准备打开的音频文件，② 单击【打开】按钮，如图 7-24 所示。

图 7-24

step 4 在【库】面板中，单击【播放】按钮可以查看音频的声效，这样即可完成导入声音的操作，如图 7-26 所示。

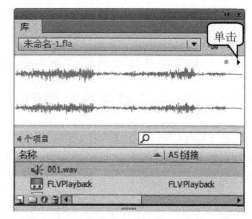

图 7-26

7.3.3　为影片添加声音

　　将声音导入到【库】面板中以后，用户即可将声音添加到影片中，这个声音将贯穿整个动画。下面将详细介绍为影片添加声音的操作方法。

step 1　打开已经将音频导入到【库】面板中的"动态简报.fla"文档，在【库】面板中，选择该音频文件，如图 7-27 所示。

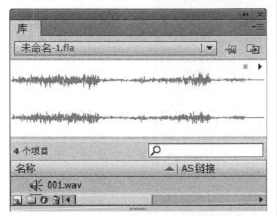

图 7-27

step 2　① 在【时间轴】面板中，单击【创建新图层】按钮，② 新建一个图层，如"图层 2"，③ 选择图层 2 的第 1 帧，如图 7-28 所示。

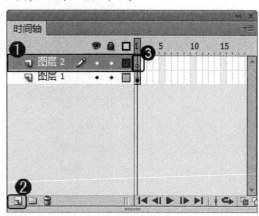

图 7-28

step 3　拖曳选中的音频至舞台中，然后释放鼠标，这样即可为影片添加声音，如图 7-29 所示。

图 7-29

step 4　按下组合键 Ctrl+Enter，用户可查看嵌入音频的播放效果。通过以上方法即可完成为影片添加声音的操作，如图 7-30 所示。

图 7-30

第 7 章　使用外部图片、声音和视频

159

7.3.4　设置声音的同步方式

在 Flash CS6 中，程序提供了编辑声音的功能，用户可以对声音进行相应的编辑。下面详细介绍设置声音同步方式的操作方法。

在【属性】面板中，【同步】下拉列表框中包括【事件】、【开始】、【停止】、【数据流】等选项，选择任意选项，这样即可进入相应的编辑状态，如图 7-31 所示。

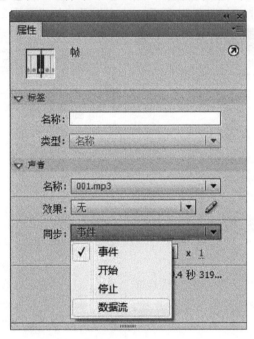

图 7-31

- 　【事件】：是默认的声音同步模式，在该模式下，事先在编辑环境中选择的声音就会与事件同步，不论在何种情况下，只要动画播放到插入声音的开始帧，就开始播放声音，直至声音播放完毕为止。
- 　【开始】：到了该声音开始播放的帧时，如果此时有其他的声音正在播放，则会自动取消将要进行的该声音的播放，如果没有其他声音播放，该声音才会开始播放。
- 　【停止】：可以使正在播放的声音文件停止。
- 　【数据流】：该模式通常是用在网络传输中，动画的播放被强迫与声音的播放保持同步，有时如果动画帧的传输速度与声音相比较慢，则会跳过这些帧进行播放。另外，当动画播放完毕后，如果声音还没播完，也会与动画同时停止。

7.3.5　设置声音的重复播放

将声音导入到舞台中后，用户可以设定声音的播放方式，以便更加符合 Flash 编辑的要求。下面将详细介绍设置声音重复播放的操作方法。

在声音【属性】面板的的【循环】下拉列表中，用户可以设置声音的重复播放方式，如【循环】和【重复】等，如图 7-32 所示。

图 7-32

- 【重复】选项：在文本框中输入播放的次数，默认为播放 1 次。
- 【循环】选项：声音可以一直不停地循环播放。

7.3.6 设置声音的效果

在动画中插入声音后，为使嵌入的声音更具特色，用户可以设置声音的效果，如声道的选择、音量的变化等，下面介绍设置声音效果的操作方法。

在声音【属性】面板的【效果】下拉列表中，程序提供了多种声音效果供用户选择使用，如图 7-33 所示。

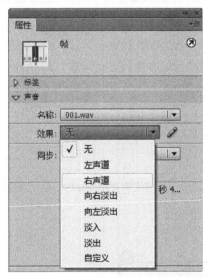

图 7-33

- 【无】选项：不设置声道效果。
- 【左声道】选项：控制声音在左声道播放。
- 【右声道】选项：控制声音在右声道播放。

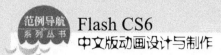

- 【向右淡出】选项：降低左声道的声音，同时提高右声道的声音，控制声音从左声道过渡到右声道播放。
- 【向左淡出】选项：降低右声道的声音，同时提高左声道的声音，控制声音从右声道过渡到左声道播放。
- 【淡入】选项：在声音的持续时间内逐渐增强其幅度。
- 【淡出】选项：在声音的持续时间内逐渐减小其幅度。
- 【自定义】选项：允许创建用户的声音效果，可以从【编辑封套】对话框中进行编辑。

 # 7.4 范例应用与上机操作

通过本章的学习，读者基本可以掌握使用外部图片、声音和视频方面的基本知识和操作技巧，下面通过几个范例应用与上机操作练习一下，以达到巩固学习、拓展提高的目的。

7.4.1 给按钮添加音效

在 Flash CS6 中，用户经常会使用到按钮，每次单击按钮的时候，如果有美妙的音乐随之响起，一定会让浏览者心情愉悦。下面详细介绍给按钮添加音效的操作方法。

> 素材文件 ❀ 配套素材\第 7 章\素材文件\给按钮添加音效.jpg、给按钮添加音效.wav
> 效果文件 ❀ 配套素材\第 7 章\效果文件\7.4.1 给按钮添加音效.fla

step 1 ① 新建文档，选择【文件】菜单项，② 在弹出的下拉菜单中，选择【导入】菜单项，③ 在弹出的子菜单中，选择【导入到舞台】菜单项，如图 7-34 所示。

step 2 ① 弹出【导入】对话框，选择素材背景图，② 单击【打开】按钮，如图 7-35 所示。

图 7-34

图 7-35

step 3　在 Flash CS6 中导入一张图片并调整其大小及位置，如图 7-36 所示。

图 7-36

step 5　① 弹出【创建新元件】对话框，在【名称】文本框中，输入元件名称，② 在【类型】下拉列表框中，选择【按钮】选项，③ 单击【确定】按钮，如图 7-38 所示。

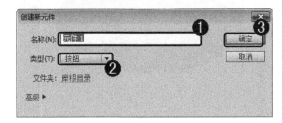

图 7-38

step 7　① 在工具箱中，单击【基本椭圆工具】按钮 ，② 在舞台中，绘制一个椭圆图形，如图 7-40 所示。

step 4　① 在菜单栏中，选择【插入】菜单项，② 在弹出的下拉菜单中，选择【新建元件】菜单项，如图 7-37 所示。

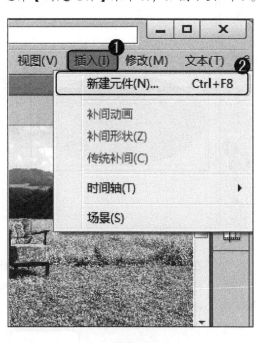

图 7-37

step 6　在【时间轴】面板中，选中【弹起】帧，如图 7-39 所示。

图 7-39

step 8　绘制一个椭圆后，继续使用椭圆工具绘制另一个椭圆，并使用文本工具在椭圆内输入文字，如"播放音乐"，如图 7-41 所示。

第 7 章　使用外部图片、声音和视频

163

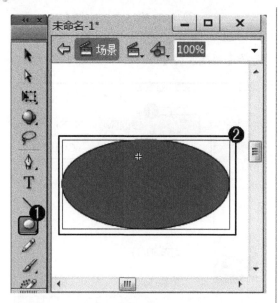

图 7-40

图 7-41

step 9 在【时间轴】面板中，选中【指针经过】帧，在键盘上按下 F6 键插入关键帧，如图 7-42 所示。

step 10 在舞台中选中椭圆并调整其颜色，如图 7-43 所示。

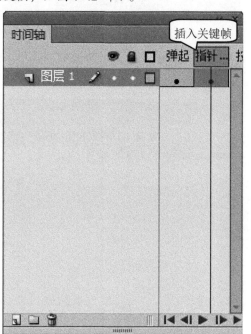

图 7-42

图 7-43

step 11 在【时间轴】面板中，选中【按下】帧，在键盘上按下 F6 键插入关键帧，如图 7-44 所示。

step 12 在舞台中选中文字并调整其颜色，如图 7-45 所示。

图 7-44

step13 ① 在【时间轴】面板中，单击面板底部的【新建图层】按钮 🗂 ，② 新建一个图层，如图 7-46 所示。

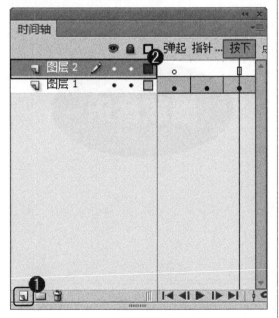

图 7-46

step15 ① 弹出【导入到库】对话框，选择准备导入的声音文件，② 单击【打开】按钮，将声音文件导入到库中，如图 7-48 所示。

图 7-45

step14 ① 新建图层后，在菜单栏中，选择【文件】菜单项，② 在弹出的下拉菜单中，选择【导入】菜单项，③ 在弹出的子菜单中，选择【导入到库】菜单项，如图 7-47 所示。

图 7-47

step16 在【时间轴】面板中，选中【图层 2】的【按下】帧，按下 F6 键插入关键帧，如图 7-49 所示。

图 7-48

图 7-49

step 17 插入关键帧后，将导入的声音文件拖曳到舞台中的椭圆图形中，如图 7-50 所示。

step 18 单击舞台中的【场景 1】图标，返回到主场景中，如图 7-51 所示。

图 7-50

图 7-51

step 19 在【库】面板中，选择创建的按钮元件，如图 7-52 所示。

step 20 将创建的按钮元件拖曳到舞台中的指定位置，然后释放鼠标左键，调整其大小，如图 7-53 所示。

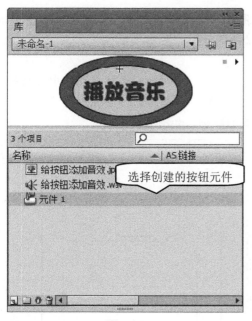

图 7-52

图 7-53

step21 ① 在菜单栏中，选择【控制】菜单项，② 在弹出的下拉菜单中，选择【测试影片】菜单项，③ 在弹出的子菜单中，选择【测试】菜单项，如图 7-54 所示。

step22 测试动画效果，当鼠标指针移动到按钮上并单击，这样即可听见声音。通过以上方法即可完成给按钮添加音效的操作，如图 7-55 所示。

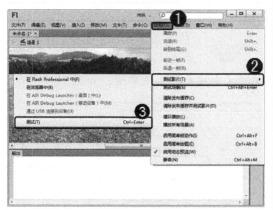

图 7-54

图 7-55

7.4.2 制作音乐播放器

在 Flash CS6 中，用户可以结合本章知识绘制一个音乐播放器并使之播放音乐。下面介绍制作音乐播放器的操作方法。

 素材文件 ❀ 配套素材\第 7 章\素材文件\制作音乐播放器.wav
效果文件 ❀ 配套素材\第 7 章\效果文件\7.4.2　制作音乐播放器.fla

step 1 新建文档，使用矩形工具在舞台中绘制一个带有圆角的矩形，作为音乐播放器的轮廓，如图 7-56 所示。

step 2 使用矩形工具在舞台中绘制另一个矩形，作为音乐播放器显示屏幕的轮廓，如图 7-57 所示。

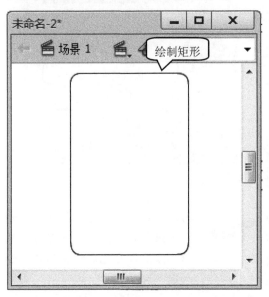

图 7-56

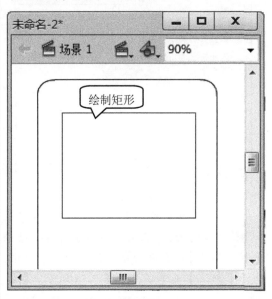

图 7-57

step 3 使用颜料桶工具为作为显示屏幕的轮廓的矩形填充颜色，如"蓝色"，如图 7-58 所示。

step 4 ① 在菜单栏中，选择【插入】菜单项，② 在弹出的下拉菜单中，选择【新建元件】菜单项，如图 7-59 所示。

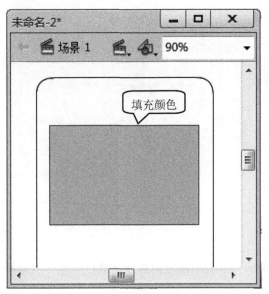

图 7-58

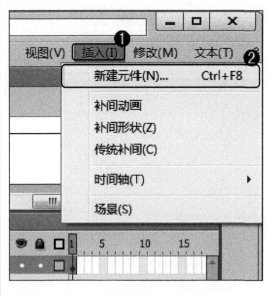

图 7-59

step 5 ① 弹出【创建新元件】对话框，在【名称】文本框中，输入新元件名称，如"音柱"，② 在【类型】下拉列表框中，选择【影片剪辑】选项，③ 单击【确定】按钮，如图 7-60 所示。

图 7-60

step 7 在【时间轴】面板中，选中第 20 帧，按下快捷键 F6，插入一个关键帧，如图 7-62 所示。

图 7-62

step 9 在【时间轴】面板中，在第 1～20 帧之间任意一帧上右击，在弹出的快捷菜单中，选择【创建补间形状】菜单项，如图 7-64 所示。

step 6 在元件舞台中，使用矩形工具在舞台中绘制多个不规则的矩形，作为音柱，如图 7-61 所示。

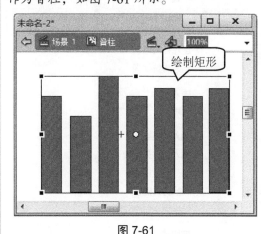

图 7-61

step 8 使用选择工具调整音柱矩形的大小，如图 7-63 所示。

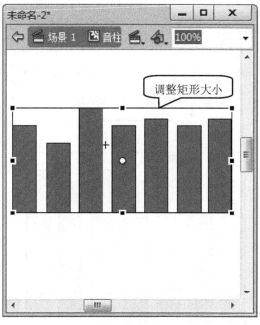

图 7-63

step 10 在【时间轴】面板中，选中第 40 帧，按下快捷键 F6，插入一个关键帧，如图 7-65 所示。

第 7 章 使用外部图片、声音和视频

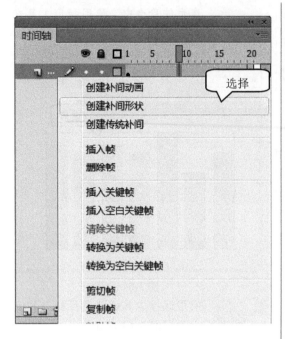

图 7-64

 使用选择工具调整音柱矩形的大
小,如图 7-66 所示。

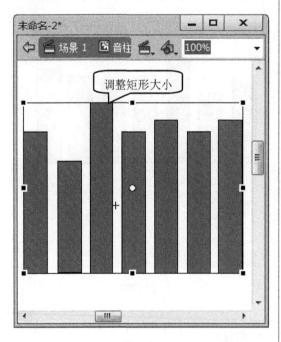

图 7-66

 创建矩形音柱后,单击【场景 1】
图标,返回至主场景中,如图 7-68
所示。

图 7-65

step12 在【时间轴】面板中,在第 21～
40 帧之间任意一帧上右击,在弹
出的快捷菜单中,选择【创建补间形状】菜
单项,如图 7-67 所示。

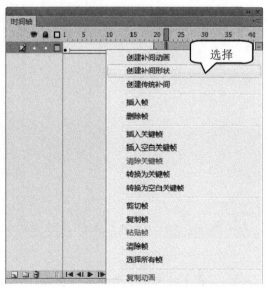

图 7-67

step14 返回到舞台中,将创建的音柱元
件从【库】面板中拖动至舞台中
合适的位置并调整其大小,如图 7-69 所示。

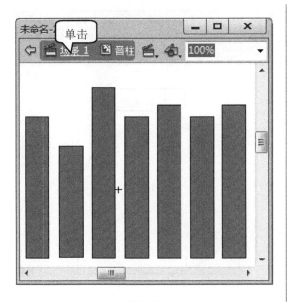

图 7-68

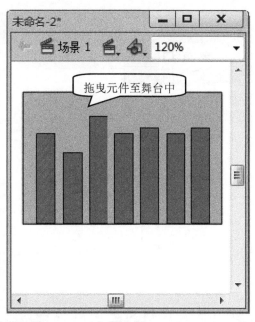

图 7-69

step15 ① 在菜单栏中，选择【插入】菜单项，② 在弹出的下拉菜单中，选择【新建元件】菜单项，如图 7-70 所示。

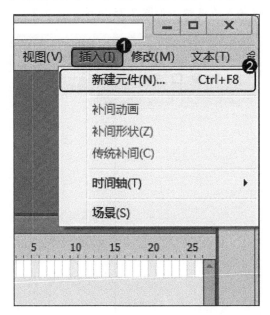

图 7-70

step16 ① 弹出【创建新元件】对话框，在【名称】文本框中，输入元件的名称，② 在【类型】下拉列表框中，选择【按钮】选项，③ 单击【确定】按钮，如图 7-71 所示。

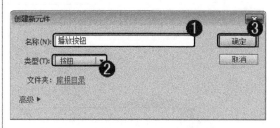

图 7-71

 智慧锦囊

在 Flash CS6 中，在键盘上按下组合键 Ctrl+F8，用户可以快速打开【创建新元件】对话框。

step17 在【时间轴】面板中，选中【弹起】帧，如图 7-72 所示。

step18 使用基本椭圆工具，在舞台中绘制一个椭圆图形，如图 7-73 所示。

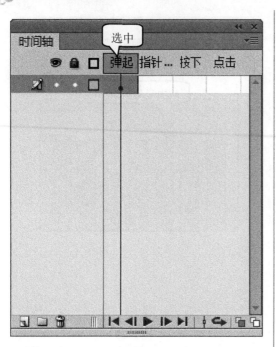

图 7-72

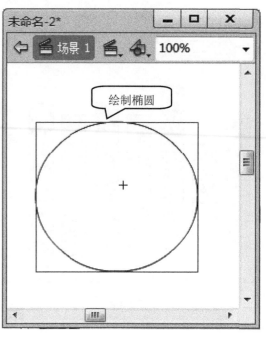

图 7-73

step 19 使用线条工具，在舞台中绘制一个
三角图形，并将椭圆和三角形都填
充颜色，如填充"灰蓝色"，如图 7-74 所示。

step 20 在【时间轴】面板中，选中【指
针经过】帧，在键盘上按下 F6
键插入关键帧，如图 7-75 所示。

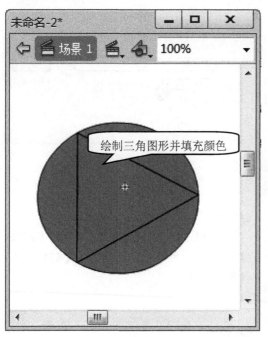

图 7-74

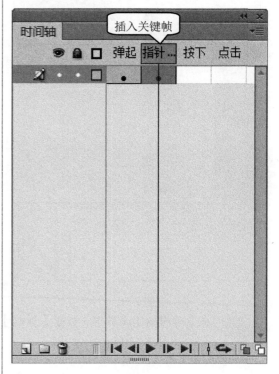

图 7-75

step21 使用颜料桶工具,在舞台中将椭圆和三角形的颜色进行更改,如填充"亮绿色",如图 7-76 所示。

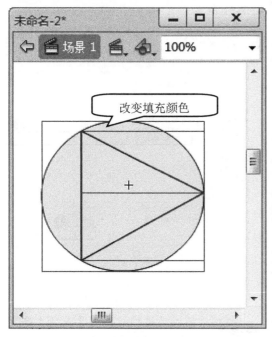

图 7-76

step23 使用颜料桶工具,在舞台中将椭圆和三角形颜色进行更改,如填充"橙黄色",如图 7-78 所示。

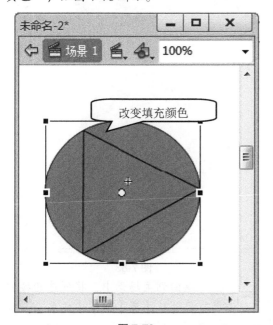

图 7-78

step22 在【时间轴】面板中,选中【按下】帧,在键盘上按下 F6 键插入关键帧,如图 7-77 所示。

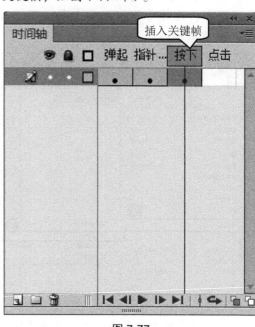

图 7-77

step24 ① 在【时间轴】面板中,单击面板底部的【新建图层】按钮,② 新建一个图层,如图 7-79 所示。

图 7-79

第 7 章 使用外部图片、声音和视频

step 25 ① 新建图层后，在菜单栏中，选择【文件】菜单项，② 在弹出的下拉菜单中，选择【导入】菜单项，③ 在弹出的子菜单中，选择【导入到库】菜单项，如图 7-80 所示。

图 7-80

step 27 在【时间轴】面板中，选中【图层2】的【按下】帧，按下 F6 键插入关键帧，如图 7-82 所示。

图 7-82

step 29 单击舞台中的【场景 1】图标，返回到主场景中，如图 7-84 所示。

step 26 ① 弹出【导入到库】对话框，选择准备导入的声音文件，② 单击【打开】按钮，将声音文件导入到库中，如图 7-81 所示。

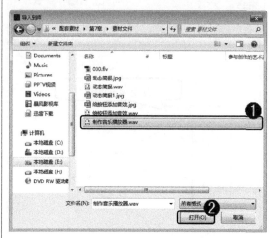

图 7-81

step 28 插入关键帧后，将导入的声音文件拖曳到舞台中的椭圆图形中，如图 7-83 所示。

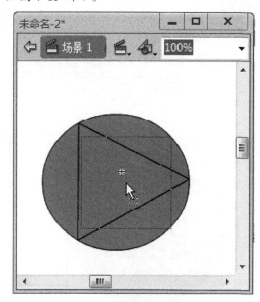

图 7-83

step 30 返回到主场景中，将创建的按钮元件从【库】面板中拖曳至舞台合适的位置并调整其大小，如图 7-85 所示。

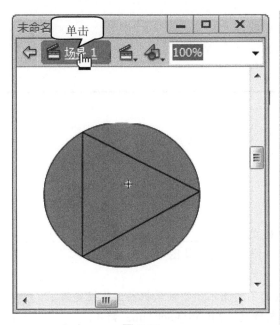

图 7-84

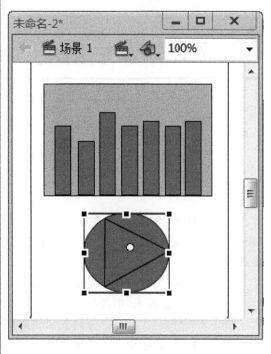

图 7-85

step31 按下组合键 Ctrl+Enter，在弹出的窗口中，将鼠标指针指向【播放】按钮并单击，检测音乐播放的效果，如图 7-86 所示。

step32 通过以上方法即可完成制作音乐播放器的操作，如图 7-87 所示。

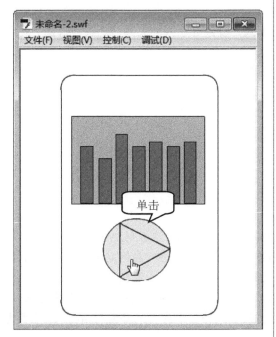

图 7-86

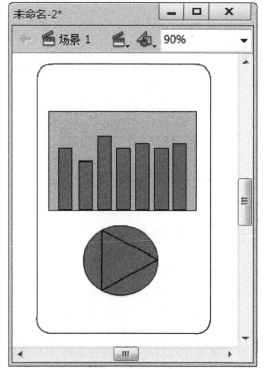

图 7-87

第 7 章 使用外部图片、声音和视频

175

7.5　课后练习

7.5.1　思考与练习

一、填空题

1. 在 Flash CS6 中，用户可以导入的图片格式有：＿＿＿＿＿、GIF、BMP、＿＿＿＿＿、EPS、DXF、EMF、＿＿＿＿＿等。通常情况下，推荐使用矢量图形，如 WMF、＿＿＿＿＿等格式的文件。

2. Flash CS6 支持的视频类型会因电脑配置的不同而不同，如果机器上已经安装了＿＿＿＿＿及其以上版本，则在导入嵌入视频时，支持包括MOV(QuickTime 影片)、＿＿＿＿＿(音频视频交叉文件)和＿＿＿＿＿等格式的视频剪辑。

3. 在 Flash CS6 中，用户可以导入使用的声音素材，通常有三种格式：＿＿＿＿＿、＿＿＿＿＿和＿＿＿＿＿。

二、判断题

1. 在 Flash 动画制作的过程中，用户可以将位图转换为矢量图，以便更好地制作出各种位图转换为矢量图的效果。　　　　　　　　　　　　　　　（　　　）

2. 在 Flash CS6 中，提供多种使用声音的方式，当声音导入到文档后，将与位图、元件等一起保存在【库】面板中。　　　　　　　　　　　　　　　（　　　）

3. 在 Flash CS6 中，用户不可以将位图导入到舞台或导入到库。　　　（　　　）

三、思考题

1. 如何设置导入位图属性？
2. 如何将位图转换为矢量图？

7.5.2　上机操作

1. 打开 "配套素材\第 7 章\素材文件\在网站中插入视频.fla 和在网站中插入视频.flv" 文件，使用新建图层命令、插入关键帧命令和导入视频命令，进行在网站中插入视频的操作。效果文件可参考 "配套素材\第 7 章\效果文件\在网站中插入视频.fla"。

2. 打开"配套素材\第 7 章\素材文件\给动画片头添加声音.fla 和给动画片头添加声音.wav" 文件，使用导入到库命令进行添加声音的操作。效果文件可参考 "配套素材\第 7 章\效果文件\给动画片头添加声音.fla"。

第**8**章

使用时间轴和帧设计基本动画

本章主要介绍了时间轴和帧的概念以及帧的基本操作方面的知识与技巧，同时还讲解了逐帧动画、动作补间动画和形状补间动画方面的知识。通过本章的学习，读者可以掌握使用时间轴和帧设计基本动画方面的知识，为深入学习 Flash CS6 知识奠定基础。

 范 例 导 航

1. 时间轴和帧的概念
2. 帧的基本操作
3. 逐帧动画
4. 动作补间动画
5. 形状补间动画

8.1 时间轴和帧的概念

时间轴和帧是Flash编辑动画的主要工具，是Flash最为核心的部分，所有的动画顺序、动作行为、控制命令以及声音等都是在时间轴中编排的。帧是创建动画的基础，也是构建动画最基本的元素之一，本节将详细介绍时间轴和帧的概念方面的知识。

8.1.1 时间轴构成

时间轴是帧用于组织和控制动画中的帧和层在一定时间内播放的坐标轴。时间轴主要由层控制区、帧和播放控制等部分组成，如图8-1所示。

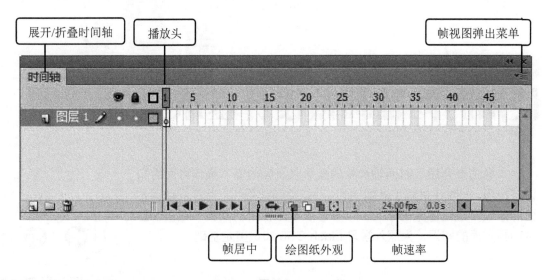

图 8-1

- 展开/折叠时间轴：单击时间轴左上角的三角形。
- 播放头：指示在舞台中当前显示的帧。
- 帧视图弹出菜单：单击此按钮打开菜单，可以设置时间轴的显示外观。
- 帧居中：把当前的帧移动到【时间轴】面板的中间，以方便操作。
- 绘图纸外观：同时查看当前帧与前后若干帧里的内容，以方便前后多帧对照编辑。
- 帧速率：动画播放的速率，即每秒钟播放的帧数fps。

8.1.2 帧和关键帧

影片中的每个画面在Flash中称为帧，在各个帧上放置图形、文字、声音等对象，多个帧按照先后次序以一定速率连续播放形成动画。在Flash中帧按照功能的不同，可以分为三种：普通帧、空白关键帧和关键帧。

1. 普通帧

普通帧起着过滤和延长关键帧内容的显示，在时间轴中，用于延长播放时间的帧，每帧的内容与前面的关键帧相同，如图 8-2 所示。

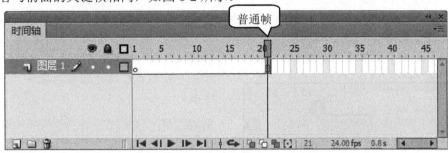

图 8-2

2. 空白关键帧

没有内容的帧，以空心圆表示，空白关键帧是特殊的关键帧，没有任何对象存在。一般新建图层的第一帧都是空白关键帧，但是绘制图形后，则变为关键帧，如果将某关键帧中的全部对象删除，此帧也会变为空白关键帧，如图 8-3 所示。

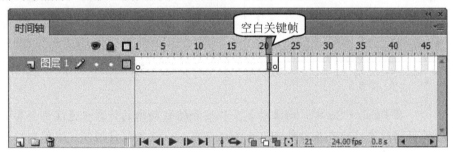

图 8-3

3. 关键帧

有内容的帧，以实心圆表示，关键帧是用来定义动画的帧，当创建逐帧动画时，每个帧都是关键帧。在补间动画中只需在动画发生变化的位置定义关键帧，Flash CS6 会自动创建关键帧之间的帧内容，此时两个关键帧之间由箭头相连，如图 8-4 所示。

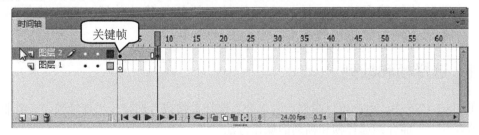

图 8-4

8.1.3 帧的频率

帧的频率就是动画的播放速度，以每秒播放的帧数为度量，帧频太慢会使动画看起来不连贯，以每秒 12 帧的帧频通常会得到较好的效果。下面介绍修改帧频率的方法。

step 1 ① 新建文档，在菜单栏中，选择【修改】菜单项，② 在弹出的下拉菜单中，选择【文档】菜单项，如图 8-5 所示。

step 2 ① 弹出【文档设置】对话框，在【帧频】文本框中，设置帧的频率数值，② 单击【确定】按钮。通过以上方法即可完成修改帧频率的操作，如图 8-6 所示。

图 8-5

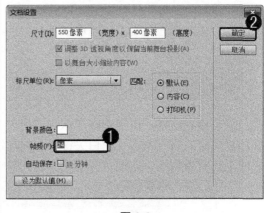

图 8-6

在 Flash CS6 中，动画的复杂程度和播放动画的计算机速度都会影响动画的流畅程度，应在各种计算机上测试动画，以确定最佳帧频，以便制作出满意的动画效果。

8.2 帧的基本操作

在 Flash CS6 中，每一个动画都是由帧建立组成的，用户可以对帧进行选择帧和帧列，插入帧，复制、粘贴与移动单帧，删除帧等操作，本节将详细介绍帧的基本操作方面的知识。

8.2.1 选择帧和帧列

在 Flash CS6 中，用户可以根据绘制需要，选择单帧或者选择一组连续帧、一组非连续帧和帧列等。下面介绍选择帧和帧列的操作方法。

1. 选择某一帧

在时间轴上，选择某一个帧，只需要单击该帧即可，如图 8-7 所示。

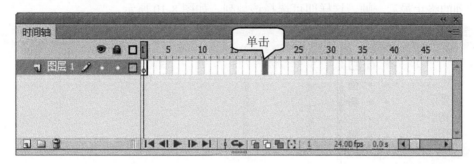

图 8-7

2. 选择一组连续帧

如果要选择一组连续帧，选中起始的第 1 帧，然后按住键盘上的 Shift 键，单击选择最后的一帧，这样即可选择一组连续帧，如图 8-8 所示。

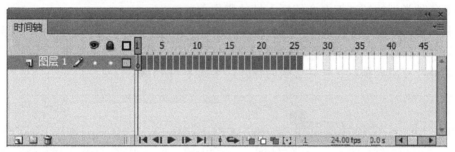

图 8-8

3. 选择一组非连续帧

如果要选择一组非连续帧，用户在按住键盘上的 Ctrl 键的同时，然后单击准备选择的帧即可，如图 8-9 所示。

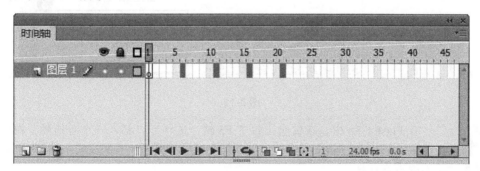

图 8-9

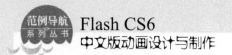

4. 选择帧列

要选择帧列，用户在键盘上按住 Shift 键的同时，单击该帧列的起始第 1 帧，然后再单击该帧列的终止最后一帧，这样即可选择该帧列，如图 8-10 所示。

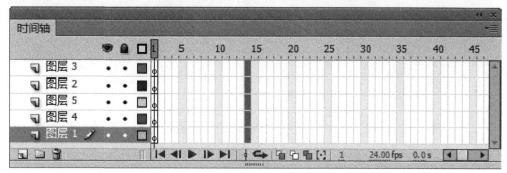

图 8-10

8.2.2 插入帧

在【时间轴】面板中，用户可以根据需要，在指定图层中插入普通帧、空白关键帧和关键帧等各种类型的帧。下面介绍插入帧的操作方法。

要插入帧，应该先选中准备插入帧的位置，然后在菜单栏中，① 选择【插入】菜单项，② 在弹出的下拉菜单中，选择【时间轴】菜单项，③ 在弹出的子菜单中，选择相应的菜单项，这样即可完成插入各种类型帧的操作，如图 8-11 所示。

图 8-11

在 Flash CS6 中，在键盘上按下 F5 键，这样可以插入一个普通帧；在键盘上按下 F6 键，这样可以插入一个关键帧；在键盘上按下 F7 键，这样可以插入一个空白关键帧。

8.2.3　复制、粘贴与移动单帧

在使用 Flash 制作动画时，有时候需要对所创建的帧进行复制、粘贴与移动等操作，使制作的动画更加完美。下面详细介绍复制、粘贴与移动单帧的操作方法。

1.　复制帧

在 Flash CS6 中，有时候为了制作动画的需要，用户可以复制需要的帧。下面介绍复制帧的操作方法。

首先选中单个帧并右击，在弹出的快捷菜单中，选择【复制帧】菜单项，这样即可完成复制帧的操作，如图 8-12 所示。

图 8-12

2.　粘贴帧

在 Flash CS6 中，有时候为了制作动画的需要，用户可以粘贴需要的帧。下面介绍粘贴帧的操作方法。

选中准备粘贴的位置并右击，在弹出的快捷菜单中，选择【粘贴帧】菜单项，这样即可完成粘贴帧的操作，如图 8-13 所示。

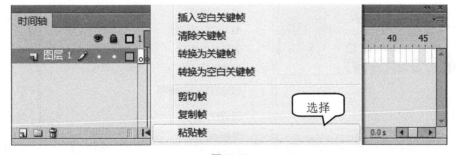

图 8-13

3.　移动帧

在 Flash CS6 中，有时候为了制作动画的需要，用户可以根据需要移动帧。下面介绍移动帧的操作方法。

step 1　在【时间轴】面板中，选中准备移动的帧并右击，在弹出的快捷菜单中，选择【剪切帧】菜单项，如图 8-14 所示。

step 2　① 在【时间轴】面板中，在目标位置处右击，② 在弹出的快捷菜单中，选择【粘贴帧】菜单项，这样即可完成移动帧的操作，如图 8-15 所示。

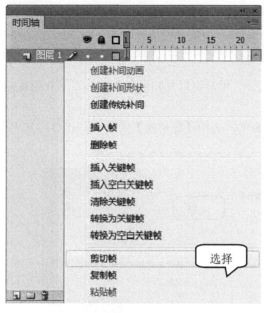

图 8-14

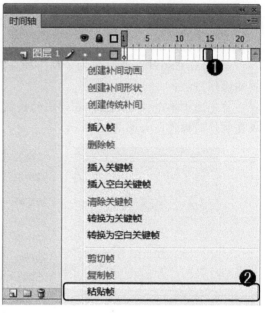

图 8-15

8.2.4　清除帧

在制作动画的时候，遇到不符合要求或者不需要的帧，用户可以将其清除。下面介绍清除帧的操作方法。

首先要选中准备清除的帧，然后右击，在弹出的快捷菜单中选择【清除帧】菜单项，这样即可进行清除帧的操作，如图 8-16 所示。

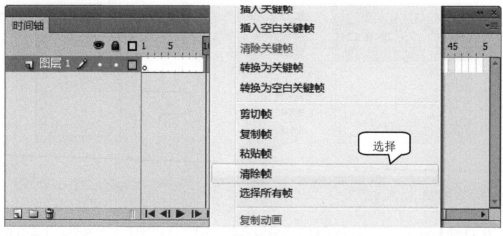

图 8-16

8.2.5　删除帧

在制作动画的时候，遇到不符合要求或者不需要的帧，用户可以将其删除。下面介绍删除帧的操作方法。

选中准备要删除的帧，右击，在弹出的快捷菜单中，选择【删除帧】菜单项，这样即可删除帧，如图 8-17 所示。

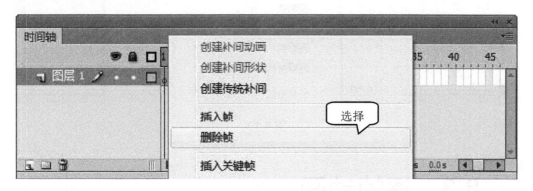

图 8-17

8.2.6　将帧转换为关键帧

在 Flash CS6 中，用户可以将普通帧迅速转换为关键帧，以便制作更好的动画效果。下面介绍将帧转换为关键帧的操作方法。

选中准备要转换为关键帧的帧，右击，在弹出的快捷菜单中，选择【转换为关键帧】菜单项，这样即可完成将帧转换为关键帧的操作，如图 8-18 所示。

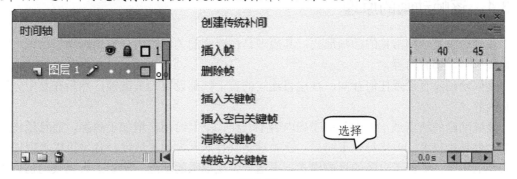

图 8-18

8.2.7　将帧转换为空白关键帧

在 Flash CS6 中，用户可以将帧迅速转换为空白关键帧，以便制作更好的动画效果。下面介绍将帧转换为空白关键帧的操作方法。

选中准备要转换为空白关键帧的帧，右击，在弹出的快捷菜单中，选择【转换为空白关键帧】菜单项，这样即可完成将帧转换为空白关键帧的操作，如图 8-19 所示。

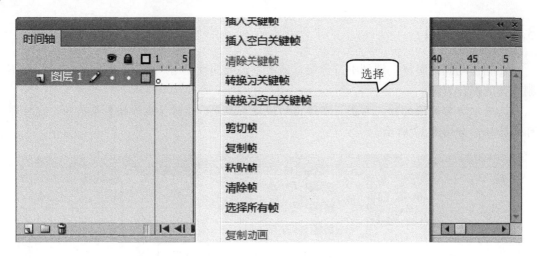

图 8-19

8.3 逐帧动画

逐帧动画是一种常见的动画形式，是在时间轴的每帧上逐帧绘制不同的内容，使其连续播放而成动画，也可在此基础上修改得到新的画面，本节将以制作"小女孩眨眼睛"逐帧动画为例，详细介绍逐帧动画方面的知识。

8.3.1 逐帧动画的原理

逐帧动画是一种常见的动画形式，其原理是在连续的关键帧中分解动画动作，每一帧都是关键帧，都有内容。

逐帧动画没有设置任何补间，直接将连续的若干帧都设置为关键帧，然后在其中分别绘制内容。

逐帧动画的缺点是，因为其帧序列内容不一样，不但给制作增加了负担，而且最终输出的文件量也很大。但优势也很明显，逐帧动画具有非常大的灵活性，几乎可以表现任何想表现的内容，类似于电影的播放模式，很适合表现细腻的动画。例如：人物或动物急剧转身、头发及衣服的飘动、走路、说话以及精致的 3D 效果，等等。

8.3.2 制作简单的逐帧动画

掌握逐帧动画基本原理后，用户即可制作简单的逐帧动画，如制作"小女孩眨眼睛"逐帧动画。下面介绍制作简单的逐帧动画的操作方法。

step 1 ① 新建文档,在菜单栏中,选择【文件】菜单项,② 在弹出的下拉菜单中,选择【导入】菜单项,③ 在弹出的子菜单中,选择【导入到舞台】菜单项,如图 8-20 所示。

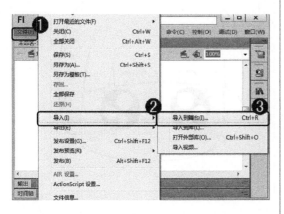

图 8-20

step 3 弹出 Adobe Flash CS6 对话框,单击【是】按钮,如图 8-22 所示。

图 8-22

智慧锦囊

在 Adobe Flash CS6 对话框中,单击【否】按钮,程序将不会按照序号以逐帧形式导入到舞台。

考考您

请您根据上述方法创建一个 Flash 文档,并创建一个简单的逐帧动画,测试一下您的学习效果。

step 5 导入后的动画序列被 Flash 自动分配在 5 个关键帧中,如果一帧一个动作对于动画速度过于太快,用户可以在图层上,每个帧后连续按两次 F5 键,插入普通帧,如图 8-24 所示。

step 2 ① 在【导入】对话框中,选择准备导入的图片,② 单击【打开】按钮,如图 8-21 所示。

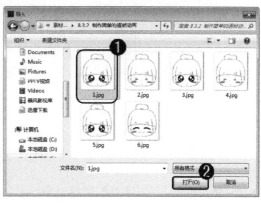

图 8-21

step 4 程序会自动把图片的序列按序号以逐帧形式导入到舞台中去,如图 8-23 所示。

图 8-23

step 6 在键盘上按下组合键 Ctrl+Enter,检测刚刚创建的动画。通过以上方法即可完成制作简单的逐帧动画的操作,如图 8-25 所示。

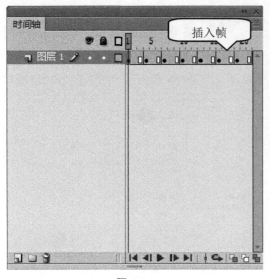

图 8-24

图 8-25

8.4 动作补间动画

动作补间动画所处理的动画必须是舞台上的组件实例，多个图形组合、文字等，运用动作补间动画，可以设置元件的大小、位置、颜色、透明度、旋转等属性，本节将以制作"渐隐渐显的图片"为例，详细介绍动作补间动画方面的知识。

8.4.1 动作补间动画原理

在 Flash 的【时间轴】面板上，Flash 只需要保存帧之间不同的数据，即在一个关键帧放置一个元件，然后在另一个关键帧改变这个元件的大小、颜色、位置、透明度等，Flash 根据二者之间的帧的值创建的动画，称为动作补间动画。

动作补间动画建立后，【时间轴】面板的背景色变为淡紫色，并且在起始帧和结束帧之间有一个长长的箭头。

8.4.2 制作动作补间动画

在 Flash CS6 中，用户可以通过制作动作补间动画，设置 Alpha 的透明度，创建渐隐渐显的动画效果。下面详细介绍制作"渐隐渐显的图片"动作补间动画的操作方法。

step 1 ① 新建文档,在菜单栏中,选择【文件】菜单项,② 在弹出的下拉菜单中,选择【导入】菜单项,③ 在弹出的子菜单中,选择【导入到舞台】菜单项,如图 8-26 所示。

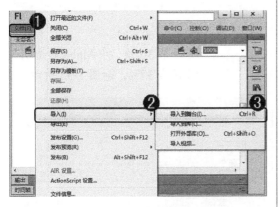

图 8-26

step 3 在舞台中,导入素材图片并调整其大小,如图 8-28 所示。

图 8-28

step 5 ① 弹出【转换为元件】对话框,在【类型】下拉列表框中,选择【图形】选项,② 单击【确定】按钮,如图 8-30 所示。

step 2 ① 在【导入】对话框中,选择准备导入的图片,② 单击【打开】按钮,如图 8-27 所示。

图 8-27

step 4 ① 选中导入的图像,在菜单栏中,选择【修改】菜单项,② 在弹出的下拉菜单中,选择【转换为元件】菜单项,如图 8-29 所示。

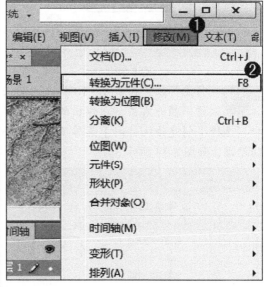

图 8-29

step 6 分别在【时间轴】面板的第 10 帧、20 帧、30 帧,按下 F6 键插入关键帧,如图 8-31 所示。

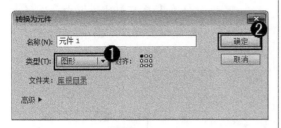

图 8-30

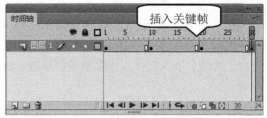

图 8-31

step 7 ① 选中图形元件并选中第 1 帧,打开【属性】面板,在【色彩效果】选项组的【样式】下拉列表框中,选择 Alpha 选项,② 设置透明度的数值为 0%,如图 8-32 所示。

step 8 选择第 30 帧,将 Alpha 的透明度设置为 37%,如图 8-33 所示。

图 8-32

图 8-33

step 9 将光标放置在第 1~10 帧之间的任意一帧并右击,在弹出的快捷菜单中,选择【创建传统补间】菜单项,创建补间动画,如图 8-34 所示。

step 10 在第 11~20 帧之间的任意一帧并右击,在弹出的快捷菜单中,选择【创建传统补间】菜单项,创建补间动画,如图 8-35 所示。

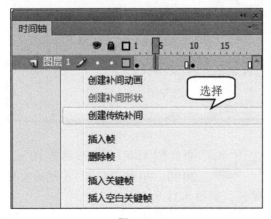

图 8-34

图 8-35

step11 将光标放置在第 21～30 帧之间的任意一帧并右击，在弹出的快捷菜单中，选择【创建传统补间】菜单项，创建补间动画，如图 8-36 所示。

step12 在键盘上按下 Ctrl+Enter 组合键，测试影片效果。通过以上方法即可完成创建动作补间动画的操作，如图 8-37 所示。

图 8-36

图 8-37

 ## 8.5 形状补间动画

形状补间动画适用于图形对象，在两个关键帧之间可以创建图形变形的效果，使得一种形状可以随时变化成另一个形状，也可以对形状的位置、大小等进行设置，本节将以制作"变形文字"为例，详细介绍形状补间动画方面的知识。

8.5.1 形状补间动画原理

形状补间动画原理是指，在时间轴上的某一帧绘制对象，然后在另一帧修改对象，或者重新绘制另一个对象，然后由 Flash 本身计算两帧之间的差距进行变形帧，在播放的过程中形成动画。

补间形状动画是补间动画的另一类，常用于形状发生变化的动画。

1. 形状补间动画的概念

形状补间动画的概念是指，在一个关键帧中绘制一个形状，然后在另一个关键帧中更改该形状或绘制另一个形状，Flash CS6 会根据二者之间的帧的值或形状来创建的动画。

2. 构成形状补间动画的元素

形状补间动画可以实现两个图形之间颜色、形状、大小、位置的相互变化，其变形的灵活性介于逐帧动画和动作补间动画二者之间，使用的元素多为用鼠标或压感笔绘制出的形状，如果使用图形元件、按钮、文字，则必先"打散"、"分离"才能创建变形动画。

3. 形状补间动画在【时间轴】面板上的表现

形状补间动画建好后，【时间轴】面板的背景色变为淡绿色，在起始帧和结束帧之间有一个长长的箭头。

8.5.2 创建形状补间动画

在 Flash CS6 中，通过形状补间，用户可以创建类似于形状渐变的效果，使一个形状可以渐变成另一个形状。下面详细介绍创建"变形文字"形状补间动画的操作方法。

step 1 ❶ 新建文档，在菜单栏中，选择【文件】菜单项，❷ 在弹出的下拉菜单中，选择【导入】菜单项，❸ 在弹出的子菜单中，选择【导入到舞台】菜单项，如图 8-38 所示。

step 2 ❶ 在【导入】对话框中，选择准备导入的图片，❷ 单击【打开】按钮，如图 8-39 所示。

图 8-38

图 8-39

step 3 在舞台中，导入素材图片，然后调整素材图片的大小和位置，如图 8-40 所示。

step 4 ❶ 在【时间轴】面板上，单击【新建图层】按钮，❷ 新建一个图层，如"图层 2"，如图 8-41 所示。

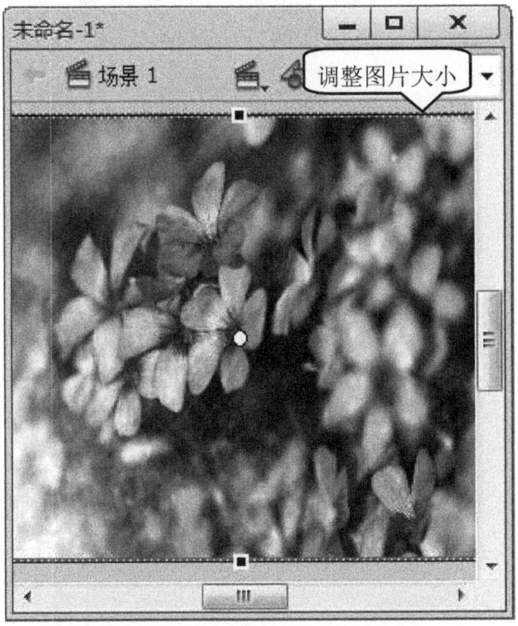

图 8-40

step 5 ① 选择【图层 2】后，在工具箱中，单击【多角星形工具】按钮，② 在舞台中，绘制一个五角星图形，如图 8-42 所示。

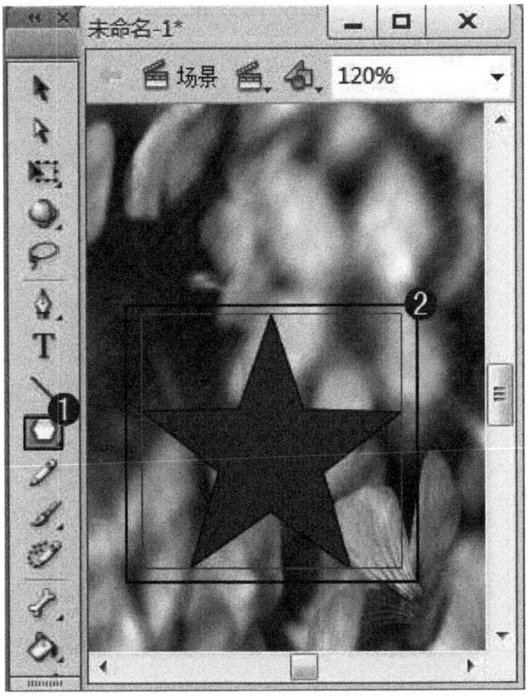

图 8-42

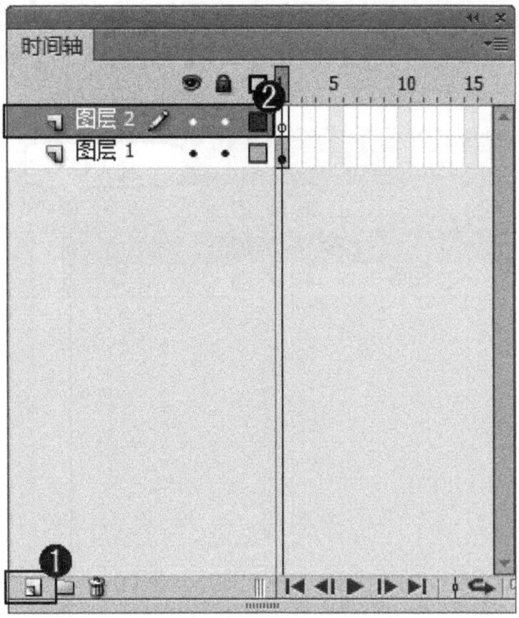

图 8-41

step 6 ① 在工具箱中，单击【选择工具】按钮，② 按住键盘上的Alt键，复制出一个五角星并移动至指定的位置，如图 8-43 所示。

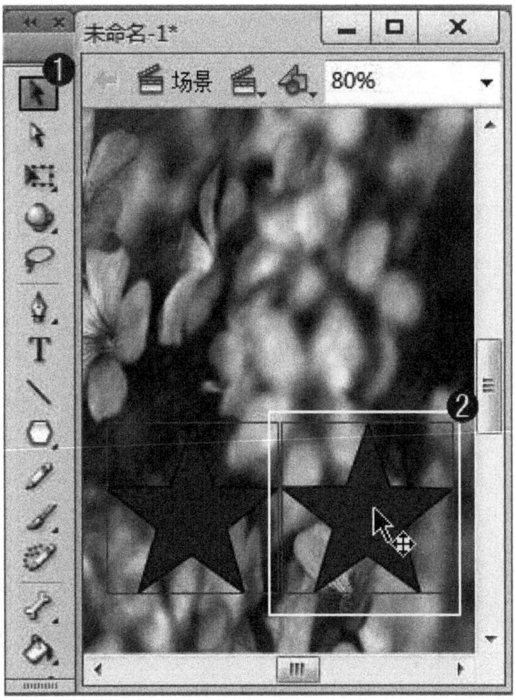

图 8-43

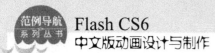

step 7　在【时间轴】面板中，分别在【图层 1】和【图层 2】的第 50 帧，按下键盘上的 F5 键插入帧，如图 8-44 所示。

step 8　选中【图层 2】的第 25 帧，按下键盘上的 F6 键插入关键帧，如图 8-45 所示。

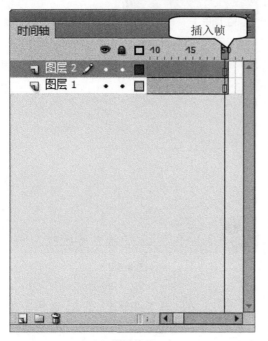

图 8-44

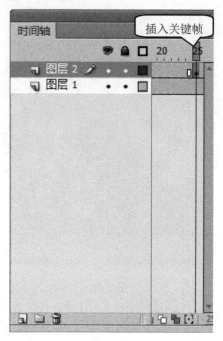

图 8-45

step 9　使用文本工具在舞台中输入文字，如图 8-46 所示。

step 10　按下 Ctrl+B 组合键，将文本分离，如图 8-47 所示。

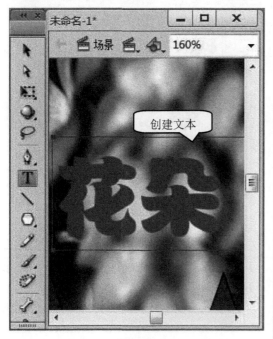

图 8-46

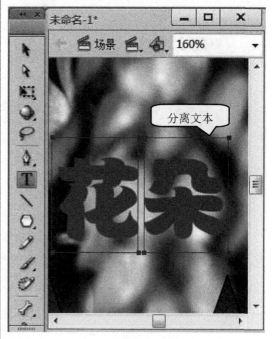

图 8-47

step 11 将分离的文本移动至绘制的五角星中，如图 8-48 所示。

移动文本

图 8-48

step 12 在【图层 2】中，选择第 25 帧，将绘制的五角星删除，如图 8-49 所示。

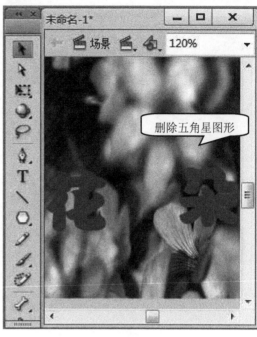

删除五角星图形

图 8-49

step 13 再次按下 Ctrl+B 组合键，将文本完全分离，如图 8-50 所示。

完全分离文本

图 8-50

step 14 将鼠标光标放置在【图层 2】时间轴的第 1~25 帧之间的任意一帧位置并右击，在弹出的快捷菜单中，选择【创建补间形状】菜单项，如图 8-51 所示。

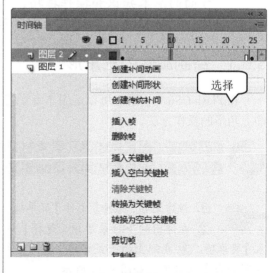

选择

图 8-51

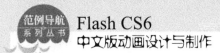
step 15 在键盘上按下 Ctrl+Enter 组合键，测试影片效果，如图 8-52 所示。

图 8-52

step 16 保存文档，通过以上步骤即可完成创建"变形文字"形状补间动画的操作，如图 8-53 所示。

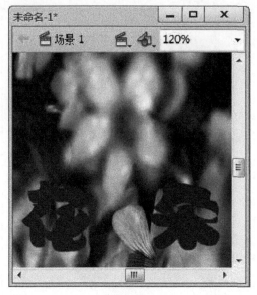

图 8-53

8.6 范例应用与上机操作

通过本章的学习，读者基本可以掌握使用时间轴和帧设计基本动画方面的基本知识和操作技巧，下面通过几个范例应用与上机操作练习一下，以达到巩固学习、拓展提高的目的。

8.6.1 绘制旋转的三角形

在 Flash CS6 中，用户可以运用本章学习的知识绘制旋转的三角形。下面介绍绘制旋转的三角形的操作方法。

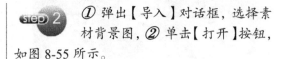

素材文件 ❀ 配套素材\第8章\素材文件\绘制旋转的三角形.jpg
效果文件 ❀ 配套素材\第8章\效果文件\8.6.1　绘制旋转的三角形.fla

step 1 ❶ 新建文档，选择【文件】菜单项，❷ 在弹出的下拉菜单中，选择【导入】菜单项，❸ 在弹出的子菜单中，选择【导入到舞台】菜单项，如图 8-54 所示。

step 2 ❶ 弹出【导入】对话框，选择素材背景图，❷ 单击【打开】按钮，如图 8-55 所示。

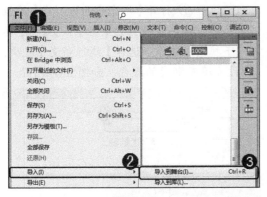

图 8-54

图 8-55

Step 3 在舞台中，导入素材图片，然后调整素材图片的大小和位置，如图 8-56 所示。

Step 4 ① 在【时间轴】面板中，单击【新建图层】按钮 📑，② 新建一个图层，如"图层 2"，如图 8-57 所示。

图 8-56

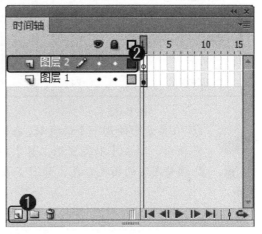

图 8-57

Step 5 ① 选择【图层 2】的第 1 帧，在工具箱中，单击【多角星形工具】按钮 ⬡，② 在【属性】面板中，单击【选项】按钮，如图 8-58 所示。

Step 6 ① 弹出【工具设置】对话框，在【边数】文本框中，输入多边形的边数，如"3"，② 单击【确定】按钮，如图 8-59 所示。

图 8-58

图 8-59

第 8 章 使用时间轴和帧设计基本动画

step 7 ① 设置多边形边数后，选择【窗口】菜单项，② 在弹出的下拉菜单中，选择【颜色】菜单项，如图 8-60 所示。

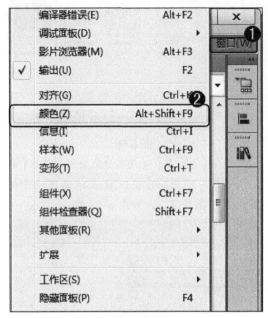

图 8-60

step 9 ① 在舞台中绘制一个三角形，在工具箱中，单击【渐变变形工具】按钮，② 调整图形的填充颜色，如图 8-62 所示。

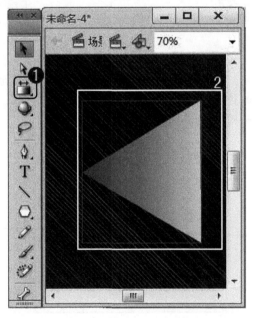

图 8-62

step 8 ① 打开【颜色】面板，将【笔触颜色】设置为【无】，② 在【类型】下拉列表框中，选择【线性渐变】选项，③ 设置填充渐变的颜色，如图 8-61 所示。

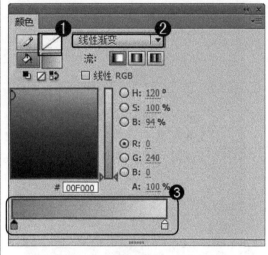

图 8-61

step 10 ① 使用选择工具选择绘制的三角形后，在菜单栏中，选择【修改】菜单项，② 在弹出的下拉菜单中，选择【转换为元件】菜单项，如图 8-63 所示。

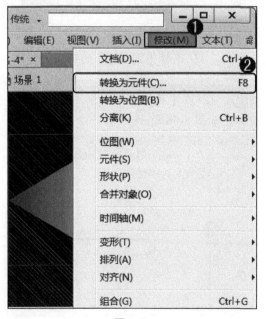

图 8-63

step11 ① 弹出【转换为元件】对话框，在【名称】文本框中，输入名称，如"旋转的三角形"，② 在【类型】下拉列表框中，选择【图形】选项，③ 单击【确定】按钮，这样即可将创建的三角图形转换为元件，如图 8-64 所示。

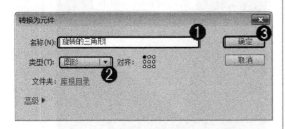

图 8-64

step13 插入关键帧后，在【时间轴】面板的【图层 2】中，右击第 1~29 帧中的任意一帧，在弹出的快捷菜单中，选择【创建补间动画】菜单项，如图 8-66 所示。

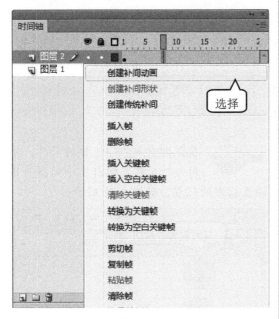

图 8-66

step15 设置旋转的属性后，在键盘上按下 Ctrl+Enter 组合键，测试影片效果，如图 8-68 所示。

step12 在【时间轴】面板中，分别选中【图层 1】和【图层 2】的第 30 帧，在键盘上按下 F6 键，插入关键帧，如图 8-65 所示。

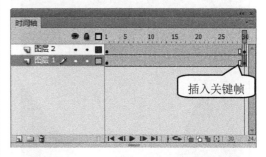

图 8-65

step14 在【属性】面板的【方向】下拉列表框中，设置旋转的方向，如【顺时针】，如图 8-67 所示。

图 8-67

step16 保存文档，通过以上方法即可完成创建旋转的三角形的操作，如图 8-69 所示。

第 08 章 使用时间轴和帧设计基本动画

199

图 8-68

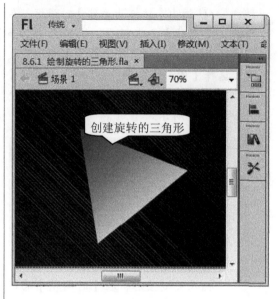

图 8-69

8.6.2 制作动态宠物

运用本章逐帧动画及形状补间动画学习的知识，用户可以制作出一个可爱的动态宠物。下面介绍制作动态宠物的操作方法。

 素材文件 ❀ 配套素材\第 8 章\素材文件\8.6.2 制作动态宠物
 效果文件 ❀ 配套素材\第 8 章\效果文件\8.6.2 制作动态宠物.fla

step 1 新建文档，使用椭圆工具在舞台中绘制一个椭圆，如图 8-70 所示。

step 2 按住键盘上的 Alt 键的同时，使用选择工具复制出 3 个椭圆并移动至指定的位置，如图 8-71 所示。

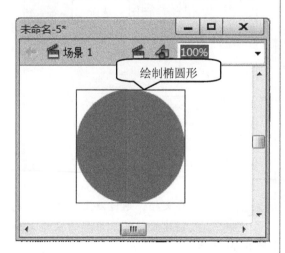

图 8-70

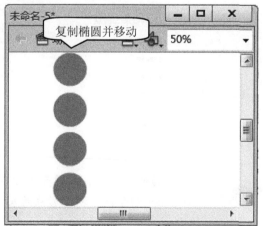

图 8-71

step 3　在【时间轴】面板中，在【图层1】的第30帧，按下键盘上的F5键，插入帧，如图8-72所示。

step 4　选中【图层1】的第15帧，按下键盘上的F6键，插入关键帧，如图8-73所示。

图 8-72

图 8-73

step 5　在工具箱中，选择文本工具在舞台中输入文字，如"我可爱吗"，如图8-74所示。

step 6　创建文本内容后，在键盘上按下Ctrl+B组合键，将文本分离，如图8-75所示。

图 8-74

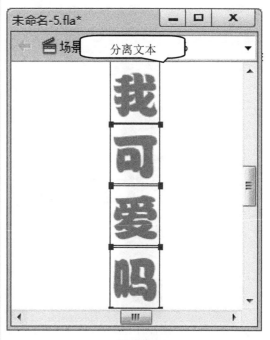

图 8-75

第 8 章　使用时间轴和帧设计基本动画

201

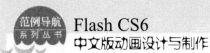
step 7　将分离的文本移动至绘制的椭圆图形中，如图 8-76 所示。

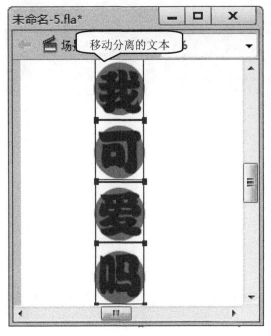

图 8-76

step 9　再次按下 Ctrl+B 组合键，将文本完全分离，如图 8-78 所示。

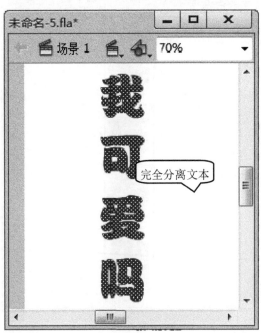

图 8-78

step 8　在【图层 1】中，选择第 15 帧后，在舞台中将绘制的椭圆删除，如图 8-77 所示。

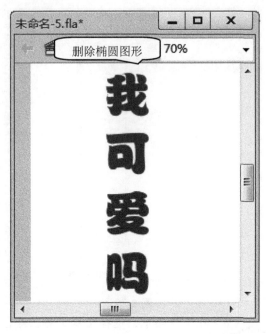

图 8-77

step 10　将鼠标光标放置在【图层 1】时间轴的第 1～15 帧之间的任意一帧位置并右击，在弹出的快捷菜单中，选择【创建补间形状】菜单项，如图 8-79 所示。

图 8-79

step11 ① 创建形状补间动画后，在【时间轴】面板中，单击【新建图层】按钮，② 新建一个图层，如"图层2"，如图8-80所示。

图 8-80

step13 ① 在菜单栏中，选择【文件】菜单项，② 在弹出的下拉菜单中，选择【导入】菜单项，③ 弹出的子菜单中，选择【导入到舞台】菜单项，如图8-82所示。

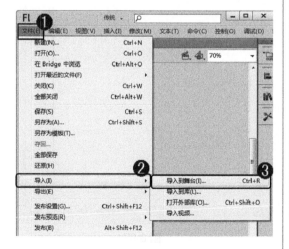

图 8-82

step15 弹出 Adobe Flash CS6 对话框，单击【是】按钮，如图8-84所示。

step12 选中【图层2】的第1帧，按下键盘上的F6键，插入关键帧，如图8-81所示。

图 8-81

step14 ① 弹出【导入】对话框，选择准备导入的图片，② 单击【打开】按钮，如图8-83所示。

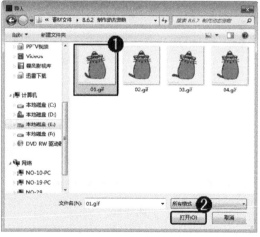

图 8-83

step16 程序会自动把图片的序列按序号以逐帧形式导入到舞台中去，如图8-85所示。

图 8-84

在 Adobe Flash CS6 对话框中，单击【取消】按钮，程序将取消文件打开的操作。

图 8-85

 Step 17 导入后的动画序列被 Flash 自动分配在 4 个关键帧中，如图 8-86 所示。

Step 18 如果一帧一个动作对于动画速度过于太快，用户可以在图层上，每个帧后多次按下 F5 键，插入帧，如图 8-87 所示。

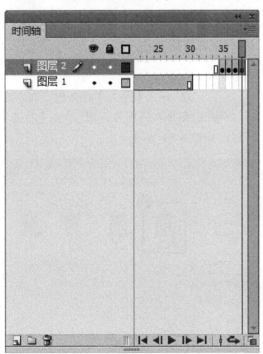

图 8-86

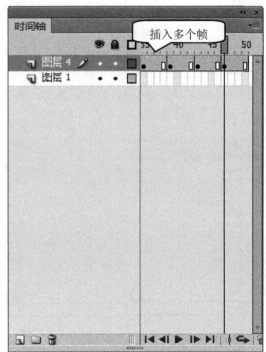

图 8-87

Step 19 插入多个帧后，在键盘上按下组合键 Ctrl+Enter，检测刚刚创建的动画，如图 8-88 所示。

Step 20 保存文档，通过以上方法即可完成创建动态宠物的操作，如图 8-89 所示。

图 8-88

图 8-89

 ## 8.7 课后练习

8.7.1 思考与练习

一、填空题

1. 影片中的每个画面在 Flash 中称为_____，在各个帧上放置图形、_____、声音等对象，多个帧按照先后次序以一定_____连续播放形成动画。在 Flash 中帧按照功能的不同，可以分为三种：关键帧、_____和普通帧。

2. 逐帧动画的缺点是，因为其帧序列内容不一样，不但给制作增加了负担，而且最终输出的_____也很大。但优势也很明显，逐帧动画具有非常大的_____，几乎可以表现任何想表现的内容，类似于电影的播放模式，很适合于表演细腻的_____。例如：人物或动物急剧转身、头发及衣服的飘动、走路、说话以及精致的 3D 效果，等等。

3. 在 Flash 的【时间轴】面板中，Flash 只需要保存帧之间不同的数据，即在一个关键帧放置一个_____，然后在另一个关键帧改变这个元件的大小、_____、位置、透明度等，Flash 根据二者之间的帧的值创建的动画，称为_____动画。

二、判断题

1. 帧的频率就是动画的播放速度，以每秒播放的帧数为度量，帧频太慢会使动画看起来不连贯，以每秒 120 帧的帧频通常会得到较好的效果。 （ ）

2. 在制作动画的时候，遇到不符合要求或者不需要的帧，用户可以将其删除。 （ ）

3. 在制作动画的时候，遇到不符合要求或者不需要的帧，用户可以将其清除。 （ ）

4. 在 Flash CS6 中，用户不可以将普通帧迅速转换为关键帧，以便制作出更好的动画效果。 （ ）

三、思考题

1. 如何将帧转换为空白关键帧？

2. 如何插入帧？

8.7.2 上机操作

1. 打开"配套素材\第 8 章\素材文件\图片切换效果动画\"文件，使用新建文档命令、导入到库命令、转换为元件命令、插入关键帧命令、创建传统补间命令和新建图层命令，进行图片切换效果的操作。效果文件可参考"配套素材\第 8 章\效果文件\图片切换效果动画.fla"。

2. 打开"配套素材\第 8 章\素材文件\奔跑的小男孩\"文件，使用新建文档命令、导入到舞台命令和插入普通帧命令进行制作逐帧动画的操作。效果文件可参考"配套素材\第 8 章\效果文件\奔跑的小男孩.fla"。

第**9**章

图层与高级动画

本章主要介绍了图层的基本概念、图层的基本操作和编辑图层方面的知识与技巧，同时还讲解了引导层动画、遮罩动画和场景动画方面的知识。通过本章的学习，读者可以掌握图层与高级动画方面的知识，为深入学习 Flash CS6 知识奠定基础。

范 例 导 航

1. 图层的基本概念
2. 图层的基本操作
3. 编辑图层
4. 引导层动画
5. 遮罩动画
6. 场景动画

9.1 图层的基本概念

在时间轴上每一行就是一个图层，在制作动画的过程中，往往需要建立多个图层，便于更好地管理和组织文字、图像和动画等对象，每个图层的内容互不影响，本节将详细介绍图层基本概念方面的知识。

9.1.1 什么是图层

图层可以看成是叠放在一起的透明的胶片，可以根据需要，在不同层上编辑不同的动画，而互不影响，并在放映时得到合成的效果。使用图层并不会增加动画文件的大小，相反可以更好地帮助安排和组织图形、文字和动画。

9.1.2 图层的用途

按照图层用途的不同，用户可以将图层分为普通层、引导层和遮罩层 3 种，下面分别介绍这 3 种类型的图层。

1. 普通层

普通层是 Flash CS6 默认的图层，也是常用的图层，其中放置着制作动画时需要的最基本的元素，如图形、文字、元件等。普通层的主要作用是存放画面，如图 9-1 所示。

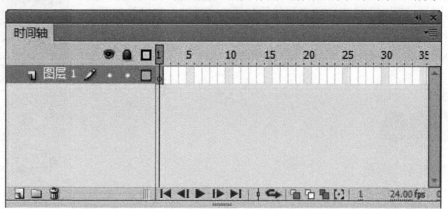

图 9-1

2. 引导层

在 Flash CS6 中，不仅需要创建沿直线运动的动画，还可以创建沿曲线运动的动画。而引导层的主要作用就是用来设置运动对象的运动轨迹。引导层在动画输出时本身并不输出，因此它不会增加文件的大小，如图 9-2 所示。

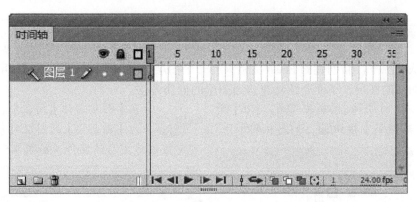

图 9-2

3. 遮罩层

遮罩层可以将与遮罩层相链接的图层中的图像遮盖起来，也可以将多个图层组合起来放在一个遮罩层下，遮罩层在制作 Flash 动画时会经常用到，但在遮罩层中不能使用按钮元件，如图 9-3 所示。

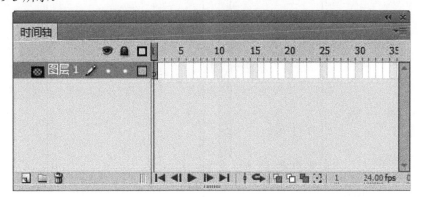

图 9-3

9.2 图层的基本操作

在时间轴上每一行就是一个图层，在制作动画的过程中，往往需要建立多个图层，便于更好地管理和组织文字、图像和动画等对象，每个图层的内容互不影响，本节将详细介绍图层基本操作方面的知识。

9.2.1 新建图层

在 Flash CS6 中，用户可以根据需要创建一个新的图层，下面详细介绍新建普通图层、引导图层和遮罩图层的操作方法。

1. 新建普通图层

在默认情况下，新创建的 Flash 文档只有一个图层，在制作 Flash 动画时，用户可以根据需要添加新的图层。下面介绍新建普通图层的操作方法。

step 1 在【时间轴】面板左下角，单击【新建图层】按钮，如图 9-4 所示。

step 2 在【图层名称】列表中，出现名称为【图层 2】的图层对象，这样即可完成新建图层的操作，如图 9-5 所示。

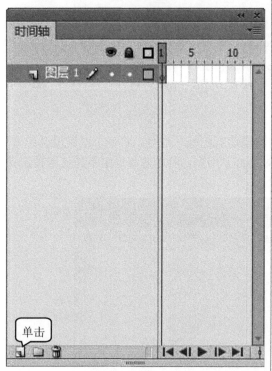

图 9-4

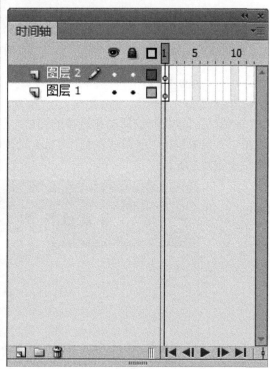

图 9-5

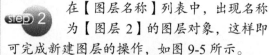 在 Flash CS6 中，执行【插入】菜单项，在弹出的下拉菜单中，选择【时间轴】菜单项，再在弹出的子菜单中，选择【图层】菜单项，用户同样可以进行创建普通图层的操作。

2. 新建引导图层

在制作 Flash 动画时，为了绘画时帮助对齐对象，可以创建引导层，然后将其他图层上的对象与在引导层上创建的对象对齐。下面介绍新建引导图层的操作方法。

step 1 ① 在【时间轴】面板左下角，右击【图层 2】图层，② 在弹出的快捷菜单中，选择【引导层】菜单项，如图 9-6 所示。

step 2 【图层 2】图层已经转换为引导图层，这样即可完成新建引导图层的操作，如图 9-7 所示。

图 9-6

图 9-8

图 9-7

图 9-9

3. 新建遮罩图层

制作 Flash 动画时，如果需要获得聚光灯效果的动画，用户可以使用遮罩层，遮罩层中的项目可以是填充的形状、文字对象、图形元件的实例或影片剪辑，遮罩层只能够通过普通图层，转换为遮罩层，而不能够直接创建遮罩层。下面介绍新建遮罩图层的操作方法。

step 1　①右击所创建的普通图层，如"图层 3"，②在弹出的快捷菜单中，选择【遮罩层】菜单项，如图 9-8 所示。

step 2　【图层 3】图层已经转换为遮罩图层，这样即可完成新建遮罩图层的操作，如图 9-9 所示。

第 9 章 图层与高级动画

9.2.2　更改图层名称

在 Flash CS6 中，为了区分不同的图层，用户可以为图层重新命名，下面详细介绍更改图层名称的操作方法。

双击准备重命名的图层，此时在弹出的文本框中，输入更改的名称，然后在键盘上按下 Enter 键，这样即可为图层重命名，如图 9-10 所示。

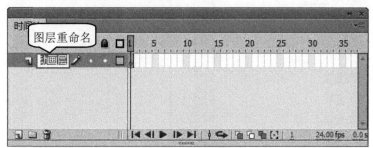

图 9-10　更改图层名称

在 Flash CS6 中，在【时间轴】面板中，选中准备要重命名的图层，右击，在弹出的快捷菜单中，选择【属性】选项，弹出【图层属性】对话框，在对话框的【名称】文本框中，输入新名称，单击【确定】按钮，同样可以完成重命名图层的操作。

9.2.3　改变图层的顺序

改变图层顺序就是在图层面板中移动图层的过程，改变【时间轴】面板中图层的顺序可以改变图层在舞台中的叠放顺序。下面详细介绍改变图层顺序的操作方法。

step 1　首先选中准备移动的图层，按住鼠标左键的同时移动鼠标指针，将图层移动到需要摆放的位置，此时被移动的图层将以一条虚线表示，如图 9-11 所示。

step 2　当图层被移动到需要放置的位置后，释放鼠标左键，这样即可完成更改图层顺序的操作，此时，图层中对应图形的上下次序也发生了改变，如图 9-12 所示。

图 9-11

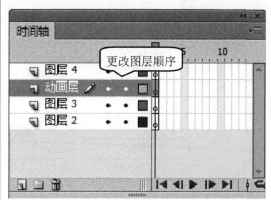

图 9-12

9.2.4 新建图层文件夹

图层创建完成后，还可以使用图层文件夹对图层文件进行管理。下面详细介绍新建图层文件夹的操作方法。

step 1 在【时间轴】面板中，单击【新建文件夹】按钮□，如图 9-13 所示。

图 9-13

step 2 在【图层名称】列表中，出现名称为【文件夹1】的文件夹对象，这样即可完成新建图层文件夹的操作，如图 9-14 所示。

图 9-14

step 3 选择准备添加到文件夹的图层，将其拖曳至文件夹名称处，释放鼠标，选择的图层将自动添加到选择的文件夹中，如图 9-15 所示。

图 9-15

step 4 选择创建的文件夹，此时该文件夹中的图层在舞台中所对应的图形也将一起被选中，用户可以在其中进行移动、变形等操作，如图 9-16 示。

图 9-16

第 9 章　图层与高级动画

9.2.5　锁定和解锁图层

一个场景中包含多个图层，用户可以利用锁定和解锁图层功能编辑图层中的对象。下面详细介绍锁定和解锁图层的操作方法。

step 1 在【时间轴】面板中，选择准备锁定的图层，单击该图层右侧的【锁定】圆点按钮•，如图 9-17 所示。

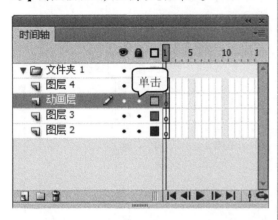

图 9-17

step 3 在【时间轴】面板中，选择准备解锁的图层，单击该图层右侧的【解锁】按钮，如图 9-19 所示。

图 9-19

step 2 这样即可完成锁定图层的操作，此时，图层对应的图形对象将无法编辑，如图 9-18 所示。

图 9-18

step 4 这样即可完成解锁图层的操作，此时，图层对应的图形对象将可以编辑，如图 9-20 所示。

图 9-20

　　Flash CS6 中，在【时间轴】面板中，按住 Alt 键，单击图层或文件夹名称右侧的【锁定】列，这样可以锁定其他图层，再次按住 Alt 键，单击【锁定】列，这样可以解锁所有图层。

9.3 编辑图层

Flash CS6 中，在图层中，用户可以对图层进行删除、隐藏/显示、显示轮廓和编辑图层属性的操作，本节将详细介绍编辑图层方面的操作知识与技巧。

9.3.1 删除图层

在【时间轴】面板中，若有不需要的图层，用户可以将其删除。下面介绍删除图层的操作方法。

step 1 在【时间轴】面板中，选中准备删除的图层，单击面板底部的【删除】按钮 🗑，如图 9-21 所示。

step 2 此时，图层中对应的图形跟随图层一起被删除。通过以上方法即可完成删除图层的操作，如图 9-22 所示。

图 9-21

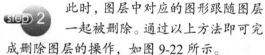

图 9-22

9.3.2 隐藏/显示图层

有的时候为了制作动画的方便，需要将图层隐藏/显示出来。下面详细介绍隐藏/显示图层的操作方法。

step 1 在【时间轴】面板中，选中准备隐藏的图层，如"图层 1"，单击【显示或隐藏所有图层】👁 下方的圆点按钮 •，如图 9-23 所示。

step 2 此时，黑点所在的图层将会隐藏起来，图层对应的舞台中的图形随着图层一起隐藏了，如图 9-24 所示。

第 9 章 图层与高级动画

215

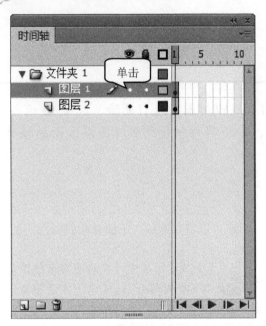

图 9-23

图 9-24

step 3　在【时间轴】面板中，选中准备显示的图层，如"图层 1"，单击【显示或隐藏所有图层】👁️下方的红叉按钮✖，如图 9-25 所示。

step 4　此时，红叉按钮所在的图层将会再次显示出来，图层对应的舞台中的图形随着图层一起显示，如图 9-26 所示。

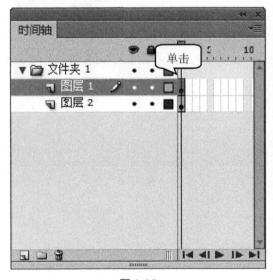

图 9-25

图 9-26

9.3.3　显示轮廓

当舞台中绘制的对象比较多时，用户可以用轮廓线显示的方式来查看对象，显示轮廓的方法有多种。下面详细介绍显示轮廓的操作方法。

在【时间轴】面板上，单击上方的【轮廓显示】按钮◻，如图 9-27 所示。

 这样可显示所有图层的轮廓，在舞台中，图形将以轮廓展示，通过以上方法即可完成删除图层的操作，如图 9-28 所示。

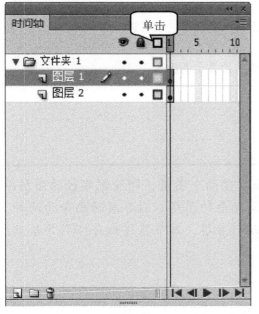

图 9-27

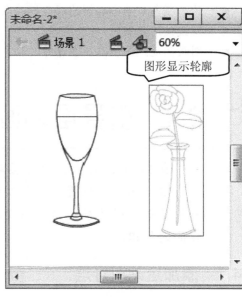

图 9-28

9.3.4 编辑图层属性

在编辑图层属性之前，需要先选择图层，使用鼠标右击，在弹出的快捷菜单中选择【属性】菜单项，弹出【图层属性】对话框，可以对参数进行设置，如图 9-29 所示。

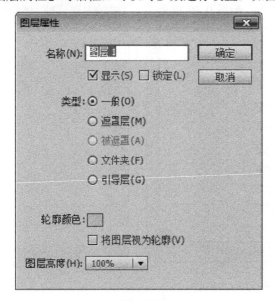

图 9-29

第 9 章 图层与高级动画

217

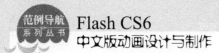
- 名称: 在该文本框中可以输入图层名称。
- 显示: 选中该复选框,可显示图层。
- 锁定: 选中该复选框,可将图层锁定。
- 类型: 用于设置图层的类型。
- 轮廓颜色: 单击右侧的颜色框,在弹出的颜色框中,设置图层为轮廓显示时,轮廓线使用的颜色。
- 图层高度: 设置图层在【时间轴】面板上的显示高度。

9.4 引导层动画

在 Flash CS6 中,引导层动画需要两个图层,即绘制路径的图层以及在起始和结束位置应用传统补间动画的图层。引导层动画分为两种,一种是普通引导层,另一种是运动引导层,本节将详细介绍引导层动画方面的知识。

9.4.1 添加运动引导层

在 Flash CS6 中,运动引导层能够用来控制动画运动的路径。下面介绍添加运动引导层的操作方法。

step 1 ① 在【时间轴】面板中,选中准备转换为运动引导层的普通图层并右击,② 弹出的快捷菜单中,选择【添加传统运动引导层】菜单项,如图 9-30 所示。

step 2 通过以上方法即可完成添加运动引导层的操作,如图 9-31 所示。

图 9-30

图 9-31

9.4.2 创建沿直线运动的动画

在 Flash CS6 中，运动动画是指使对象沿直线或曲线移动的动画形式运动。下面以制作"行驶中的汽车"为例，详细介绍创建直线运动动画的操作方法。

step 1 ① 新建文档，在菜单栏中，选择【文件】菜单项，② 在弹出的下拉菜单中，选择【导入】菜单项，③ 在弹出的子菜单中，选择【导入到舞台】菜单项，如图 9-32 所示。

step 2 ① 在【导入】对话框中，选择准备导入的素材背景图片，② 单击【打开】按钮 ，如图 9-33 所示。

图 9-33

图 9-32

step 3 将图像导入至舞台中，然后调整其大小和位置，如图 9-34 所示。

step 4 ① 在【时间轴】面板左下角，单击【新建图层】按钮 ，② 新建一个普通图层，如"图层 2"，如图 9-35 所示。

图 9-34

图 9-35

第9章 图层与高级动画

219

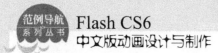
step 5　①在键盘上按下组合键 Ctrl+R，打开【导入】对话框，选择准备导入的汽车素材图片，②单击【打开】按钮，如图 9-36 所示。

图 9-36

step 7　①在键盘上按下 F8 键，弹出【转换为元件】对话框，在【类型】下拉列表框中，选择【图形】选项，②单击【确定】按钮，如图 9-38 所示。

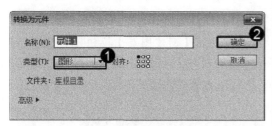

图 9-38

考考您

　　请您根据上述方法创建一个 Flash 文档并创建一个沿直线运动的动画，测试一下您的学习效果。

step 9　①选择【图层 2】并右击，②在弹出的快捷菜单中，选择【添加传统运动引导层】菜单项，创建引导层，如图 9-40 所示。

step 6　将汽车图像导入至舞台中，然后调整其大小和位置，如图 9-37 所示。

图 9-37

step 8　在【时间轴】面板中，分别选中【图层 1】和【图层 2】的第 30 帧，按 F6 键插入关键帧，如图 9-39 所示。

图 9-39

step 10　①在工具箱中，单击【直线工具】按钮，②在舞台中，绘制一条直线，如图 9-41 所示。

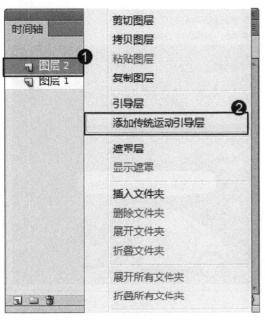

图 9-40

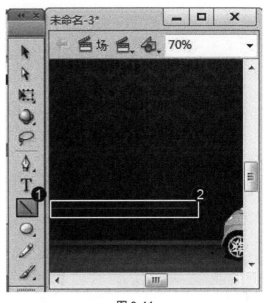

图 9-41

step11 选中【图层 2】的第 1 帧，将"汽车"拖动到路径的起始点，如图 9-42 所示。

step12 选中【图层 2】的第 30 帧，将"汽车"拖动到路径的终点，如图 9-43 所示。

图 9-42

图 9-43

step13 ① 选中【图层 2】的第 1~30 帧之间的任意一帧，右击，② 在弹出的快捷菜单中，选择【创建传统补间】菜单项，创建补间动画，如图 9-44 所示。

step14 此时，按下 Ctrl+Enter 组合键，检测刚刚创建的动画。通过以上方法即可完成创建行驶中的汽车沿直线运动动画的操作，如图 9-45 所示。

第 9 章 图层与高级动画

221

图 9-44

图 9-45

9.4.3 创建沿轨道运动的动画

轨道运动是让对象沿着一定的路径运动，引导层用来设置对象运动的路径，必须是图形，不能是符号或其他格式。下面以制作"月球围绕地球公转"动画为例，详细介绍创建沿轨道运动的动画操作方法。

step 1 ① 新建文档，在菜单栏中，选择【文件】菜单项，② 在弹出的下拉菜单中，选择【导入】菜单项，③ 在弹出的子菜单中，选择【导入到舞台】菜单项，如图 9-46 所示。

step 2 ① 在【导入】对话框中，选择准备导入的素材背景图片，② 单击【打开】按钮，如图 9-47 所示。

图 9-46

图 9-47

step 3 将图像导入至舞台中,然后调整其大小和位置,如图 9-48 所示。

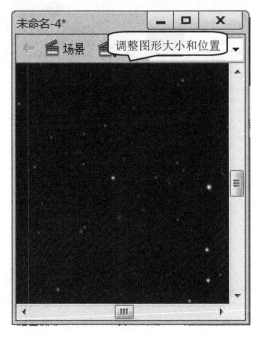

图 9-48

step 5 ①在键盘上按下组合键 Ctrl+R,打开【导入】对话框,选择准备导入的地球素材图片,②单击【打开】按钮,如图 9-50 所示。

图 9-50

step 7 ①在【时间轴】面板左下角,单击【新建图层】按钮 ,②新建一个普通图层,如"图层3",如图 9-52 所示。

step 4 ①在【时间轴】面板左下角,单击【新建图层】按钮 ,②新建一个普通图层,如"图层2",如图 9-49 所示。

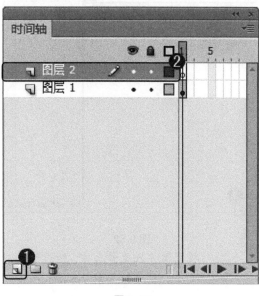

图 9-49

step 6 将图像导入至舞台中,然后调整其大小和位置,如图 9-51 所示。

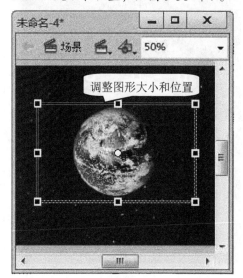

图 9-51

step 8 ①在键盘上按下组合键 Ctrl+R,打开【导入】对话框,选择准备导入的月球素材图片,②单击【打开】按钮,如图 9-53 所示。

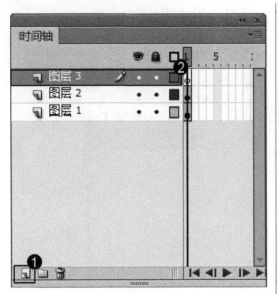

图 9-52

图 9-53

step 9 将图像导入至舞台中，然后调整其
大小和位置，如图 9-54 所示。

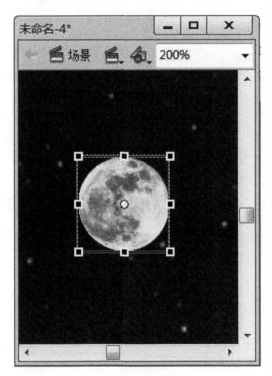

图 9-54

step 11 在【时间轴】面板中，分别选中【图
层 1】和【图层 2】的第 50 帧，按
F5 键插入帧，如图 9-56 所示。

step 10 ① 在键盘上按下 F8 键，弹出【转
换为元件】对话框，在【类型】下
拉列表框中，选择【图形】选项，② 单击【确
定】按钮，如图 9-55 所示。

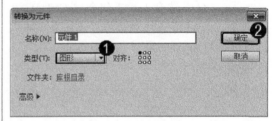

图 9-55

请您根据上述方法创建一个 Flash 文
档并创建一个沿轨道运动的动画，测试一
下您的学习效果。

step 12 选中【图层 3】的第 50 帧，在键盘
上按下 F6 键，插入关键帧，如
图 9-57 所示。

图 9-56

图 9-57

step13 在【时间轴】面板中，在【图层3】上右击，在弹出的快捷菜单中，选择【创建传统运动引导层】菜单项，如图 9-58 所示。

step14 创建引导层后，使用椭圆工具在舞台中绘制一个椭圆，作为月球的运行轨道，如图 9-59 所示。

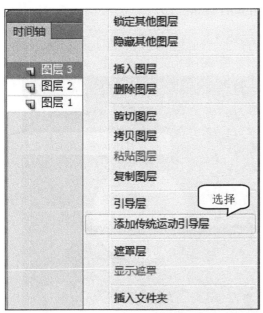

图 9-58

图 9-59

step15 绘制椭圆后，使用任意变形工具在舞台中旋转和缩放椭圆，使月球的运行轨道更符合科学标准，如图 9-60 所示。

step16 旋转和缩放椭圆后，使用橡皮擦工具擦除椭圆的一部分，作为月球运动的起点和终点，如图 9-61 所示。

第9章 图层与高级动画

225

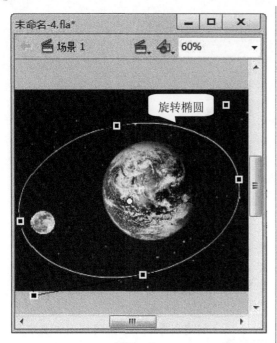

图 9-60

图 9-61

step17 在【图层 3】中，选择第 1 帧，将
月球元件拖动至路径的起始点，如
图 9-62 所示。

step18 在【图层 3】中，选择第 50 帧，将
月球元件拖动至路径的终止点，如
图 9-63 所示。

图 9-62

图 9-63

step19 在【图层3】的第1～50帧之间的任意一帧上右击，在弹出的快捷菜单中，选择【创建传统补间】菜单项，如图9-64所示。

step20 按下组合键Ctrl+Enter键，测试创建的动画。通过以上方法即可完成制作"月球围绕地球公转"沿轨道运动动画的操作，如图9-65所示。

图 9-64

图 9-65

9.5　遮罩动画

在遮罩层中，用户可以放置字体、形状和实例等对象，同时可将遮罩层放在被遮罩的图层上，从而可透过遮罩层看到位于链接层下面的区域，本节将介绍遮罩动画方面的知识。

9.5.1　遮罩动画的概念与原理

在 Flash CS6 中，遮罩层是一种特殊的图层，遮罩层下面的图层内容就像一个窗口显示出来，除了透过遮罩层显示的内容，其余的被遮罩层内容都被遮罩层隐藏起来。利用相应的动作和行为，这样可以让遮罩层动起来，然后就可以创建各种各样的具有动态效果的动画文件。

创建遮罩层，用户首先要在【时间轴】面板中选中准备创建的遮罩图层，然后右击，在弹出的快捷菜单中选择【遮罩层】菜单项，这样即可创建遮罩层的操作，如图9-66所示。

第9章　图层与高级动画

227

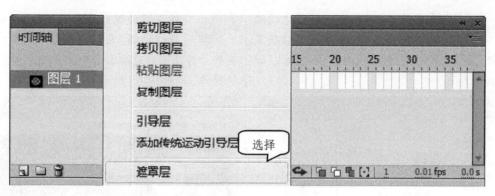

图 9-66

9.5.2 创建遮罩动画

在 Flash CS6 中，用户可以通过创建遮罩动画，实现一些视觉效果。下面以制作"百叶窗渐变图片"动画为例，详细介绍创建遮罩动画的操作方法。

step 1 ① 新建文档，在菜单栏中，选择【文件】菜单项，② 在弹出的下拉菜单中，选择【导入】菜单项，③ 在弹出的子菜单中，选择【导入到库】菜单项，如图 9-67 所示。

step 2 ① 在【导入到库】对话框中，选择准备导入的素材背景图片，如"百叶窗渐变图片".jpg 和"百叶窗渐变图片"01.jpg，② 单击【打开】按钮，如图 9-68 所示。

图 9-67

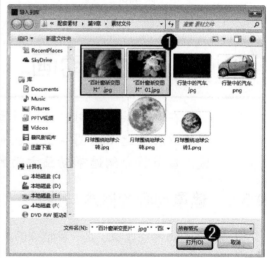

图 9-68

step 3 将外部图像文件导入库中后，在【库】面板中，单击第一个素材并将其拖动到舞台中，调整图像大小，如图 9-69 所示。

step 4 调整图像大小后，在【时间轴】面板中，新建一个图层，如"图层 2"，如图 9-70 所示。

图 9-69

图 9-70

新建图层后，在【库】面板中，单击第二个素材并将其拖动到舞台中，调整图像大小，如图 9-71 所示。

① 调整图像大小后，选择【插入】菜单项，② 在弹出的下拉菜单中，选择【新建元件】菜单项，如图 9-72 所示。

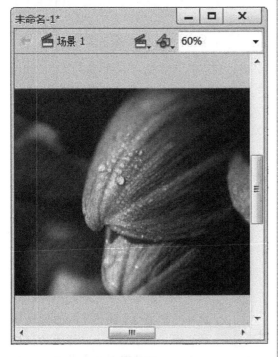

图 9-71

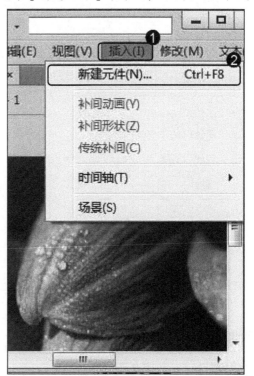

图 9-72

step 7 ① 弹出【创建新元件】对话框，在【类型】下拉列表框中，选择【影片剪辑】选项，② 单击【确定】按钮，如图 9-73 所示。

图 9-73

step 9 ① 选择绘制的矩形，在【属性】面板中，设置矩形的【宽】数值为"550"，② 设置矩形的【高】数值为"40"，如图 9-75 所示。

图 9-75

step 11 插入关键帧后，选择绘制的矩形，在【属性】面板中，设置矩形的【高】数值为"5"，如图 9-77 所示。

step 8 使用矩形工具在舞台中绘制一个矩形，如图 9-74 所示。

图 9-74

step 10 选中【图层 1】的第 20 帧，按下键盘上的 F6 键，插入关键帧，如图 9-76 所示。

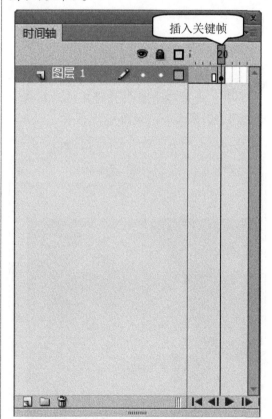

图 9-76

step 12 选中【图层 1】的第 1~20 帧之间的任意一帧，右击，在弹出的快捷菜单中，选择【创建补间形状】菜单项，创建补间形状动画，如图 9-78 所示。

图 9-77

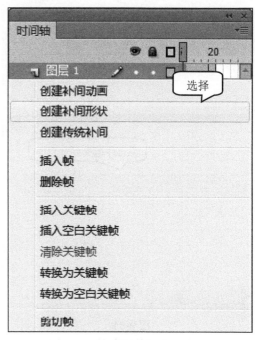

图 9-78

step 13　① 在菜单栏中，选择【插入】菜单项，② 在弹出的下拉菜单中，选择【新建元件】菜单项，如图 9-79 所示。

step 14　弹出【创建新元件】对话框，在【类型】下拉列表框中，选择【影片剪辑】选项，② 单击【确定】按钮，创建一个新影片剪辑元件，如图 9-80 所示。

图 9-79

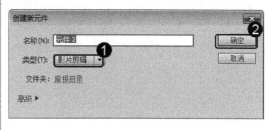

图 9-80

 考考您

　　请您根据上述方法创建一个 Flash 文档，然后创建一个遮罩动画，测试一下您的学习效果。

step 15　在【库】面板中，将【元件 1】影片剪辑拖曳到舞台中并调整其位置，如图 9-81 所示。

step 16　在舞台中，按住 Ctrl 键的同时，拖曳出多个【元件 1】图形并使其形成一排，如图 9-82 所示。

图 9-81

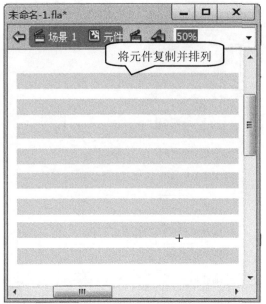

图 9-82

step 17 单击【场景 1】图标，返回至场景 1，如图 9-83 所示。

step 18 ① 在【时间轴】面板中，单击【新建图层】按钮，② 创建【图层 3】图层，如图 9-84 所示。

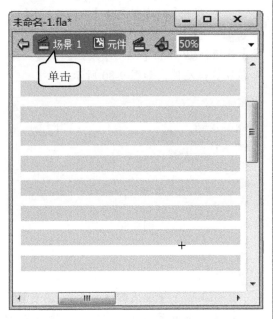

图 9-83

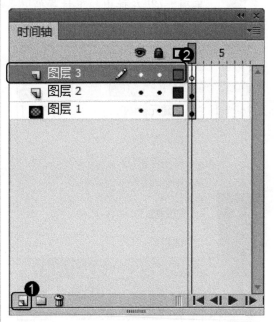

图 9-84

step 19 新建图层后，在【库】面板中，拖曳【元件 2】影片剪辑至舞台中，然后调整元件的大小，如图 9-85 所示。

step 20 选中【图层 3】并右击，在弹出的快捷菜单中，选择【遮罩层】菜单项，如图 9-86 所示。

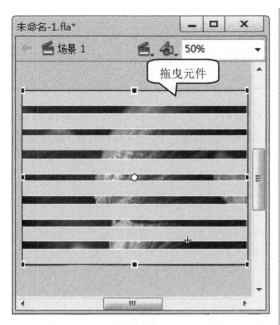

图 9-85

step 21 创建遮罩层后，用户可以在【时间轴】面板中查看图层效果，如图 9-87 所示。

图 9-87

图 9-86

step 22 按下组合键 Ctrl+Enter，测试创建的动画。通过以上方法即可完成制作"百叶窗渐变图片"遮罩动画的操作，如图 9-88 所示。

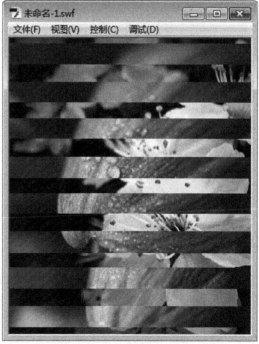

图 9-88

第 9 章 图层与高级动画

9.6 场景动画

在 Flash CS6 中，按照主题组织影片，可以使用场景，单独的场景可以用于简介、出现的消息以及片头片尾字幕，本节将详细介绍场景动画方面的知识。

9.6.1 场景的用途

一个动画可能包含多个场景，使用场景可以更好地组织动画。场景的顺序和动画的顺序有关。一个场景就好像话剧中的一幕，一个出色的 Flash 动画就是由这一幕场景组成。

9.6.2 创建场景

在 Flash CS6 中，用户可以快速地创建一个场景，以便制作出不同效果的动画文件存放在不同的场景中。下面介绍创建场景的操作方法。

在菜单栏中，① 选择【插入】菜单项，② 在弹出的下拉菜单中，选择【场景】菜单项，这样即可创建场景，如图 9-89 所示。

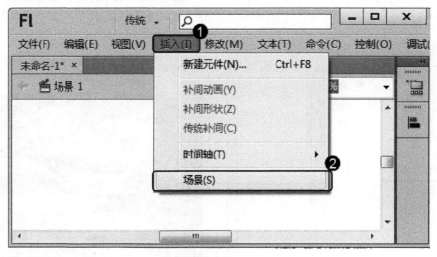

图 9-89

9.6.3 选择当前场景

在 Flash CS6 中，创建多个场景时，为方便编辑的需要，用户可以快速地在不同的场景中进行切换，以便制作不同的 Flash 效果。下面介绍选择当前场景的操作方法。

创建多个场景后，在场景工具栏中，单击【编辑场景】下拉按钮 ，在弹出的下拉菜单中，选择准备切换的场景菜单项，如"场景 2"，这样即可完成选择当前场景的操作，如图 9-90 所示。

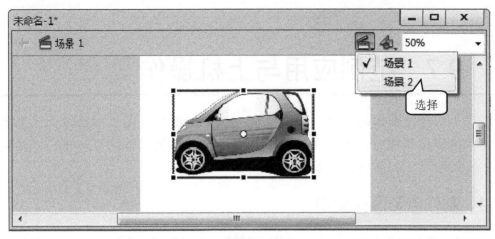

图 9-90

9.6.4　删除场景

在 Flash CS6 中，如果用户不再准备使用某一场景，可以将其删除。下面介绍删除场景的操作方法。

step 1　① 新建文档后，在键盘上按下组合键 Shift+F12，打开【场景】面板，选择准备删除的场景，如"场景 1"，② 在键盘上按住 Ctrl 键的同时，在面板底部单击【删除场景】按钮 🗑，如图 9-91 所示。

step 2　此时，在【场景】面板中，场景 1 已经删除，通过以上方法即可完成删除场景的操作，如图 9-92 所示。

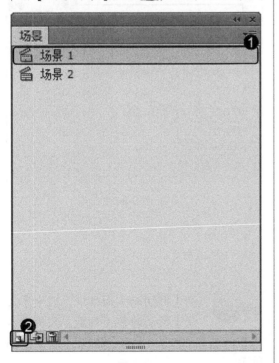

图 9-91

图 9-92

9.7 范例应用与上机操作

通过本章的学习，读者基本可以掌握图层与高级动画方面的基本知识和操作技巧，下面通过几个范例应用与上机操作练习一下，以达到巩固学习、拓展提高的目的。

9.7.1 制作电影透视文字

运用本章遮罩动画方面的知识，用户可以制作出漂亮的电影透视文字。下面介绍制作电影透视文字的操作方法。

素材文件 配套素材\第9章\素材文件\制作电影透视文字.jpg
效果文件 配套素材\第9章\效果文件\9.7.1 制作电影透视文字.fla

step 1 ① 新建文档，选择【修改】菜单项，② 在弹出的下拉菜单中，选择【文档】菜单项，如图 9-93 所示。

step 2 ① 弹出【文档设置】对话框，在【尺寸】文本框中，设置文档的宽度与高度数值，② 单击【确定】按钮，如图 9-94 所示。

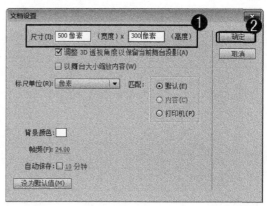

图 9-94

图 9-93

step 3 ① 在【时间轴】面板中，单击【新建图层】按钮，② 新建 3 个图层，分别将其命名为"文字边框"、"文字"和"图片"，如图 9-95 所示。

step 4 在【时间轴】面板中，选中【文字】图层的第 1 帧后，使用文本工具创建需要的文本，如"电影"，如图 9-96所示。

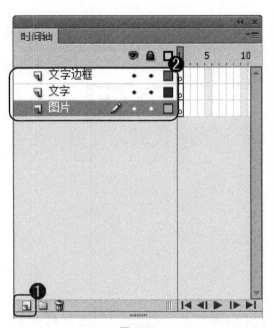

图 9-95

step 5 选中文字，在键盘上连续按两次组合键 Ctrl+B，将文字彻底分离打散，如图 9-97 所示。

创建文本

图 9-96

step 6 选中打散后的文字，在键盘上按下组合键 Ctrl+C 复制文字，然后选中【文字边框】图层的第 1 帧，如图 9-98 所示。

完全分离文本

图 9-97

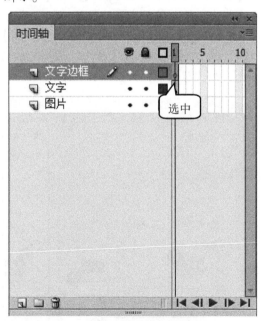

选中

图 9-98

step 7 ① 选择【编辑】菜单项，② 在弹出的下拉菜单中，选择【粘贴到当前位置】菜单项，如图 9-99 所示。

step 8 在【时间轴】面板中，将【文字】层锁定并隐藏，如图 9-100 所示。

图 9-99

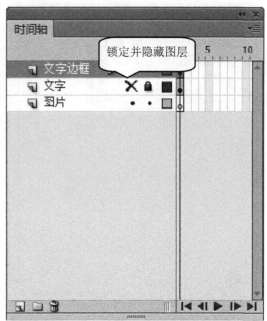

图 9-100

step 9 ①在【时间轴】面板中，选择【文字边框】图层后，在工具箱中，单击【墨水瓶工具】按钮，②在【笔触】文本框中，输入笔触高度的数值，如"4"，③在【样式】下拉列表框中，选择【实线】选项，④在【笔触颜色】框中，选择笔触的颜色，如"蓝色"，如图 9-101 所示。

step 10 设置墨水瓶工具属性后，使用墨水瓶工具在文字边缘单击，为文字添加蓝色边框，如图 9-102 所示。

图 9-101

图 9-102

step11 使用选择工具将文字中间的填充部分选中，然后在键盘上按下 Delete 键，将文本填充部分删除，如图 9-103 所示。

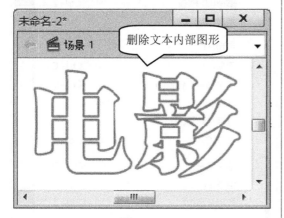

图 9-103

step13 ① 在菜单栏中，选择【文件】菜单项，② 在弹出的下拉菜单中，选择【导入】菜单项，③ 在弹出的子菜单中，选择【导入到库】菜单项，如图 9-105 所示。

图 9-105

step15 将图片导入到【库】面板中后，在面板中将导入的图形拖入到影片剪辑元件的编辑模式中并调整其大小，如图 9-107 所示。

step12 ① 删除填充文本后，按 Ctrl+F8 组合键，弹出【创建新元件】对话框，在【类型】下拉列表框中，选择【影片剪辑】选项，② 单击【确定】按钮，如图 9-104 所示。

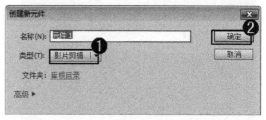

图 9-104

step14 ① 弹出【导入到库】对话框，选择准备导入的素材，如"制作电影透视文字.jpg"，② 单击【打开】按钮，如图 9-106 所示。

图 9-106

step16 ① 在剪辑元件中导入图片后，选择【编辑】菜单项，② 在弹出的下拉菜单中，选择【编辑文档】菜单项，如图 9-108 所示。

第9章 图层与高级动画

239

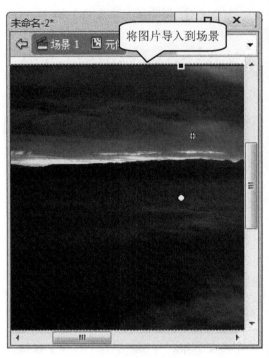

将图片导入到场景

图 9-107

图 9-108

step17 返回到场景 1 中,选中【图片】图层的第 1 帧,如图 9-109 所示。

step18 在【库】面板中,将刚刚创建的【图片】元件拖入到舞台中,如图 9-110 所示。

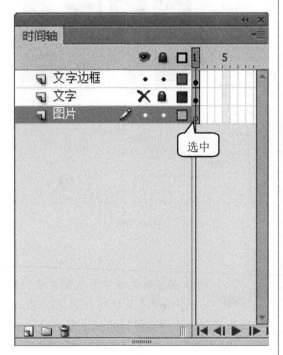

选中

图 9-109

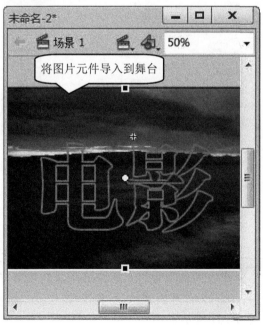

将图片元件导入到舞台

图 9-110

step19 在【时间轴】面板中，分别在【文字边框】、【文字】和【图片】图层的第 40 帧，在键盘上按下 F6 键，插入关键帧，如图 9-111 所示。

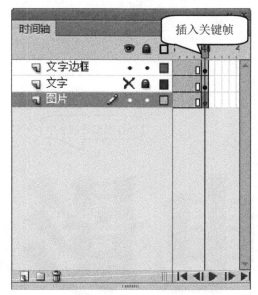

图 9-111

step21 右击【图片】图层的第 1～40 帧之间的任意一帧，在弹出的快捷菜单中，选择【创建传统补间】菜单项，创建补间动画，如图 9-113 所示。

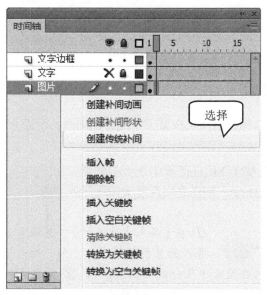

图 9-113

step20 在【图片】图层的第 40 帧插入关键帧后，将【图片】元件向左移动一段距离，如图 9-112 所示。

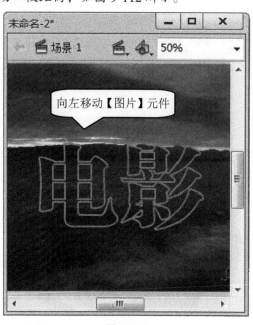

图 9-112

step22 取消【文字】图层隐藏效果并右击【文字】图层，在弹出的快捷菜单中，选择【遮罩层】菜单项，创建遮罩层，如图 9-114 所示。

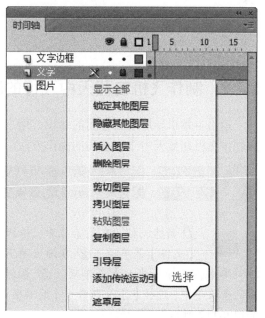

图 9-114

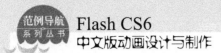

step23 此时，在键盘上按下 Ctrl+Enter 组合键，检测刚刚创建的动画，如图 9-115 所示。

step24 保存文档，通过以上方法即可完成制作电影透视文字的操作，如图 9-116 所示。

图 9-115

图 9-116

9.7.2 制作飞机在蓝天中飞行的动画

运用本章引导层动画方面的知识，用户可以制作出飞机在蓝天中飞行的动画。下面介绍制作飞机在蓝天中飞行动画的操作方法。

素材文件❀配套素材\第9章\素材文件\制作飞机在蓝天中飞行的动画

效果文件❀配套素材\第9章\效果文件\9.7.2　制作飞机在蓝天中飞行的动画.fla

step1 ① 新建文档，在菜单栏中，选择【文件】菜单项，② 在弹出的下拉菜单中，选择【导入】菜单项，③ 在弹出的子菜单中，选择【导入到舞台】菜单项，如图 9-117 所示。

step2 ① 在【导入】对话框中，选择准备导入的素材背景图片，如"制作飞机在蓝天中飞行的动画.jpg"，② 单击【打开】按钮，如图 9-118 所示。

图 9-117

图 9-118

step 3 将图像导入至舞台中,然后调整其大小和位置,如图 9-119 所示。

调整图形大小和位置

图 9-119

step 5 ① 选择【图层 2】后,在键盘上按下组合键 Ctrl+R,打开【导入】对话框,选择准备导入的飞机素材图片,② 单击【打开】按钮,如图 9-121 所示。

step 4 ① 在【时间轴】面板左下角,单击【新建图层】按钮 ,② 新建一个普通图层,如"图层 2",如图 9-120 所示。

图 9-120

step 6 将飞机图像素材导入至舞台中后,然后调整飞机图像的大小和位置,如图 9-122 所示。

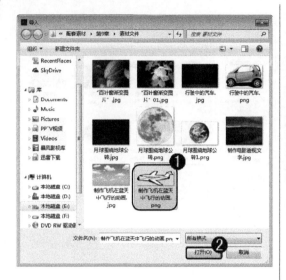

图 9-121

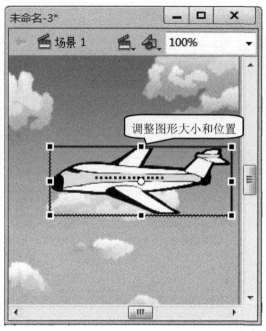

图 9-122

step 7 ① 在键盘上按下 F8 键，弹出【转换为元件】对话框，在【类型】下拉列表框中，选择【图形】选项，② 单击【确定】按钮，如图 9-123 所示。

step 8 在【时间轴】面板中，分别选中【图层 1】和【图层 2】的第 50 帧，按 F6 键插入关键帧，如图 9-124 所示。

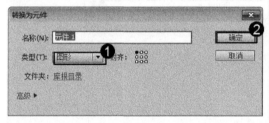

图 9-123

考考您

在【转换为元件】对话框中，单击【高级】链接项，用户可以展开【转换为元件】对话框，在其中进行 ActionScript 链接、运行时共享库、创作时共享等操作。

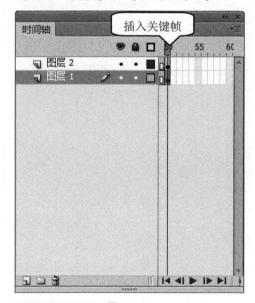

图 9-124

step 9 ① 选择【图层 2】并右击，② 在弹出的快捷菜单中，选择【添加传统运动引导层】菜单项，创建引导层，如图 9-125 所示。

step 10 ① 在工具箱中，单击【直线工具】按钮，② 在舞台中，绘制一条折线，如图 9-126 所示。

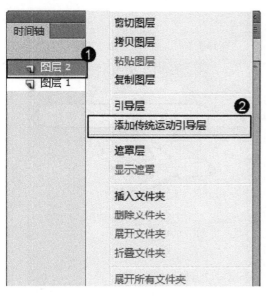

图 9-125

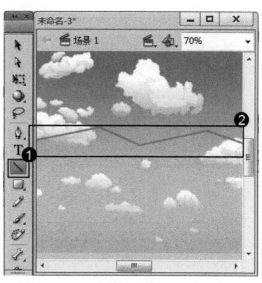

图 9-126

图 9-127

图 9-128

step 11 在【图层 2】中,在键盘上按下 F6 键,在第 13 帧、第 25 帧、第 36 帧处插入关键帧,如图 9-127 所示。

step 12 选中【图层 2】的第 1 帧,将"飞机"拖动到路径的起点,如图 9-128 所示。

step 13 选中【图层 2】的第 13 帧,将"飞机"拖动到路径的第一个折点,如图 9-129 所示。

step 14 选中【图层 2】的第 25 帧,将"飞机"拖动到路径的第二个折点,如图 9-130 所示。

图 9-129

图 9-130

step15 选中【图层 2】的第 36 帧，将"飞机"拖动到路径的第三个折点，如图 9-131 所示。

step16 选中【图层 2】的第 50 帧，将"飞机"拖动到路径的终止点，如图 9-132 所示。

图 9-131

图 9-132

step17 设置飞机运行轨迹后,在【图层2】的第1~12帧、第13~24帧、在第25~35帧和第36~50帧之间右击,在弹出的快捷菜单中,选择【创建传统补间】菜单项,创建多个补间,如图9-133所示。

step18 此时,按下 Ctrl+Enter 组合键,检测刚刚创建的动画。通过以上方法即可完成创建飞机在蓝天中飞行沿直线运动动画的操作,如图9-134所示。

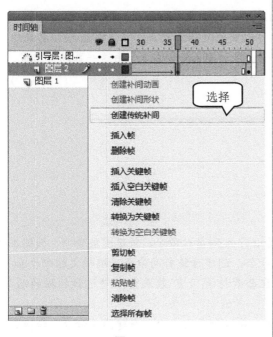

图 9-133

图 9-134

9.8 课后练习

9.8.1 思考与练习

一、填空题

1. _____可以看成是叠放在一起的透明的胶片,可以根据需要,在_____上编辑不同的动画,而互不影响,并在放映时得到合成的效果。使用图层并不会_____的大小,相反可以更好地帮助安排和组织图形、文字和动画。

2. 按照图层用途的不同,用户可以将图层分为_____、_____和_____3种。

3. 在 Flash CS6 中,引导层动画需要__图层,即绘制路径的图层以及在起始和结束位置应用_____的图层。引导层动画分为两种,一种是普通引导层,另一种是_____。

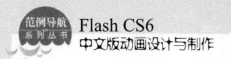

二、判断题

1. 当舞台中绘制的对象比较多时，用户可以用轮廓线显示的方式来查看对象。（　　）

2. 改变图层顺序就是在【时间轴】面板中移动图层的过程，改变【时间轴】面板中图层的顺序可以改变图层在舞台中的叠放顺序。（　　）

3. 一个场景中包含一个图层，用户可以利用锁定和解锁图层功能编辑图层中的对象。

4. 一个动画可能包含多个场景，使用场景可以更好地组织动画。场景的顺序和动画的顺序有关。一个场景就好像话剧中的一幕，一个出色的 Flash 动画就是由这一幕场景组成。（　　）

三、思考题

1. 如何删除图层？

2. 如何创建场景？

9.8.2　上机操作

1. 启动 Flash CS6 软件，使用新建文档命令、导入到舞台命令、新建图层命令、椭圆工具、复制命令、转换为元件命令、插入关键帧命令、创建传统补间命令、编辑文档命令和遮罩层命令绘制扫描动画。效果文件可参考"配套素材\第 9 章\效果文件\望远镜扫描的动画.fla"。

2. 启动 Flash CS6 软件，使用新建文档命令、导入到舞台命令、新建图层命令、转换为元件命令、插入帧命令、插入关键帧命令、创建传统运动引导层命令、椭圆工具和创建传统补间命令绘制图形。效果文件可参考"配套素材\第 9 章\效果文件\新婚夫妻.fla"。

范例导航
系列丛书

第 **10** 章

骨骼运动与 3D 动画

本章主要介绍了骨骼动画方面的知识与技巧,同时还讲解了使用 3D 动画方面的知识。通过本章的学习,读者可以掌握骨骼运动与 3D 动画方面的知识,为深入学习 Flash CS6 知识奠定基础。

范 例 导 航

1. 骨骼动画
2. 3D 动画

10.1 骨骼动画

在 Flash CS6 中，骨骼是一种对对象进行动画处理的方式，这些骨骼按父子关系连接成线性或枝状的骨架。当一个骨骼移动时，与其连接的骨骼也发生相应的移动，本节将详细介绍骨骼动画方面的知识。

10.1.1 关于骨骼动画

在动画设计软件中，运动学系统分为正向运动学和反向运动学两种。正向运动学指的是对于有层级关系的对象来说，父对象的动作将影响到子对象，而子对象的动作将不会对父对象造成任何影响。例如，当对父对象进行移动时，子对象也会同时随着移动，而子对象移动时，父对象不会产生移动。由此可见，正向运动中的动作是向下传递的。

与正向运动学不同，反向运动学动作传递是双向的，当父对象进行位移、旋转或缩放等动作时，其子对象会受到这些动作的影响，反之，子对象的动作也将影响到父对象。反向运动是通过一种连接各种物体的辅助工具来实现的运动，这种工具就是 IK 骨骼，也称为反向运动骨骼。使用 IK 骨骼制作的反向运动学动画，就是所谓的骨骼动画，如图 10-1 所示。

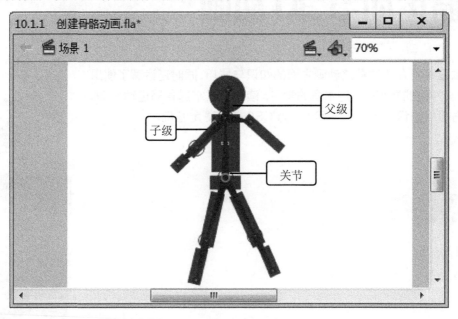

图 10-1

10.1.2 向元件添加骨骼

在 Flash CS6 中，用户可以为元件添加与其他元件相连接的骨骼，使用关节连接这些骨骼。骨骼允许实例链一起运动。下面介绍向元件添加骨骼的操作方法。

step 1 ① 新建文档，在菜单栏中，选择【文件】菜单项，② 在弹出的下拉菜单中，选择【导入】菜单项，③ 在弹出的子菜单中，选择【导入到舞台】菜单项，如图 10-2 所示。

step 2 ① 在【导入】对话框中，选择准备导入的素材图片，② 单击【打开】按钮，如图 10-3 所示。

图 10-2

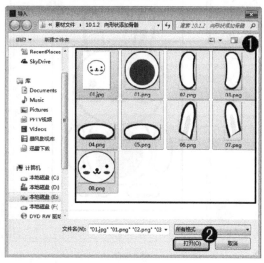

图 10-3

step 3 将图像导入舞台中，然后调整图形各个位置和大小，如图 10-4 所示。

step 4 分别选择各个图形，按下 F8 键将各个图形全部转换为图形元件，如图 10-5 所示。

图 10-4

图 10-5

step 5 ① 在工具箱中，单击【骨骼工具】按钮 ，② 选中腹部元件，按住鼠标左键并向上拖动，然后释放左键创建骨骼，如图 10-6 所示。

step 6 继续使用【骨骼工具】按钮 ，创建骨骼系统，将其他元件依次连接，如图 10-7 所示。

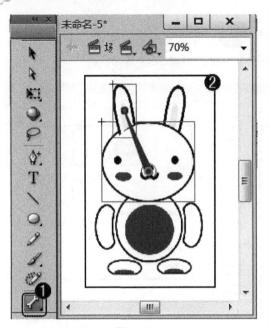

图 10-6

step 7 ① 在【时间轴】面板的第 20 帧处右击，② 在弹出的快捷菜单中选择【插入姿势】菜单项，如图 10-8 所示。

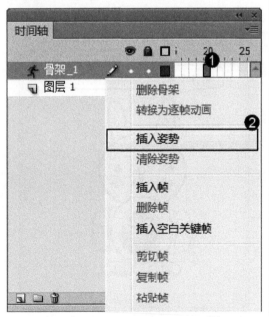

图 10-8

step 9 ① 按住 Ctrl 键的同时，选中第 1 帧上的对象，② 右击，在弹出的快捷菜单中选择【复制姿势】菜单项，如图 10-10 所示。

图 10-7

step 8 ① 在工具箱中，单击【选择工具】按钮，② 调整骨骼系统，如图 10-9 所示。

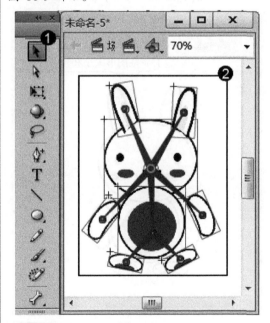

图 10-9

step 10 在第 40 帧位置处右击，在弹出的快捷菜单中，选择【插入姿势】菜单项，如图 10-11 所示。

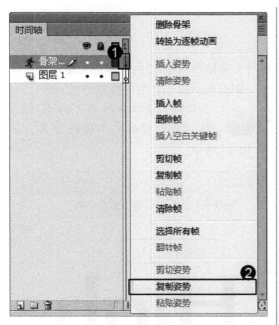

图 10-10

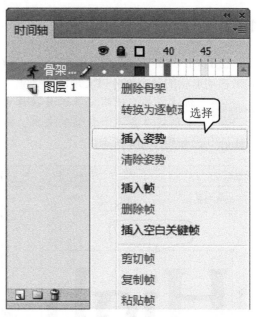

图 10-11

step 11　在第 40 帧位置处右击，在弹出的快捷菜单中，选择【粘贴姿势】菜单项，如图 10-12 所示。

step 12　按下键盘上的 Ctrl+Enter 组合键，检测刚刚创建的动画。通过以上方法即可完成向元件添加骨骼的操作，如图 10-13 所示。

图 10-13

图 10-12

10.1.3　向形状添加骨骼

在 Flash CS6 中，用户可以在形状对象(即各种矢量图形对象)的内部添加骨骼，通过骨骼来移动形状的各个部分以实现动画效果。下面介绍向形状添加骨骼的操作方法。

 新建文档，使用文本工具在舞台中创建准备添加骨骼的文本，如"High"，如图 10-14 所示。

 在键盘上连续按两次 Ctrl+B 组合键，将创建的文本彻底分离，如图 10-15 所示。

图 10-14

图 10-15

 ① 在工具箱中，单击【骨骼工具】按钮，② 在图形上创建骨骼系统，如图 10-16 所示。

图 10-16

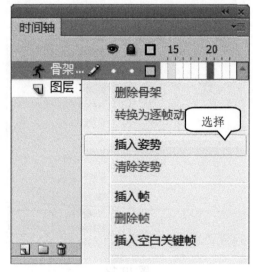 在【时间轴】面板中，在第 20 帧位置处右击，在弹出的快捷菜单中，选择【插入姿势】菜单项，如图 10-17 所示。

图 10-17

step 5 ① 在工具箱中,单击【选择工具】按钮, ② 将鼠标移动到骨骼上,调整骨骼形状,如图10-18所示。

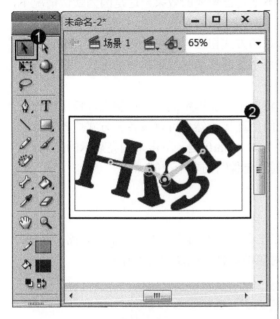

图 10-18

step 7 ① 在工具箱中,单击【选择工具】按钮, ② 将鼠标移动到骨骼上,调整骨骼形状,如图10-20所示。

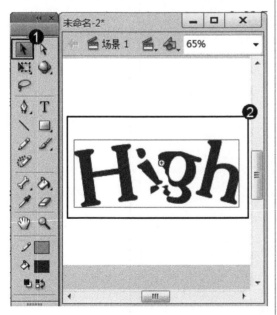

图 10-20

step 6 在【时间轴】面板中,在第10帧位置处右击,在弹出的快捷菜单中,选择【插入姿势】菜单项,如图10-19所示。

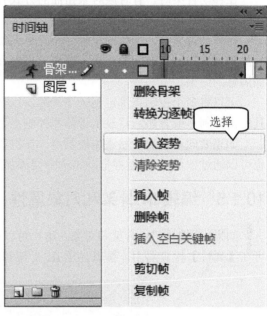

图 10-19

step 8 按下键盘上的 Ctrl+Enter 组合键,检测刚刚创建的动画。通过以上方法即可完成向形状添加骨骼的操作,如图 10-21 所示。

图 10-21

10.1.4 使用绑定工具

在移动骨架时，有时候对象扭曲的方式并不是自己想要的效果，这是因为默认情况下，形状的控制点连接到离其最近的骨骼。

在移动骨架时，形状的笔触并不按令人满意的方式扭曲，可以使用绑定工具编辑单个骨骼和形状控制点之间的连接，就可以控制在每个骨骼移动时笔触扭曲的方式，以获得更加满意的结果。

可以将多个控制点绑定到一个骨骼，以及将多个骨骼绑定到一个控制点，使用绑定工具单击控制点或骨骼，将显示骨骼和控制点之间的连接，然后可以按各种方式更改连接。

如果要向选定的骨骼添加控制点，在键盘上按下 Shift 键，单击未加亮显示的控制点，也可以通过按住 Shift 键并拖动来选择要添加到选定骨骼的多个控制点。

10.1.5 编辑 IK 骨架和对象属性

如果想要编辑 IK 骨架和对象，用户可以在工具箱中使用选择工具单击该骨骼，这样即可在【属性】检查器中，编辑显示 IK 骨架和对象的属性，如图 10-22 所示。

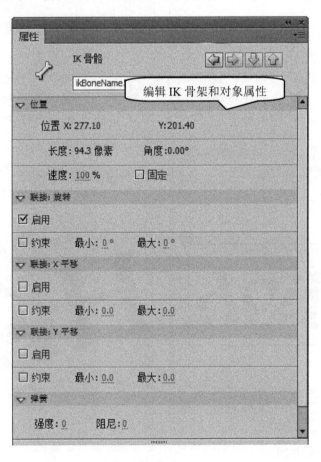

图 10-22

10.1.6 向骨骼添加弹簧属性

在舞台中选择骨骼后，用户可以在【属性】面板中向骨骼添加弹簧属性，以便使制作的骨骼动画更加灵活。下面介绍向骨骼添加弹簧属性的操作方法。

step 1 打开素材文件后，使用选择工具，选中准备添加弹簧属性的骨骼，如图 10-23 所示。

图 10-23

step 2 ① 选中骨骼后，在【属性】面板中，展开【弹簧】选项组，在【强度】微调框中，设置弹簧强度数值，② 在【阻尼】微调框中，设置弹簧阻尼数值。这样即可完成向骨骼添加弹簧属性的操作，如图 10-24 所示。

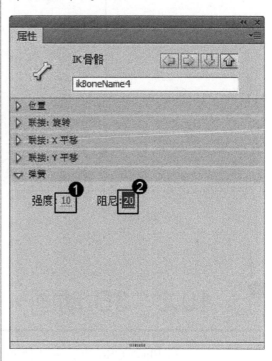

图 10-24

Flash CS6 中，在【属性】面板中展开【弹簧】选项组，该选项组中有两个设置项。其中，【强度】用于设置弹簧的强度，输入的值越大，弹簧效果越明显；【阻尼】用于设置弹簧效果的衰减速率，输入的值越大，动画中弹簧属性减小得越快，动画结束得就越快，其值设置为 0 时，弹簧属性在姿态图层中的所有帧中都将保持最大强度。

10.1.7 向 IK 动画添加缓动

在 Flash CS6 中，程序为骨骼动画提供了几种标准的缓动，缓动应用于骨骼，这样可以对骨骼的运动进行加速或减速，从而使对象的移动获得重力效果。下面介绍向 IK 动画添加缓动的操作方法。

第二口章 骨骼运动与口口动画

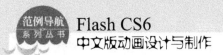

step 1 打开素材文件后，在【时间轴】面板中，选择准备添加缓动的骨骼图层，如图 10-25 所示。

step 2 选中骨骼图层后，在【属性】面板中，在展开的【缓动】选项组中，在【类型】下拉列表框中，选择准备应用的缓动选项，这样即可完成向 IK 动画添加缓动的操作，如图 10-26 所示。

图 10-25

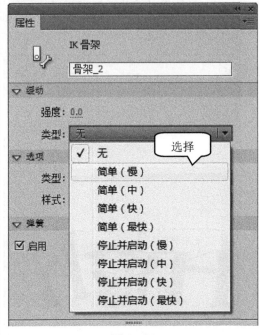

图 10-26

10.2 3D 动画

在 Flash CS6 中，通过使用 3D 选择和平移工具，用户可以将只具备 2D 动画效果的动画元件制作成具有空间感的补间动画，产生透视的视觉效果，本节将详细介绍 3D 转换动画方面的知识。

10.2.1 关于 Flash 中的 3D 图形

Flash CS6 允许用户通过在舞台的 3D 空间中移动和旋转影片剪辑来创建 3D 效果。

Flash 通过在每个影片剪辑实例的属性中包括 Z 轴来表示 3D 空间。通过使用 3D 平移和 3D 旋转工具沿着影片剪辑实例的 Z 轴移动和旋转影片剪辑实例，用户可以向影片剪辑实例中添加 3D 透视效果。

在 3D 术语中，在 3D 空间中移动一个对象称为平移，在 3D 空间中旋转一个对象称为变形。将这两种效果中的任意一种应用于影片剪辑后，Flash 会将其视为一个 3D 影片剪辑，每当选择该影片剪辑时就会显示一个重叠在其上面的彩坐标指示符。

若要使对象看起来离查看者更近或更远，请使用 3D 平移工具或属性检查器沿 Z 轴移动该对象。若要使对象看起来与查看者之间形成某一角度，请使用 3D 旋转工具绕对象的 Z 轴旋转影片剪辑。通过组合使用这些工具，用户可以创建逼真的透视效果。

10.2.2 使用 3D 平移工具

使用 3D 平移工具，用户可以制作出 3D 平移动画效果，通过 3D 平移控件平移影片剪辑实例，使其沿 X、Y、Z 轴移动，产生三维缩放效果。下面介绍创建 3D 旋转动画的操作方法。

STEP 1 ① 新建文档，在菜单栏中，选择【文件】菜单项，② 在弹出的下拉菜单中，选择【导入】菜单项，③ 在弹出的子菜单中，选择【导入到舞台】菜单项，如图 10-27 所示。

STEP 2 ① 在【导入】对话框中，选择准备导入的素材背景图片，② 单击【打开】按钮，如图 10-28 所示。

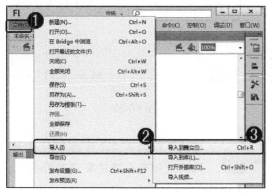

图 10-27

图 10-28

STEP 3 将外部图像文件导入舞台后，调整素材图像的大小，如图 10-29 所示。

STEP 4 ① 选中导入的图片，按下 F8 键，弹出【转换为元件】对话框，在【类型】下拉列表框中，选择【影片剪辑】选项，② 单击【确定】按钮，这样即可将导入的图形文件转换成元件，如图 10-30 所示。

图 10-29

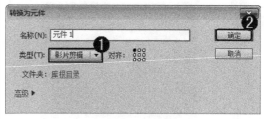

图 10-30

第一□章　骨骼运动与 3D 动画

STEP 5 将图形文件转换为元件后，在【时间轴】面板中，右击第 1 帧，在弹出的快捷菜单中，选择【创建补间动画】菜单项，如图 10-31 所示。

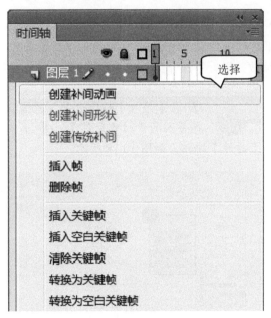

图 10-31

STEP 7 ① 在工具箱中，单击【3D 平移工具】按钮，② 移动光标到平移控件的 X 控件上，拖动鼠标可以将对象沿 X 轴移动，如图 10-33 所示。

图 10-33

STEP 6 在【时间轴】面板的第 24 帧位置处单击，如图 10-32 所示。

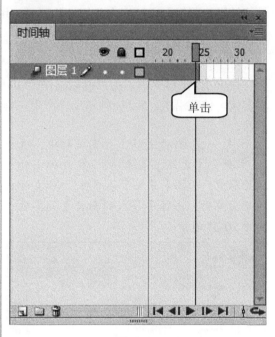

图 10-32

STEP 8 移动光标到平移控件的 Y 控件上，拖动鼠标可以将对象沿 Y 轴移动，如图 10-34 所示。

图 10-34

step 9 移动光标到平移控件的 Z 控件上，拖动鼠标可以将对象沿 Z 轴移动，如图 10-35 所示。

step 10 按下键盘上的 Ctrl+Enter 组合键，检测刚刚创建的动画。通过以上方法即可完成使用 3D 平移工具的操作，如图 10-36 所示。

图 10-35

图 10-36

10.2.3 设置 3D 平移工具的属性

使用 3D 平移工具，选中该影片剪辑后，在【属性】面板中即可显示相应的参数，如图 10-37 所示。

图 10-37

第二〇章 骨骼运动与 3D 动画

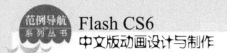

- 【位置和大小】：主要显示实例元件的坐标位置，以及元件的宽度和高度。
- 【3D 定位和查看】：主要设置影片剪辑实例元件在 3D 控件中所处的位置。
- 【透视 3D 宽度/高度】：显示所选影片剪辑实例的透视宽度和高度，这两个数值是灰色的，显示不可编辑状态。
- 【透视角度】：用来控制应用了 3D 旋转或 3D 平移的影片剪辑实例的透视角度，此效果与通过镜头更改视角的照相机镜头缩放类似。
- 【消失点】：用来控制舞台上应用了 Z 轴平移或旋转的 3D 影片剪辑实例的 Z 轴方向，消失点的默认位置是舞台中心。
- 【重置】：若要将消失点移回舞台中心，可单击属性检查器的【重置】按钮。

10.2.4 使用 3D 旋转工具

在 Flash CS6 中，使用 3D 旋转工具，可以制作出 3D 旋转动画效果，通过 3D 旋转控件旋转影片剪辑实例，使其沿 X、Y、Z 轴旋转，产生三维透视效果。下面介绍创建 3D 旋转动画的操作方法。

step 1 ① 新建文档，在菜单栏中，选择【文件】菜单项，② 在弹出的下拉菜单中，选择【导入】菜单项，③ 在弹出的子菜单中，选择【导入到舞台】菜单项，如图 10-38 所示。

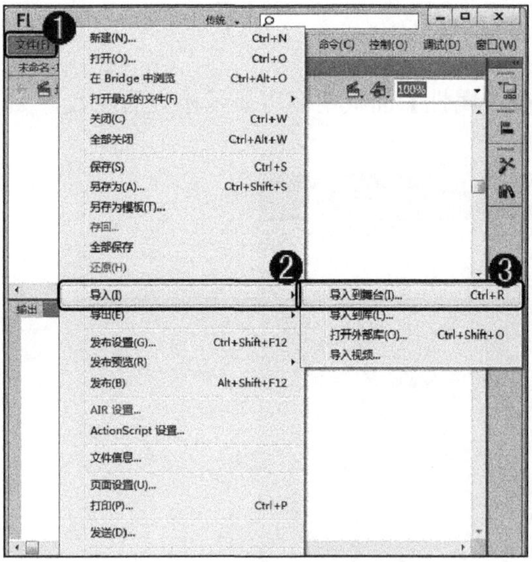

图 10-38

step 2 ① 在【导入】对话框中，选择准备导入的素材背景图片，② 单击【打开】按钮，如图 10-39 所示。

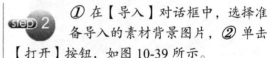

图 10-39

step 3 将外部图像文件导入舞台后，调整素材图像的大小和位置，如图 10-40 所示。

step 4 ① 选中导入的图片，按下 F8 键，弹出【转换为元件】对话框，在【类型】下拉列表框中，选择【影片剪辑】选项，② 单击【确定】按钮，将导入的图形文件转换成元件，如图 10-41 所示。

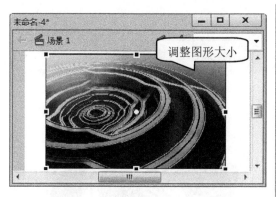

图 10-40

图 10-41

step 5 将图形文件转换为元件后，在【时间轴】面板中，右击第1帧，在弹出的快捷菜单中，选择【创建补间动画】菜单项，如图 10-42 所示。

图 10-42

step 6 在【时间轴】面板的第24帧位置处单击，如图 10-43 所示。

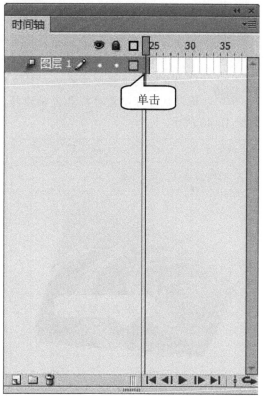

图 10-43

step 7 ① 在工具箱中，单击【3D平移工具】按钮，② 移动光标到旋转控件的 X 控件上，拖动鼠标可以将对象沿 X 轴旋转，如图 10-44 所示。

step 8 移动光标到平移控件的 Y 控件上，拖动鼠标可以将对象沿 Y 轴旋转，如图 10-45 所示。

图 10-44

step 9 移动光标到平移控件的 Z 控件上，拖动鼠标可以将对象沿 Z 轴旋转，如图 10-46 所示。

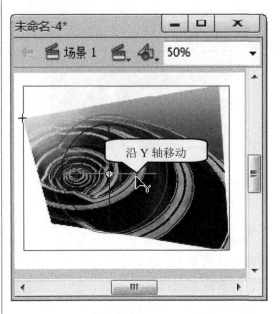

图 10-45

step 10 按下键盘上的 Ctrl+Enter 组合键，检测刚刚创建的动画。通过以上方法即可完成使用 3D 旋转工具的操作，如图 10-47 所示。

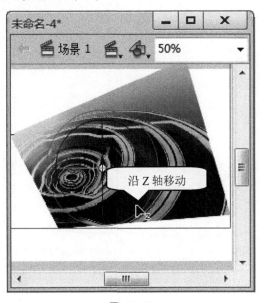

图 10-46

图 10-47

如果需要旋转多个影片剪辑实例，只需要将其选中，再用 3D 旋转工具移动其中一个，其他对象将以相同的方式移动，如果需要把轴控件移动到另一个对象上，按住 Shift 键的同时，单击这个对象即可。

10.2.5　全局转换与局部转换

在工具箱中，当选择 3D 旋转工具后，在工具箱下面的选项栏中增加一个【全局转换】按钮■，即 3D 旋转工具的默认模式是全局转换，与其相对的模式是局部转换，单击工具选项栏中的【全局转换】按钮，可以在这两个模式中进行转换。

两种模式的主要区别在于，在全局转换模式下的 3D 旋转控件方向与舞台无关，而局部转换模式下的 3D 旋转控件方向与舞台有关，如图 10-48 所示。

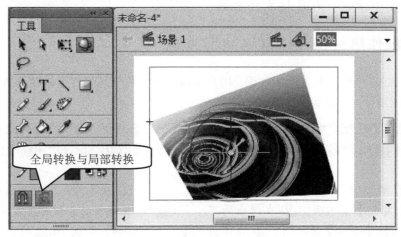

图 10-48

10.2.6　调整透视角度和消失点

创建 3D 动画后，用户可以调整 3D 动画的透视角度和消失点，以便制作出更加符合标准的 Flash 动画。下面介绍调整透视角度和消失点的操作方法。

step 1 选择创建的 3D 动画后，在【属性】面板中，在【透视角度】微调框中，输入数值，这样即可调整 3D 动画的透视角度，如图 10-49 所示。

step 2 在【属性】面板中，在【消失点】区域中，在 X 和 Y 微调框中输入数值，这样即可调整 3D 动画的消失点，如图 10-50 所示。

图 10-49

图 10-50

10.3　范例应用与上机操作

　　通过本章的学习，读者基本可以掌握骨骼运动与 3D 动画方面的基本知识和操作技巧，下面通过几个范例应用与上机操作练习一下，以达到巩固学习、拓展提高的目的。

10.3.1　制作热气球飞行平移动画效果

　　运用本章 3D 平移工具方面的知识，用户可以制作出热气球飞行平移动画效果。下面介绍制作热气球飞行平移动画效果的操作方法。

素材文件❀ 配套素材\第 10 章\素材文件\10.3.1 制作热气球飞行平移动画效果
效果文件❀ 配套素材\第 10 章\效果文件\10.3.1 制作热气球飞行平移动画效果.fla

step 1　① 新建文档，在菜单栏中，选择【文件】菜单项，② 在弹出的下拉菜单中，选择【导入】菜单项，③ 在弹出的子菜单中，选择【导入到舞台】菜单项，如图 10-51 所示。

step 2　① 在【导入】对话框中，选择准备导入的素材背景图片，② 单击【打开】按钮，如图 10-52 所示。

图 10-51

图 10-52

step 3　将外部图像文件导入舞台后，调整素材图像的大小和位置，如图 10-53 所示。

step 4　① 在【时间轴】面板的左下角单击【新建图层】按钮，② 这样即可新建一个图层，如"图层 2"，如图 10-54 所示。

图 10-53

step 5 ① 新建图层后，在菜单栏中，选择【文件】菜单项，② 在弹出的下拉菜单中，选择【导入】菜单项，③ 在弹出的子菜单中，选择【导入到舞台】菜单项，如图 10-55 所示。

图 10-55

step 7 将外部图像文件导入舞台后，调整素材图像的大小和位置，如图 10-57 所示。

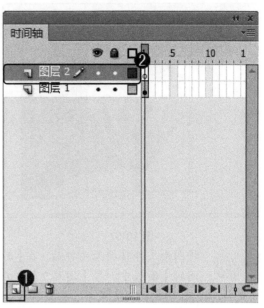

图 10-54

step 6 ① 在【导入】对话框中，选择准备导入的素材背景图片，② 单击【打开】按钮，如图 10-56 所示。

图 10-56

step 8 ① 选中导入的图片，按下 F8 键，弹出【转换为元件】对话框，在【类型】下拉列表框中，选择【影片剪辑】选项，② 单击【确定】按钮，将导入的图形文件转换成元件，如图 10-58 所示。

第十章 骨骼运动与 3D 动画

267

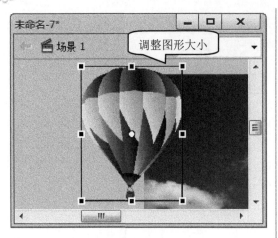

图 10-57

图 10-58

step 9 将图形文件转换为元件后，在【时间轴】面板中，在【图层2】中右击第 1 帧，在弹出的快捷菜单中，选择【创建补间动画】菜单项，如图 10-59 所示。

step 10 在【时间轴】面板中，在【图层1】中，选择第 24 帧，然后在键盘上按下 F5 键，插入帧，如图 10-60 所示。

图 10-59

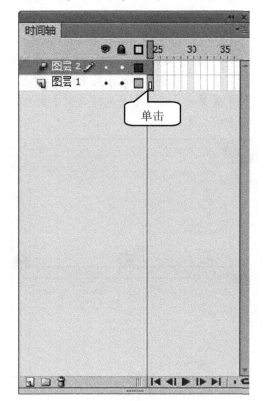

图 10-60

step 11 在【时间轴】面板中【图层2】的第 24 帧位置处单击，如图 10-61 所示。

step 12 ① 在工具箱中，单击【3D平移工具】按钮，② 移动光标到平移控件的 X 控件上，拖动鼠标可以将对象沿 X 轴移动，如图 10-62 所示。

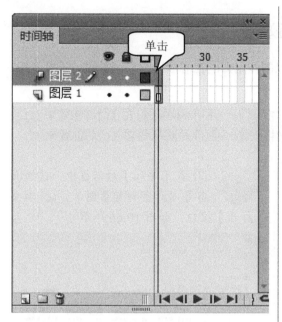

图 10-61

图 10-62

step 13 移动光标到平移控件的 Y 控件上，
拖动鼠标可以将对象沿 Y 轴移动，
如图 10-63 所示。

step 14 按下键盘上的 Ctrl+Enter 组合键，
检测刚刚创建的动画效果。通过以
上操作方法即可完成使用 3D 平移工具制作
热气球飞行的动画的操作，如图 10-64 所示。

图 10-63

图 10-64

第10章 骨骼运动与 3D 动画

10.3.2 制作海鸥在海面飞行动画效果

运用本章骨骼动画方面的知识，用户可以制作出海鸥在海面飞行动画效果。下面介绍制作海鸥在海面飞行动画效果的操作方法。

素材文件❀配套素材第 10 章\素材文件\10.3.2 制作海鸥在海面飞行动画效果.jpg
效果文件❀配套素材第 10 章\效果文件\10.3.2 制作海鸥在海面飞行动画效果.fla

① 新建文档，在菜单栏中，选择【文件】菜单项，② 在弹出的下拉菜单中，选择【导入】菜单项，③ 在弹出的子菜单中，选择【导入到舞台】菜单项，如图 10-65 所示。

① 在【导入】对话框中，选择准备导入的素材背景图片，② 单击【打开】按钮，如图 10-66 所示。

图 10-65

图 10-66

将外部图像文件导入舞台后，调整素材图像的大小和位置，如图 10-67 所示。

① 在【时间轴】面板的左下角单击【新建图层】按钮，② 这样即可新建一个图层，如"图层 2"，如图 10-68 所示。

图 10-67

图 10-68

step 5 使用刷子工具在【图层2】的舞台中绘制一个海鸥图形，如图 10-69 所示。

图 10-69

step 6 ① 在工具箱中，单击【骨骼工具】按钮，② 在图形上创建骨骼系统，如图 10-70 所示。

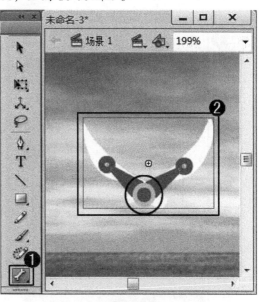

图 10-70

step 7 在【时间轴】面板中，在【骨架】图层的第 20 帧位置处右击，在弹出的快捷菜单中，选择【插入姿势】菜单项，如图 10-71 所示。

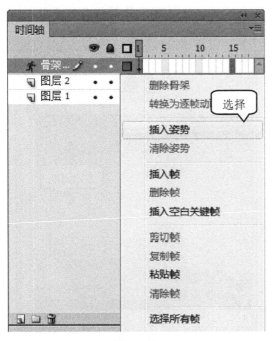

图 10-71

step 8 在【时间轴】面板中，分别在【图层 1】和【图层 2】的第 15 帧处按下 F5 键，插入普通帧，如图 10-72 所示。

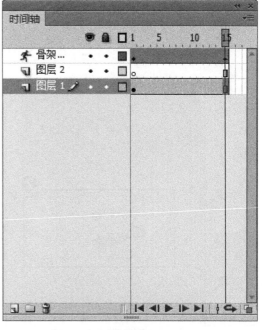

图 10-72

第二口章 骨骼运动与 IK 动画

271

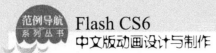

step 9 ① 在工具箱中，单击【选择工具】按钮，② 将鼠标移动到骨骼上，调整骨骼形状，如图 10-73 所示。

图 10-73

step 11 ① 在工具箱中，单击【选择工具】按钮，② 将鼠标移动到骨骼上，调整骨骼形状，如图 10-75 所示。

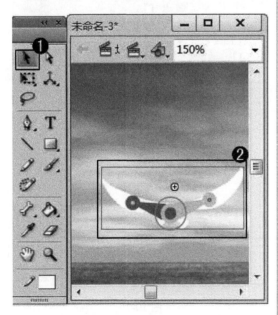

图 10-75

step 10 在【时间轴】面板的【骨架】图层中，在第 8 帧位置处右击，在弹出的快捷菜单中，选择【插入姿势】菜单项，如图 10-74 所示。

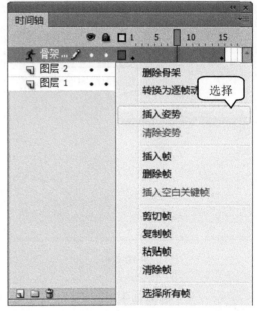

图 10-74

step 12 在键盘上按下 Alt 键的同时，选择创建的海鸥骨骼系统并移动到指定位置，这样即可复制该骨骼系统，如图 10-76 所示。

图 10-76

step 13 运用相同的方法复制多个海鸥骨骼系统并移动至指定位置，然后调整其大小，如图 10-77 所示。

step 14 按下键盘上的 Ctrl+Enter 组合键，检测刚刚创建的动画效果。通过以上操作方法即可完成制作海鸥在海面飞行骨骼动画效果的操作，如图 10-78 所示。

图 10-77

图 10-78

10.4 课后练习

10.4.1 思考与练习

一、填空题

1. _____是一种对对象进行动画处理的方式，这些骨骼按_____链接成线性或枝状的骨架，当一个骨骼移动时，与其连接的骨骼也发生相应的_____。

2. _____指的是对于有层级关系的对象来说，_____的动作将影响到子对象，而子对象的动作将不会对父对象造成任何影响。如，当对父对象进行移动时，_____也会同时随着移动。而子对象移动时，父对象不会产生移动。由此可见，正向运动中的动作是_____的。

3. Flash 通过在每个影片剪辑实例的属性中包括 Z 轴来表示_____。通过使用 3D 平移和 3D 旋转工具沿着_____的 Z 轴移动和旋转影片剪辑实例，用户可以向影片剪辑实例中添加_____。

4. 在 Flash CS6 中，程序为骨骼动画提供了几种标准的_____，缓动应用于_____，这样可以对骨骼的运动进行加速或_____，从而使对象的移动获得重力效果。

二、判断题

1. 在 Flash CS6 中，用户可以为元件添加与其他元件相连接的骨骼，使用关节连接这些骨骼。骨骼不允许实例一起运动。   （   ）

2. 在移动骨架时，形状的笔触并不按令人满意的方式扭曲，可以使用绑定工具，编辑单个骨骼和形状控制点之间的连接，就可以控制在每个骨骼移动时笔触扭曲的方式，以获得更加满意的结果。   （   ）

3. 在 Flash CS6 中，使用 3D 旋转工具，可以制作出 3D 旋转动画效果，通过 3D 旋转控件旋转影片剪辑实例，使其沿 X、Y、Z 轴旋转，产生三维透视效果。   （   ）

三、思考题

1. 如何向骨骼添加弹簧属性？
2. 如何调整透视角度和消失点？

10.4.2 上机操作

1. 启动 Flash CS6 软件，使用新建文档命令、椭圆工具、线条工具、骨骼工具、插入姿势命令和选择工具绘制动画。效果文件可参考"配套素材\第 10 章\效果文件\游动的鱼.fla"。

2. 打开"配套素材\第 10 章\素材文件\移动的气球.psd"文件，启动 Flash CS6 软件，使用新建文档命令、矩形工具、线性渐变命令、导入到舞台命令、转换为元件命令、创建补间动画命令和插入帧命令绘制动画。效果文件可参考"配套素材\第 10 章\效果文件\移动的气球.fla"。

第11章

ActionScript 脚本基础应用

本章主要介绍了 ActionScript 概述、ActionScript 编程基础和使用运算符方面的知识与技巧，同时还讲解了 ActionScript 基本语法和 ActionScript 数据类型方面的知识。通过本章的学习，读者可以掌握 ActionScript 脚本基础应用方面的知识，为深入学习 Flash CS6 知识奠定基础。

范 例 导 航

1. ActionScript 概述
2. ActionScript 编程基础
3. 使用运算符
4. ActionScript 基本语法
5. ActionScript 数据类型

11.1　ActionScript 概述

在 Flash CS6 中，ActionScript 是 Flash 的动作脚本语言，可以在动画中添加交互性动作，可以在 Flash、Flex、AIR 内容和应用程序中实现其交互性，ActionScript 3.0 是一种面向对象的编程语言，与 C#、Java 等语言风格十分接近，是当今社会比较流行的开发环境，本节将详细介绍 ActionScript 概述方面的知识。

11.1.1　ActionScript 版本

ActionScript 2.0 是早期 ActionScript 1.0 的升级版，但并不是完全面向对象的语言，因其整个语法体系以及编程风格、界面都没有做很大的改动，只是在某些函数、对象的实现上做了扩充，新增了一些方法，提供了更为强大的对象支持。

ActionScript 3.0 脚本语言与早期的版本相比较，拥有大型数据集和面向对象的可重用代码库的高度复杂应用程序，使得编写脚本语言时更加简单方便，但它并不是 ActionScript 2.0 的升级版，使用新型的虚拟机 AVM2 实现了性能的改善，ActionScript 3.0 代码的执行速度比早期的 ActionScript 代码快 10 倍，而早期版本的 ActionScript 虚拟机 AVM1 只能执行代码，而为了向后兼容现有内容和旧内容，Flash Player 9 支持 AVM1，所以在 FlashPlayer 9 中运行的动画不一定需要使用 ActionScript 3.0 编写。

在 ActionScript 3.0 中，所有时间都继承自相同的父亲层级，结构相同，更加有效地提高了程序的效率和利用率。

11.1.2　常用术语

- 动作：动作是指定 Flash 动画在播放时执行某些操作的语句，是 ActionScript 语言的灵魂。
- 参数：是用于向函数传递值的占位符。
- 类：用来定义新的对象类型，要定义类，应在外部脚本文件中使用 class 关键字，而不能借助【动作】面板编写。
- 常数：不变的元素。
- 构造器：用来定义类的属性和方法的函数。
- 数据类型：值以及可以在上面执行的动作的集合，包括字符串、数字、布尔值、对象、影片剪辑、函数、空值和未定义。
- 事件：事件是 SWF 文件播放时发生的动作。
- 表达式：是任何产生值的语句片段，例如，在表达式 x + 2 中，"x" 和 "2" 是操作数，而 "+" 是运算符。
- 函数：可以向其传递参数并能够返回值的可重复使用的代码块。

- 标识符：用来指示变量、属性、对象、函数或者方法的名称。
- 实例：实例是属于某个类的对象，一个类的每一个实例都包含类的所有属性以及方法。
- 关键字：是具有特殊意义的保留字。
- 方法：是指被指派给某一个对象的函数，一个函数被分配后，可以作为这个对象的方法被调用。
- 操作符：是从一个或多个值计算出一个新值的术语。
- 属性：是定义对象的特征。

知识精讲

在 Flash CS6 中，对象是属性的集合，每一个对象都有自己的名称和数值，通过对象可以自由访问某一个类型的信息；变量是保存某一种数据类型的值的标识符；目标路径是影片剪辑实例名称、变量和对象的层次性的地址。

11.2 ActionScript 编程基础

在 Flash C6 中，所有的动画都可以通过 ActionScript 语言来实现，常用的编程基础包括变量声明、常量、大小写等，本节将详细介绍 ActionScript 编程基础方面的知识。

11.2.1 变量的定义

变量是包含信息的容器，容器本身不变，但内容可以更改。变量名用于区分变量的不同，变量值可以确定变量的类型和大小，可以在动画的不同部分为变量赋予不同的值，使变量在名称不变的情况下其值可以随时变化。变量可以是一个字母，也可以是由一个单词或几个单词构成的字符串。

1. 命名变量

在 Flash CS6 中，使用变量名称时，用户应该遵循以下规则。
- 变量名必须是一个标识符，不能包含任何特殊符号。
- 变量名不能是关键字及布尔值(true 和 false)。
- 变量名在其作用域中唯一。
- 变量名应有一定的意义，通过一个或者多个单词组成有意义的变量名可以使变量的意义明确。
- 可根据需要混合使用大小写字母和数字。
- 在 ActionScript 中，使用变量时应遵循 "先定义后使用" 的原则。

2. 为变量赋值

在 Flash CS6 中，不需要声明一个变量的类型，当变量被赋值的时候，其类型被动态地确定，当然，也可以把赋值语句理解为变量的声明语句，例如：

```
X=2013;
```

上面的表达式声明了一个 X 变量，其类型为 number，并且 X 的值为 2013。对变量 X 的赋值可能还会改变它的数据类型。

3. 变量的类型

在使用变量之前，应指定其存储数据的数据类型，该类型将对变量的值产生影响，变量中主要有以下 4 种类型。

- 逻辑变量：判断指定的条件是否成立，值有两种，即 true 和 false，前者表示成立，后者表示不成立。
- 字符串变量：用于保存特定的文本信息。
- 数值型变量：用于存储一些特定的数值。
- 对象型变量：用于存储对象型的数据。

4. 变量的声明

在程序中，给一个变量直接赋值或者使用 setVariables 语句赋值，等于声明了全局变量；局部变量的声明需要用 var 语句。在一个函数体内用 var 语句声明变量，该变量就成了这个函数的局部变量，将在函数执行结束的时候被释放；在时间轴上使用 var 语句声明的变量也是全局，在整个动画结束的时候才会被释放掉。

在声明了一个全局变量之后，紧接着再次使用 var 语句声明该变量，这条 var 语句则无效，例如：

```
aVariable = 14;
var aVariable;
aVariable += 1;
```

在上面的脚本中，变量 aVariable 被重复声明了两次，其中 var 语句的声明被视为无效，脚本执行后，变量 aVariable 的值将为 15。

5. 变量的作用域

在 ActionScript 3.0 中，包括局部变量和全局变量，全局变量在整个动画的脚本中均有效，而局部变量只在它自己的作用域内有效，声明局部变量需要用到 var 语句，例如，在下面的例子中，i 是一个局部的循环变量，只在函数 init 中有效：

```
function init(){var i; }
    for(i=0; i<10; i++){randomArray[i] = random(100); }
```

局部变量可以防止名字冲突，以免因为名字的冲突导致程序的错误，例如，变量 n 是一个局部变量，可以用在一个 MC 对象中计数，而另外一个 MC 对象中可能也有一个变量 n，可能用作一个循环变量，因为区域不同，所以不会造成任何冲突。

　　使用局部变量的好处在于减少程序错误发生的可能，一个函数中使用局部变量会在函数内部被改变，而一个全局变量可以在整个程序的任何位置被改变，使用错误的变量可能会导致函数返回错误的结果。

　　此外，函数的参数也将作为该函数的一个局部变量来使用，例如：

```
x=4;
function test(x)
  { x=3;a=x}
  test(x)
```

　　程序执行之后的结果是 a=3，x=4。可以看出，test 函数中的 x 参数作为函数内部的局部变量来处理。

11.2.2　常量

　　在 ActionScript 3.0 中，使用常量和其他的编程开发语言一样，作用都是相同的，常量就是值不会改变的量，变量则相反。Infinity 常量表示正 Infinity 的特殊值，此常量的值与 Number. POSITIVE_INFINITY 相同，例如：

　　除以 0 的结果为 Infinity(仅当除数为正数时)。

```
trace(0 / 0);  // NaN
trace(7 / 0);  // Infinity
trace(-7 / 0); // -Infinity
```

　　Infinity 常量表示负 Infinity 的特殊值，此常量的值与 Number. NEGATIVE_INFINITY 相同，例如：

　　除以 0 的结果为 -Infinity(仅当除数为负数时)。

```
trace(0 / 0);  // NaN
trace(7 / 0);  // Infinity
trace(-7 / 0); // -Infinity
```

　　NaN 常量是 Number 数据类型的一个特殊成员，用来表示"非数字"(NaN) 值。当数学表达式生成的值无法表示为数字时，结果为 NaN。下面描述了生成 NaN 的常用表达式。

- 除以 0 可生成 NaN(仅当除数也为 0 时)。如果除数大于 0，除以 0 的结果为 Infinity，如果除数小于 0，除以 0 的结果为 –Infinity。
- 负数的平方根。
- 在有效范围 0～1 之外的数字的反正弦值。
- Infinity 减去 Infinity。
- Infinity 或 -Infinity 除以 Infinity 或–Infinity。
- Infinity 或 -Infinity 乘以 0。

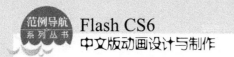

NaN 值不被视为等于任何其他值(包括 NaN),因而无法使用等于运算符测试一个表达式是否为 NaN。

11.2.3 关键字

在 ActionScript 中保留了一些具有特殊用途的单词便于调用,这些单词称为关键字。在编写脚本时,不能再将其作为变量、函数或实例名称使用,如表 11-1 所示。

表 11-1 关键字

break	else	Instanceof	typeof	delete
case	for	New	var	in
continue	function	Return	void	this
default	if	Switch	while	with

11.2.4 大小写

在 ActionScript 中,除了关键字区分大小写之外,其余 ActionScript 的大小写字母可以混用,但是遵守规则的书写约定可以使脚本代码更容易被区分,便于阅读,以下语句的含义是相同的,例如:

```
name=s
NAME=s
```

 ## 11.3 使用运算符

在 Flash C6 中,运算符是指定如何结合、比较或修改表达式值的字符,是在进行动作脚本编程过程中经常会用到的元素,运算符可以连接、比较、修改已经定义的数值。ActionScript 中的运算符分为:数值运算符、赋值运算符、逻辑运算符、等于运算符等,本节将详细介绍 ActionScript 中的运算符方面的知识。

11.3.1 数值运算符

数值运算符可以执行加法、减法、乘法、除法以及其他的数学运算,也可以执行其他算术运算。数值运算符的优先级别与一般的数学公式中的优先级别相同,下面将详细介绍数值运算符,如表 11-2 所示。

表 11-2　数值运算符

运　算　符	执行的运算	举　例	结　果
+	加法	A=8+3	A=11
–	减法	A=8–3	A=5
*	乘法	A=8*3	A=24
/	除法	A=8/3	A=2.6
%	求模	A=9%4	A=1
++	递增	A++	A 增加 1
--	递减	A--	A 减少 1

11.3.2　比较运算符

比较运算符用于比较表达式的值，然后返回一个布尔值，这些运算符最常用与判断循环是否结束或用于条件语句中，如表 11-3 所示。

表 11-3　比较运算符

运　算　符	执行的运算
<	小于
>	大于
<=	小于或等于
>=	大于或等于

11.3.3　赋值运算符

赋值运算符主要用来将数值或表达式的计算结果赋给变量，可以使用赋值(=)运算符为变量赋值，如表 11-4 所示。

表 11-4　赋值运算符

运　算　符	执行的运算
=	赋值
+=	相加并赋值
— =	相减并赋值
*=	相乘并赋值
%=	求模并赋值
/=	相除并赋值
<<=	按位左移并赋值
>>=	按位右移并赋值
>>>=	右移位填 0 并赋值
^=	按位异或并赋值
!=	按位或并赋值
&=	按位与并赋值

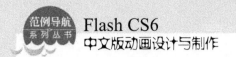

11.3.4　逻辑运算符

逻辑运算符也称与或运算符，是二元运算符，是对两个操作数进行"与"操作或者"或"操作，完成后返回布尔型结果。逻辑运算也常用于条件运算和循环运算，一般情况下，逻辑运算符的两边为表达式，逻辑运算符具有不同的优先级，下面按优先级递减的顺序列出了逻辑运算符，如表 11-5 所示。

表 11-5　逻辑运算符

运　算　符	执行的运算
&&	如果 expression1 为 false 或可以转换为 false，则返回该表达式；否则，返回 expression2
||	如果 expression1 为 true 或可以转换为 true，则返回该表达式；否则，返回 expression2
!	对变量或表达式的布尔值取反

11.3.5　等于运算符

等于(=)运算符用于确定两个操作数的值或标识是否相等，完成后返回一个布尔值(true 或 false)，如果操作数为字符串、数字或布尔值，则会按值进行比较。

等于运算符也常用于条件和循环运算，原理与条件运算符类似。

全等(==)运算符与等于运算符相似，但是有一个很重要的差异，即全等运算符不执行类型转换，如果两个操作数属于不同的类型，全等运算符就会返回 false，不全等(!=)运算符会返回全等运算符的相反值。用赋值运算符检查等式是常见的错误，所有运算符都具有相同的优先级，如表 11-6 所示。

表 11-6　等于运算符

运　算　符	执行的运算
=	等于
==	全等
=!	不等于
!==	不全等

11.3.6　位运算符

位运算符是对一个浮点数的每一位进行计算并产生一个新值，将其转换为 32 为整型。按位移位运算符有两个操作数，将第一个操作数的各位按第二个操作数指定的长度移位，按位逻辑运算符有两个操作数，执行位级别的逻辑运算，如表 11-7 所示。

表 11-7　位运算符

运　算　符	执行的运算
&	按位 "与"
|	按位 "或"
^	按位 "异或"
~	按位 "非"
<<	左移位
>	右移位
>>>	右移位填 0

11.3.7　运算符的优先级

当两个或两个以上的运算符在同一个表达式中被使用时，一些运算符与其他运算符相比有更高的优先级，ActionScript 就是严格遵循整个优先等级来决定哪个运算符首先执行，哪个运算符最后执行的。现将一些动作脚本运算符及其结合律，按优先级从高到低排列，如表 11-8 所示。

表 11-8　优算符的优先级

运　算　符	说　明	结　合　律
()	函数调用	从左到右
[]	数组元素	从左到右
.	结构成员	从左到右
++	前递增	从右到左
--	前递减	从右到左
new	分配对象	从右到左
delete	取消分配对象	从右到左
typeof	对象类型	从右到左
void	返回未定义值	从右到左
*	相乘	从左到右
/	相除	从左到右
%	求模	从左到右
+	相加	从左到右

11.4 ActionScript 基本语法

在 Flash CS6 中，在编写 ActionScript 脚本的过程中，要熟悉其编写时的语法规则，其中常用的语法包括：点语法、括号、分号和注释等，本节将详细介绍 ActionScript 的使用语法方面的知识。

11.4.1 点

在 ActionScript 3.0 中，点(.)被用来指明与某个对象或电影剪辑相关的属性和方法，也用来标识指向电影剪辑或变量的目标路径。点语法表达式由对象或电影剪辑名称开头，接着是一个点，最后是要指定的属性结尾，例如：

_x 影片剪辑属性指示影片剪辑在舞台上的 x 轴位置，表达式 pallMC._x 引用影片剪辑实例 pallMC 的_x 属性，pallMC.play()引用影片剪辑实例的 play()方法。

点语法使用两个特殊的别名：_root 和_parent。别名_root 是指主时间轴，可以使用_root 别名创建一个绝对目标路径。

11.4.2 注释

需要记住一个动作的作用时，可在【动作】面板中使用 comment(注释)语句给帧或按钮动作添加注释。通过在脚本中添加注释，有助于理解想要关注的内容。

在【动作】面板中选择 comment 动作时，字符"//"被插入到脚本中，如果在创建脚本时加上注释，即使是较复杂的脚本也易于理解，例如：

```
on(release){
//建立新的对象 myDate = new Date();
currentMonth=myDate.getMonth(); //把用数字表示的月份转换为用文字表示的月份
monthName = calcMoth(currentMonth);
year = myDate.getFullYear();
currentDate = myDate.getDat();
```

11.4.3 分号

ActionScript 语句用分号(;)结束，但如果省略语句结尾的分号，Flash 仍然可以成功地编译脚本，因此，使用分号只是一个很好的脚本撰写习惯。

例如：

```
olum = passedDate.getDay();
row = 0;
```

同样的语句也可以不写分号：

```
colum = passdDate.getDay() row = 0
```

11.4.4　大括号

在 ActionScript 中，很多语法规则都沿用了 C 语言的规范，一般常用"{}"组合在一起形成块，把括号中的代码看作一句完整的语句。

例如：

```
on(release){
   myDate = new Date();
curentMoth = myDate.getMoth();
```

11.4.5　小括号

在定义函数时，要将所有参数都放在小括号中使用。

在 ActionScript 中，可以通过 3 种方式使用小括号"()"。

第一种方法，可以使用小括号来更改表达式中的运算顺序，组合到小括号中的运算总是最先执行的，例如，小括号可用来改变如下代码中的运算顺序：

```
trace (2+3*4);              //14
trace (2+3)*4);             //20
```

第二种方法，可以结合使用小括号和逗号运算符(,)来计算一系列表达式并返回最后一个表达式的结果，例如：

```
var  a:int  =  4;
var  b:int  =  3;
trace ((a++,b++,a+b))     // 9
```

第三种方法，可以使用小括号来向函数或方法传递一个或多个参数，如下面所示，trace()函数传递一个字符串值：

```
trace ("hello");            //hello
```

11.5　ActionScript 的数据类型

在 Flash CS6 中，数据是程序的必要组成部分基本数据类型包括 Boolean、int、Null、Number、String、uint 和 void 等。复杂数据类型则包括 Object、Array、Date、Error、Function、RegExp、XML 和 XMLList，本节将详细介绍 ActionScript 数据类型方面的知识。

11.5.1　Boolean 数据类型

Boolean 是两位逻辑数据类型，Boolean 数据类型只包含两个值：true 和 false，其他任何值均无效，在 ActionScript 语句中，也会在适当的时候将值 true 和 false 转换为 1 和 0，一般情况下和运算符一起使用。

11.5.2　int、Number 数据类型

int 数据类型是一个 32 位整数，值介于−2147483648～+2147483647 之间，使用整数进行计算可以大幅度提高计算效率，int 型变量常常作为计数器的变量类型，也会在一些像素操作中作为坐标进行传递，如果处理范围超出 32 位时，可以使用 Number 数据类型。

Number 数据类型可以表示整数、无符号整数和浮点数，用于 int 和 uint 类型可以存储的、大于 32 位的整数值。Number 数据类型能够表示的最小值为 4.9406564584124654e-324，可使用常量 Number. MIN_VALUE 表示；最大值可表示到 1.79769313486231e+308，可使用常量 Number. MAX_VALUE 表示。

11.5.3　Null 数据类型

Null 数据类型仅包含一个值，即 null，以指示某个属性或变量尚未赋值，用户可以在以下情况下指定 null 值。

- 表示变量存在，但尚未接收到值。
- 表示变量存在，但不再包含值。
- 作为函数的返回值，表示函数没有可以返回的值。
- 作为函数的参数，表示可省略一个参数。

11.5.4　String 数据类型

String 数据类型表示的是一个字符串。无论是单一字符还是数千字符串，都使用这个变量类型，除了内存限制以外，对长度没有任何限制，但是，如何要赋予字符串变量，字符串数据应用单引号或双引号引用。

11.5.5　MovieClip 数据类型

影片剪辑是 Flash 应用程序中可以播放动画的元件，是唯一引用图形元素的数据类型。MovieClip 数据类型允许使用 MovieClip 类的方法控制影片剪辑元件。

调用 MovieClip 类的方法时不使用构造函数，可以在舞台上创建一个影片剪辑实例，然后只需使用点(.)运算符调用 MovieClip 类的方法，即可通过在舞台上使用影片剪辑和动态创建影片剪辑的方法实现。

11.5.6　void 数据类型

void 类型只有一个值，即 undefined。void 数据类型的唯一作用是在函数中指示函数不

返回值，例如：

```
function First():void{
    //内容省略
}
Function Second():Number{
    //内容省略
}
```

其中，First 函数无须返回值，而 Second 函数必须返回一个数字。

可以使用 trace 函数输出两个函数的返回值，将代码改写为如下形式：

```
//定义 First 函数
function First():void{
}
//定义 Second 函数
function Second():Number{
    //返回值 2
    return2;
}
//声明一个无类型变量 firstResult,将 first 运行结果赋予它
var firstResult:*=First();
var secondResult:*=Second();          //声明一个无类型变量 secondResult,将
second 运行结果赋予它
    trace(firstResult. secondResult);          //输出 firstResult 和 secondResult 的值
```

上述代码运行结果为：undefined 2。

11.5.7 Object 数据类型

Object 数据类型是由 Object 类定义的，是属性的集合，是用来描述对象的特性的，每个属性都有名称和值，属性值可以是任何 Flash 数据类型，甚至可以是 Object 数据类型，这样就可以使对象包含对象。

 # 11.6 课后练习

一、填空题

1. _____是早期 ActionScript 1.0 的升级版，但并不是完全面向对象的语言，因其整个语法体系以及编程风格、界面都没有做很大的改动，只是在某些_____、对象的实现上做了扩充，新增了一些方法，提供了更为强大的_____。

2. _____是包含信息的容器，容器本身不变，但内容可以更改。变量名用于区分变

量的不同，_____可以确定变量的类型和大小，可以在动画的不同部分为变量赋予不同的值，使变量在名称不变的情况下其值可以随时变化，变量可以是一个字母，也可以是由一个单词或几个单词构成的_____。

3._____可以执行加法、减法、乘法、除法以及其他的数学运算，也可以执行其他算术运算，_____的优先级别与一般的数学公式中的优先级别相同。

二、判断题

1. 等于(＝)运算符用于确定两个操作数的值或标识是否相等，完成后返回一个布尔值(true 或 false)，如果操作数为字符串、数字或布尔值，则会按值进行比较。　　（　　）

2. 在 ActionScript 3.0 中，点(.)被用来指明与某个对象或电影剪辑相关的属性和方法，也用来标识指向电影剪辑或变量的目标路径。点语法表达式由对象或电影剪辑名称开头，接着是一个点，最后是要指定的属性结尾。　　（　　）

3. 在 ActionScript 中，很多语法规则都沿用了 C 语言的规范，一般常用 "[]" 组合在一起形成块。　　（　　）

4. int 数据类型是一个 32 位整数，值介于 −2147483648～+2147483647 之间，使用整数进行计算可以大幅度提高计算效率，int 型变量常常作为计数器的变量类型，也会在一些像素操作中作为坐标进行传递，如果处理范围超出 64 位时，可以使用 Number 数据类型。
　　（　　）

三、思考题

1. 什么是大小写？
2. 什么是 String 数据类型？

第12章

ActionScript 使用进阶

　　本章主要介绍了【动作】面板、插入 ActionScript 代码、ActionScript 的基本语句方面的知识与技巧，同时还讲解了函数和类方面的知识。通过本章的学习，读者可以掌握 Action Script 更进一步的知识，为深入学习 Flash CS6 知识奠定基础。

 范 例 导 航

1. 认识与使用【动作】面板
2. 插入 ActionScript 代码
3. ActionScript 的基本语句
4. 函数
5. 类

12.1 认识与使用【动作】面板

在 Flash CS6 中，对 ActionScript 动作脚本进行编程，可以轻松制作出绚丽的影片特效、功能齐全的互动程序和趣味十足的游戏等，本节将详细介绍认识与使用【动作】面板方面的知识。

【动作】面板是 ActionScript 编程的专用环境，在菜单栏中，选择【窗口】→【动作】菜单项，即可打开【动作】面板，如图 12-1 所示。

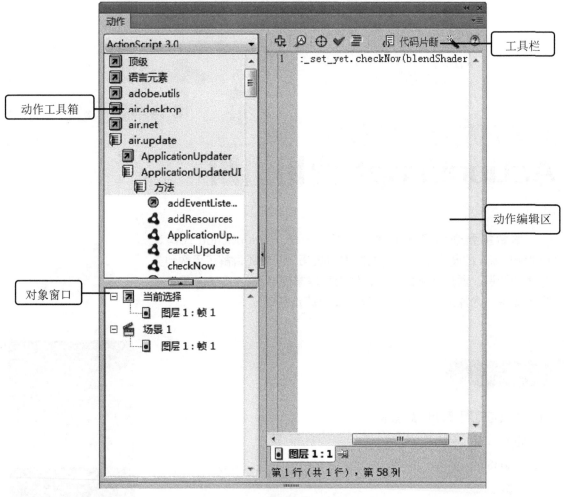

图 12-1

1. 对象窗口

对象窗口位于面板的左下角，在该窗口中可以快捷地添加动作脚本，从而节省了在场景中寻找及切换编辑窗口的步骤，大大提高了工作效率。

2. 动作工具箱

该工具箱中包含了所有的 ActionScript 动作命令和相关的语法。在列表中，单击▣按钮，这样即可打开该文件夹，其中包含子层级图标◉，表示一个可使用的命令、语法或者其他的相关工具。

3. 动作编辑区

动作编辑区是【动作】面板的主要组成部分，一般用于编写程序，在该窗口中的动作脚本将直接作用于影片，从而使影片产生互动效果。

4. 工具栏

在工具栏中，单击动作编辑区左上角的【将新项目添加到脚本中】按钮⊕，在弹出的下拉菜单中，即可选择要添加的命令项目。单击【查找】按钮🔍，弹出对话框，在【查找内容】文本框中，输入准备查找的内容，即可查找内容；如果要替换内容，只需要在其中的【查找内容】文本框中输入准备查找的内容，在【替换为】文本框中，输入准备替换的内容，单击【替换】按钮即可。单击【插入目标路径】按钮⊕，弹出【插入目标路径】对话框，选择准备插入的对象，单击【确定】按钮，即可插入目标路径。单击【语法检查】按钮✔，这样可以检查脚本程序中的错误；单击【显示代码提示】按钮🖳，会实时地检测输入的程序；单击【调试选项】按钮⅍，可切换断电以及删除所有断点选项。

12.2 插入 ActionScript 代码

在 Flash CS6 中，插入 ActionScript 代码可以通过在按钮中插入、在帧中插入和在影片剪辑中插入，本节将详细介绍插入 ActionScript 代码方面的知识。

12.2.1 在按钮中插入 ActionScript

在按钮中添加代码是最为普遍的一种做法，按钮中的代码一般都包含在 on 事件之内。下面详细介绍在按钮中插入 ActionScript 的操作方法。

选中要添加代码的按钮元件，在菜单栏中，选择【窗口】→【动作】菜单项，打开【动作】面板，在【动作编辑区】中输入 ActionScript 代码即可，在设置按钮的动作时，必须要明确鼠标事件的类型，在【动作】面板中，输入 on 时，显示相关的鼠标事件，如图 12-2 所示。

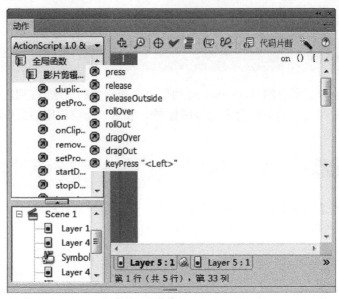

图 12-2

12.2.2　在帧中插入 ActionScript

在 Flash CS6 中，给帧添加 ActionScript，帧的类型必须是关键帧。下面详细介绍在帧中插入 ActionScript 的操作方法。

在【时间轴】面板中，选择添加动作的关键帧，在菜单栏中，选择【窗口】→【动作】菜单项，打开【动作】面板，输入代码，此时，用户可以看到，关键帧上出现了一个小小的 "a"，代表该帧处已经添加 ActionScript 代码，在编写 ActionScript 代码时，最好将代码放置在一个特定的图层中，这样可以使图层结构更加清晰，方便对图层之间的操作，如图 12-3所示。

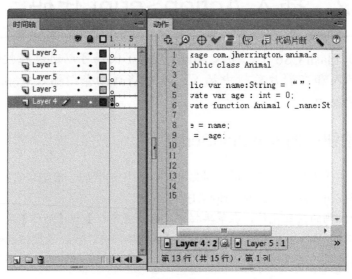

图 12-3

12.2.3　在影片剪辑中插入 ActionScript

在影片剪辑中添加代码与在按钮中添加代码较为类似，当发生某个影片剪辑的响应事件时，将执行相应的代码。下面详细介绍在影片剪辑中插入 ActionScript 的操作方法。

选中要添加代码的影片剪辑元件，在菜单栏中，选择【窗口】→【动作】菜单项，打开【动作】面板，单击动作工具栏中的【将新项目添加到脚本中】按钮，选择【全局函数】→【影片剪辑控制】→removeMovieClip 选项，即可添加 ActionScript 代码，如图 12-4 所示。

图 12-4

12.3　ActionScript 的基本语句

在 Flash CS6 中，用户经常用到的语句就是条件语句和循环语句，其中，条件语句包含条件语句和特殊条件语句；循环语句则包含 while 循环语句和 for 循环语句，本节将详细介绍 ActionScript 基本语句方面的操作知识。

12.3.1　条件语句

在 Flash CS6 中，ActionScript 3.0 提供了 3 种可用来控制程序流的基本条件语句。下面详细介绍这三种条件语句。

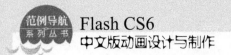

1. if…else 条件语句

条件语句 if 能够建立一个执行条件，只有当 if 条件语句设置的条件成立时，才能继续执行后面的动作。

if 条件语句主要应用于一些需要对条件进行判定的场合，其作用是当 if 中的条件成立时执行 if 和 else if 之间的语句，例如：

```
if(条件1){
语句 a
}
else
{
语句 b}
```

上述条件语句中，当满足 if 括号内的条件 a 时，执行大括号的语句 a；否则执行语句 b。

使用 else if 条件语句可以测试一个条件，如果这个条件存在，则执行下一个代码块；如果该条件不存在，则执行替代代码块。例如，下面的代码测试 x 的值是否超过 80，如果是，则生成一个 trace()函数，如果不是，则生成另一个 trace()函数：

```
if (x > 80)
{
    trace (" x is > 80");
}
else
{
    trace (" x is <= 80");
}
```

2. if…else if 条件语句

在 Flash CS6 中，用户可以使用 if…else if 条件语句测试多个条件，以下是 if…else if 的条件判断的完整语句。

```
if (条件 a) {
语句 a
}
else if (条件 b) {
语句 b
}
```

上述条件语句中，当满足 if 括号内的条件 a 时，执行大括号中的语句 a；否则判断是否满足条件 b，如果满足条件 b 就执行大括号里的语句 b。

例如，下面的代码不仅测试 x 的值是否超过 80，还测试 x 的值是否为负数。

```
if (x > 80)
{
```

```
    trace (" x is > 80");
}
else if ( x < 0 )
{
    trace (" x is negative");
}
```

如果 if 或 else 语句后面只有一条语句，则无须用大括号括起该语句。例如，下面的代码不使用大括号。

```
if ( x > 0)
    trace (" x is positive");
else if ( x < 0 )
    trace (" x is negative");
else
    trace (" x is 0");
```

但是，建议始终使用大括号，因为以后在缺少大括号的条件语句中添加语句时，可能会出现意外的行为，例如，在下面的代码中，无论条件的计算结果是否为 true，positiveNums 的值总是按 1 递增。

```
var x:int
var positiveNums:int = 0;

if  (x > 0)
    trace (" x is positive");
    positiveNums++;
trace (positiveNums);            //1
```

3. switch 条件语句

如果多个执行路径依赖于同一个条件表达式，则 switch 语句非常有用。该语句的功能与一长段 if...else if 系列语句类似，但更便于用户阅读。

switch 语句不是对条件进行测试以获得布尔值，而是对表达式进行求值并使用计算结果来确定要执行的代码块。代码块以 case 语句开头，以 break 语句结尾。例如，下面的 switch 语句基于由 Date.getDay()方法返回的日期值输出星期日期。

```
var someDate:Date =new Date();
var dayNum:uint = someDate.getDay();
switch(dayNum)
{
    case 0;
      trace (" Sunday");
      break;
case 1;
      trace (" Monday");
      break;
```

```
case 2;
        trace (" Tuesday");
        break;
case 3;
        trace (" Wednesday");
        break;
case 4;
        trace (" Thursday");
        break;
case 5;
        trace (" Friday");
        break;
case 6;
        trace (" Saturday");
        break;
default:
        trace ("Out of range");
        break;
}
```

12.3.2　特殊条件判断

在 Flash CS6 中，特殊条件判断语句一般用于赋值，本质是一种计算形式，格式如下：

变量=判断条件？表达式 1 ：表达式 2；

如果判断条件成立，a 就取表达式 1 的值；如果不成立，a 就取表达式 2 的值。
如下列代码：

```
Var a: Number=1
Var b: Number=2
Var max: Number=a>b a:b
```

执行以后，max 就为 a 和 b 中较大的值，即值为 2。

12.3.3　for 循环

在 Flash CS6 中，循环语句允许使用一系列值或变量来反复执行一个特定的代码块。下面详细介绍 for 循环方面的知识。

1. for 循环语句

通过 for 语句创建的循环，用户可以在其中预先定义好决定循环次数的变量。必须在 for 语句中提供 3 个表达式：一个设置了初始值的变量，一个用于确定循环何时结束的条件语句，一个在每次循环中都更改变量值的表达式。

for 语句创建循环的语法格式如下：

```
for (初始化 条件 改变量值) {
语句
}
```

在"初始化"中定义循环变量的"初始值"，"条件"是确定什么时候退出循环，"改变量值"是指循环变量每次改变的值，例如：

```
trace = 0
for (var i=1 i<30 i++ ){
trace =trace +i
}
```

2. for...in 循环语句

for...in 循环访问对象属性或数组元素。

例如，用户可以使用 for...in 循环来循环访问通用对象的属性，不按任何特定的顺序来保存对象的属性，隐藏属性可能以看似随机的顺序出现。

```
var myObj:Object ={x:40,y:50};
for (var i:String in myObj)
{
    trace (i + ":" + myObj[i]);
}
// output:
//x:40
//y:50
```

同时，还可以循环访问数组中的元素，例如：

```
var myArray:Array = {"one","two","three"};
for (var i:String in myArray)
{
   trace (myArray[i]);
}
// output:
// one
// two
// three
```

3. for each...in 循环语句

for each...in 循环用于循环访问集合中的项，这些项可以是 XML 或 XMLList 对象中的标签、对象属性保存的值或数组元素。

下面这段代码所示，用户可以使用 for each...in 循环来循环访问通用对象的属性，但是与 for...in 循环不同的是，for each...in 循环中的迭代变量包含属性所保存的值，而不包含属性的名称。

```
var myObj:Object ={x:40,y:50};
for each (var num in myObj)
{
    trace (num);
}
// output:
// 40
// 50
```

12.3.4　while 和 do...while 循环

while 语句可以重复执行某条语句或某段程序。使用 while 语句时，系统会先计算一个表达式，如果表达式的值为 true，就执行循环的代码。在执行完循环的每一个语句之后，while 语句会再次对该表达式进行计算。当表达式的值仍为 true 时，会继续执行循环体中的语句，直到表达式的值为 false。

do...while 语句与 while 语句一样可以创建相同的循环。这里应注意的是，do...while 语句对表达式的判定是在其循环结束处，因而使用 do...while 语句至少会执行一次循环。

for 语句的特点是确定的循环次数，而 while 和 do...while 语句没有确定的循环次数，语法格式如下：

```
while (条件){
语句
}
```

以上代码只要满足"条件"，就一直执行"语句"的内容。

```
do {
语句
}while (条件)
```

下面的代码显示了 do...while 循环的一个简单示例，该示例在条件不满足时，也会生成输出结果。

```
var i: int =5;
do
{
    trace (i);
    i++;
} while (i < 5);
// output: 5
```

12.4　函数

在 Flash CS6 中，函数是指对常量和变量等进行某种运算的方法，它是 ActionScript 语句的基本组成部分之一，本节将详细介绍函数方面的操作知识。

12.4.1　理解函数的基本概念

在 Flash CS6 中，通过函数的使用，用户可以创建可重用的、可读的代码。有了函数，就可以写出有效的、结构精巧的、维护得很好的代码，而不是冗长的、笨拙的代码。

函数是一种革新，如果编程序没有函数，用户只能不厌其烦地一行行书写代码。但编写出一个函数后，用户可以将多条语句封装在一起，这样就可以重复地调用那个函数，而不用重复编写相同的代码了。

函数是一种组织起的一个代码块的方法，该代码块直到从其主流程中调用时才执行。函数比非结构化编程更具优势，其优势如下。

- 通过消除混乱和冗余的代码，使代码更具有可读性。
- 通过重复使用函数而不是每次重复输入整个代码块，使程序更加有效率。
- 函数成为进行修改的中心点。在函数中做修改，该修改就能被应用到每个调用该函数的实例中。
- 编写成熟的函数可以在许多程序中重复使用。因此用户可以开发出一个可被用于建立各种程序的函数库，而不需要每次从打草稿开始写脚本。
- 包装在一个函数中的代码提供了进行用户交互的基础。如果没有了函数，应用程序就像一个单独的程序那样运行，有了函数，一个用户发起的动作就可以调用一个函数。

12.4.2　定义自己的函数

在 Flash CS6 中，函数可以分为系统函数和自定义函数两种。

系统函数是指 Flash 自带的函数，用户可以直接在动画中调用；自定义函数则是用户根据编辑需要自行定义的函数。在自定义函数中，用户可以定义一系列的语句对其进行运算，最后返回运算结果。

在 ActionScript 3.0 中，用可以通过使用函数语句和使用函数表达式两种方式定义函数。用户可以根据自己的编程风格来选择使用哪种方法定义函数。下面将详细介绍定义自己的函数方面的知识。

1. 函数语句

函数语句是严格模式下定义函数的首选方法，函数语句以 function 关键字开头，后面一

般跟随：

- 函数名；
- 用小括号括起来的逗号分隔参数列表；
- 用大括号括起来的函数体，即在调用函数时要执行的 ActionScript 代码。

下面的代码创建与定义一个参数的函数，然后将字符串"welcome"用作参数值来调用该参数。

```
function traceParameter(aParam:String)
{
    trace(aParam);
}
traceParameter("welcome");      //welcome
```

下面是一个简单函数的定义：

```
//计算矩形面积的函数
function areaOfBox(a, b) {
return a*b;                      //在这里返回结果
}
// {测试函数
area = areaOfBox(3, 6);
trace("area="+area);
}
```

下面分析一下函数定义的结构，function 关键字说明这是一个函数定义，其后便是函数的名称：areaOfBox，函数名后面的括号内是函数的参数列表，大括号内是函数的实现代码。如果函数需要返回值，可以使用 return 关键字加上要返回的变量名、表达式或常量名。在一个函数中可以有多个 return 语句，但只要执行了其中的任何一个 return 后，函数便自行终止。

因为 ActionScript 的特殊性，函数的参数定义并不要求参数类型的声明，虽然把上例中倒数第二行改为 area = areaOfBox("3", 6); 也同样可以得到 18 的结果，但是这对程序的稳定性非常不利(假如函数里面用到了 a+b 的话，就会变成字符串的连接运算，结果自然会出错)。所以，有时候在函数中类型检查是不可少的。

在函数体中参变量用来代表要操作的对象。在函数中对参变量的操作，就是对传递给函数的参数的操作。在调用函数时，上例中的 a*b 会被转化为参数的实际值 3*6 处理。

2. 函数表达式

函数表达式是结合使用赋值语句的一种声明函数的方法，函数表达式又被称为函数字面值，带有函数表达式的赋值语句以 var 关键字开头，后面一般跟随：

- 函数名；
- 冒号运算符(:)；
- 指示数据类型的 Function 类；
- 赋值运算符(=)；
- function 关键字；

- 用小括号括起来的逗号分隔参数列表；
- 用大括号括起来的函数体，即在调用函数时要执行的 ActionScript 代码。

例如，下面的代码使用函数表达式来声明 traceParameter 函数。

```
var traceParameter:Function = function (aParam:String)
{
    trace(aParam);
};
traceParameter("welcome");//welcome
```

注意，就像在函数语句中一样，在上面的代码中也没有指定函数名。函数表达式和函数语句的另一个重要区别是，函数表达式是表达式，而不是语句。这意味着函数表达式不能独立存在，而函数语句可以。函数表达式只能用作语句的一部分。

下面的实例显示了一个赋予数组元素的函数表达式：

```
var myArray:Array = new Array();
traceArray [0] = function (aParam:String)
{
  trace(aParam);
};
traceArray [0]("welcome");
```

12.4.3　调用函数

在 Flash CS6 的 ActionScript 中，函数(function)其实是内建的对象，所以用户可以通过 call 和 apply 方法调用函数。

例如，下面的代码使用了 call 和 apply 调用函数：

```
//计算面积的函数
function areaOfBox(a, b) {
this.value = a*b;          //将结果赋给 this 所代表的对象的 value 属性
}
//创建新对象
object_2 = new Object();
object_2.value = 0;        //为对象加入 value 属性并给予初值 0
object_3 = object_2;       //由 object_2 复制出一个 object_3，此时两者的 value 属
                           //性均为 0
//测试函数
areaOfBox.call(object_1, 3, 6);
trace("object_1.value="+object_1.value);
array_ab = [4, 5];         //创建参数数组
areaOfBox.apply(object_2, array_ab);
```

12.4.4　函数的其他特性

在 Flash CS6 中，函数还拥有其他的特性，包括局部变量和作用域等。下面将详细介绍

第12章 ActionScript 使用进阶

301

函数其他特性方面的知识。

1. 局部变量

在函数中使用的参数都是局部变量，在函数调用结束后它们会被自动从内存中移除。用户也可以使用 var 在函数中声明其他的局部变量。如果在函数中使用了全局或是其他位置的变量，则一定要注意是否和函数中的局部变量混淆，最后用注释表明它们不是函数的局部变量和它们的来源。

```
function test(a){
var b ="Words";        //定义局部变量 b
c ="Text Here";            //定义变量 c
trace ("----从内部访问变量----");
trace ("a="+a);          //显示参数 a
trace ("b="+b);          //显示局部变量 b
trace ("c="+c);          //显示变量 c
}
//调用函数
test ("Symbol");
trace ("----从内部访问变量----");
trace ("a="+a);
trace ("b="+b);
trace ("c="+c);
```

由运算结果可以看出，参数 a 和局部变量 b 都只在函数体内可以访问，而在函数内部定义的变量 c 可以在函数体外部访问。

2. 作用域

在 Flash CS6 中，函数的作用域是定义它的代码所在的对象或时间线范围。全局函数其实相当于一个基于_global 全局对象的子函数。

如果要调用其他位置(即不在同一对象层内的函数)，就必须使用 Path。如下面的代码，是在一个子 MovieClip 中要调用_root 中的函数必须使用的格式：

```
_root.myFunction();
```

若要是调用父级 MovieClip 下面的 mc1 里面的 mc2 中的函数 myFunction，则要使用如下代码：

```
_paremt.mc1.mc2.myFunction();
```

上面的格式其实就是在一个对象或是层级中定义了一个函数，就等于为这个对象或层级增加了一个子函数。要调用这个函数，则必须指明它所属的对象或层级。这也使得在不同的对象中可以使用相同的函数名来创建函数。

12.5　类

在 ActionScript 3.0 中,用户可以将类视为某一类对象的模板或蓝图,类定义中可以包括变量、常量以及方法,前者用于保存数据值,后者是封装绑定到类的行为的函数,本节将详细介绍类方面的知识。

12.5.1　类的基本要素

在 ActionScript 3.0 中,类是最基本的编程结构,所以必须先掌握编写类的基础知识。所有的类都必须放在扩展名为.as 的文件中,每个 as 文件里只能定义一个 public 类,且类名要与.as 的文件名相同,这一点和 Java 是完全相同的。

另外,在 ActionScript 3.0 中,所有的类都必须放在包中,用包来对类进行分类管理,相当于文件系统的目录,默认的类路径就是项目的根目录,即包含 mxml 文件的所在目录。

Object 数据类型不再是默认的数据类型,尽管其他所有类是派生的,在 ActionScript 2.0 中,下面两行代码等效,因为缺乏类型注释意味着变量为 Object 类型。

```
var  someobj: object;
var  someobj;
```

ActionScript 3.0 引入了无类型变量这一概念,这一类变量可通过以下两种方法来指定。

```
var  someobj: *;
var  someobj;
```

可以使用 class 关键字来定义自己的类,可以通过 3 种方法来声明类属性(property):用 const 关键字定义常量;用 var 关键字定义变量;用 get 和 set 属性(attribute)定义 getter 和 setter 属性(property)。

可使用 new 运算符来创建类的实例,下面的示例创建了 Date 类的一个名为 myBirthday 的实例。

```
var myBirthday: Date = new Date();
```

12.5.2　编写自定义类

和 Java 一样,ActionScript 也有命名控件和包,比如 com.jherrington.animals,其表示 company/animal 下的类,可以把类放到默认的命名空间。

使用 class 关键字定义一个类,例如:

```
package com.jherrington.animals {
public class Animal {  public function Animal()
{
}
```

```
}
}
```

在这个例子中，定义了一个 Animal 类，以及构造函数，还可以容易地添加一些成员变量并完整这个构造函数，例如：

```
package com.jherrington.animals
{ public class Animal
{
Public var name:String = "";
Private var age : int = 0;
Private function Animal ( _name:String,_age:int = 30 )
{
name = name;
age = _age;
}
}
}
```

这里给一个 Animal 对象定义了两个成员变量：name 和 age。构造函数可以接受一个或两个函数；不是单独的 name，就是 name 和 age，也可以在函数声明中为参数提供默认的值。

12.5.3　类的属性和方法

在 ActionScript 3.0 中，类拥有成员的属性和方法。类的属性就是与类关联的变量，通过关键字 var 来声明，类的方法则是类的行为。

ActionScript 3.0 的方法需要使用 function 关键字来声明。

```
//定义属性(默认为 internal)
varname:String = "ActionScript 开发";
publicfunctionGetBookName():String{
  returnthis.name;
}
```

属性的定义默认为 internal，另外还有如 private、public 和 protected 等修饰符可以进行修饰。如果定义为默认的或是 private，则外部不能访问类的属性；如果定义为 public，则不能完好地封装类的成员属性。这时，用户可以在 ActionScript 3.0 中对类的成员属性使用 getters 和 setters 等。

例如下面的代码块：

```
//定义属性(默认为 internal)
varname:String = "ActionScript 开发手册";
publicfunctionGetName():String{
  returnthis.name;
}
publicfunctionsetname (name: String):void {
  this.name=name;
}
```

12.6 范例应用与上机操作

通过本章的学习，读者基本可以掌握 ActionScript 使用进阶方面的基本知识和操作技巧，下面通过几个范例应用与上机操作练习一下，以达到巩固学习、拓展提高的目的。

12.6.1 制作飘雪的动画效果

通过本章 ActionScript 代码及函数方面的知识，用户可以制作飘雪的动画效果。下面介绍制作飘雪的动画效果的操作方法。

素材文件❀ 无
效果文件❀ 配套素材\第 12 章\效果文件\12.6.1 制作飘雪的动画效果.fla

step 1 ① 新建文档，在菜单栏中，选择【修改】菜单项，② 在弹出的下拉菜单中，选择【文档】菜单项，如图 12-5 所示。

step 2 ① 弹出【文档设置】对话框，在【背景颜色】框中设置背景颜色为黑色，② 单击【确定】按钮，如图 12-6 所示。

图 12-5

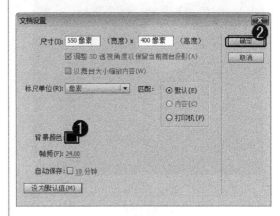

图 12-6

step 3 ① 设置文档后，在菜单栏中，选择【插入】菜单项，② 在弹出的下拉菜单中，选择【新建元件】菜单项，如图 12-7 所示。

step 4 ① 弹出【创建新元件】对话框，在【类型】下拉列表框中，选择【图形】选项，② 在【名称】文本框中，输入准备创建的名称，如"雪花"，③ 单击【确定】按钮，如图 12-8 所示。

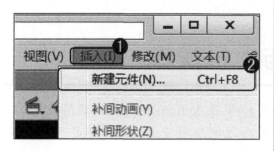

图 12-7

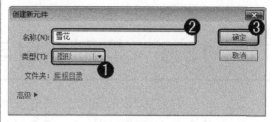

图 12-8

step 5 使用椭圆工具在舞台上绘制一个椭圆并填充成白色，作为雪花基本形状，如图 12-9 所示。

step 6 使用任意变形工具调整椭圆的大小，使其更加符合雪花的大小，如图 12-10 所示。

图 12-9

图 12-10

step 7 ① 设置椭圆大小后，在菜单栏中，选择【插入】菜单项，② 在弹出的下拉菜单中，选择【新建元件】菜单项，如图 12-11 所示。

step 8 ① 弹出【创建新元件】对话框，在【类型】下拉列表框中，选择【影片剪辑】选项，② 在【名称】文本框中，输入准备创建的名称，如"雪花影片"，③ 单击【确定】按钮，如图 12-12 所示。

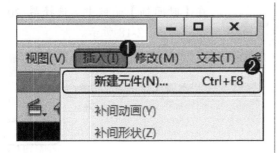

图 12-11

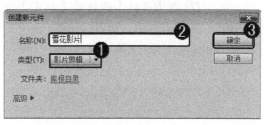

图 12-12

step 9 创建【雪花影片】元件后,将【雪花】元件拖入至【雪花影片】元件中,如图 12-13 所示。

step 10 在【时间轴】面板的【图层 1】中,分别在第 10 帧和第 20 帧处插入关键帧,如图 12-14 所示。

将【雪花】元件拖入至【雪花影片】元件中

图 12-13

插入关键帧

图 12-14

step 11 插入关键帧后,在【时间轴】面板中选择第 10 帧,如图 12-15 所示。

step 12 在舞台中,将第 10 帧中的【雪花】元件往左下方拖动一小段距离,如图 12-16 所示。

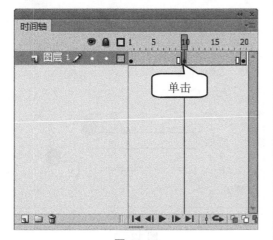

单击

图 12-15

拖动元件

图 12-16

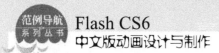

step13 ① 在【属性】面板的【样式】下拉列表框中，选择 Alpha 选项，② 在 Alpha 文本框中，输入数值，如"100"，如图 12-17 所示。

图 12-17

step15 在舞台中，将第 20 帧中的【雪花】元件往左下方拖动一小段距离，应注意的是拖动的距离要多过第 10 帧，如图 12-19 所示。

图 12-19

step14 在【时间轴】面板中，选择第 20 帧，如图 12-18 所示。

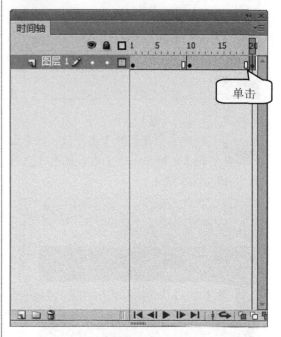

图 12-18

step16 在【属性】面板的【样式】下拉列表框中，选择 Alpha 选项，② 在 Alpha 文本框中，输入数值，如"0"，如图 12-20 所示。

图 12-20

step 17　拖动元件至指定位置并设置效果后，在【时间轴】面板中，右击第 1 帧，在弹出的快捷菜单中，选择【创建传统补间】菜单项，如图 12-21 所示。

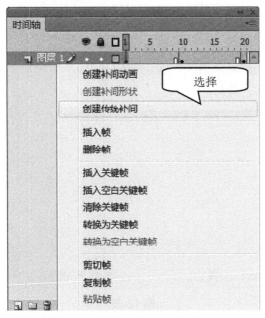

图 12-21

step 19　返回到场景 1 中，将【雪花影片】元件拖曳至舞台中，如图 12-23 所示。

图 12-23

step 18　在【时间轴】面板中，右击第 20 帧，在弹出的快捷菜单中，选择【创建传统补间】菜单项，如图 12-22 所示。

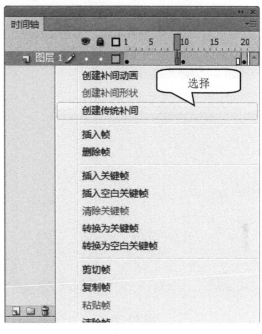

图 12-22

step 20　选中【雪花影片】元件后，在【属性】面板的【名称】文本框中，设置实例名称，如"img"，如图 12-24 所示。

图 12-24

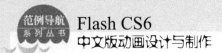

STEP21 在【时间轴】面板的【图层 1】中，在键盘上按下 F5 键，在第 3 帧处插入普通帧，如图 12-25 所示。

图 12-25

STEP23 在【时间轴】面板中，鼠标选中【图层 2】中的第 1 帧，如图 12-27所示。

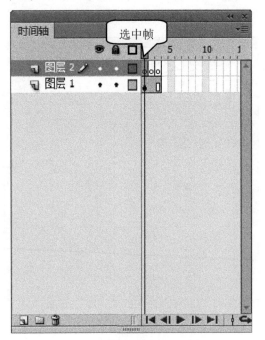

图 12-27

STEP22 在【时间轴】面板中，新建一个图层，如【图层 2】，同时在第 1 帧、第 2 帧和第 3 帧处插入 3 个空白关键帧，如图 12-26 所示。

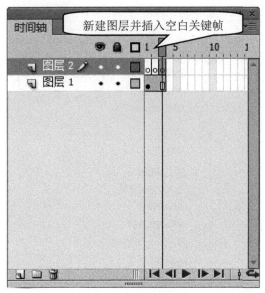

图 12-26

STEP24 在键盘上按下 F9 键，打开【动作】面板，在动作编辑区中，输入如图 12-28 所示的代码。

图 12-28

在【时间轴】面板中，鼠标选中【图层 2】中的第 2 帧，如图 12-29 所示。

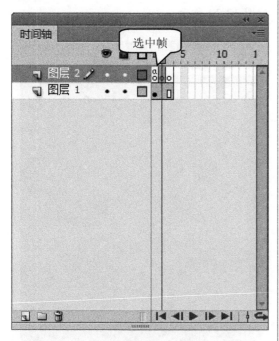

图 12-29

 在【动作】面板的动作编辑区中，输入如图 12-30 所示的代码。

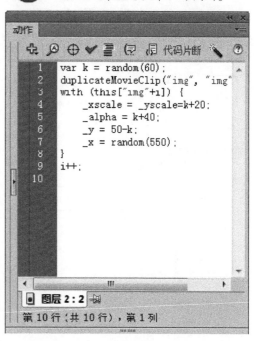

图 12-30

 在【时间轴】面板中，鼠标选中【图层 2】中的第 3 帧，如图 12-31 所示。

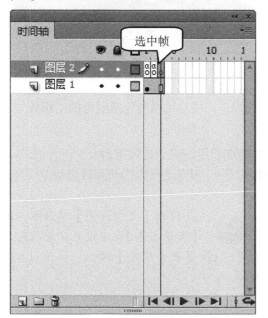

图 12-31

 在【动作】面板的动作编辑区中，输入如图 12-32 所示的代码。

图 12-32

第 12 章 ActionScript 使用进阶

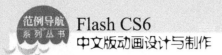

step29 选中编辑动画的文档，在【属性】面板的【脚本】下拉列表框中，选择 ActionScript 2.0 选项，如图 12-33 所示。

图 12-33

step30 按下键盘上的 Ctrl+Enter 组合键，检测刚刚创建的动画效果。通过以上操作方法即可完成制作飘雪的动画效果，如图 12-34 所示。

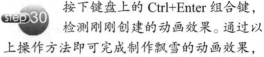

图 12-34

12.6.2 制作流星雨的动画效果

通过本章 ActionScript 代码、函数及类方面的知识，用户可以制作流星雨的动画效果。下面介绍制作流星雨动画效果的操作方法。

素材文件 ❀ 配套素材\第 12 章\素材文件\制作流星雨的动画效果.jpg
效果文件 ❀ 配套素材\第 12 章\效果文件\12.6.2 制作流星雨的动画效果.fla

step1 ① 新建文档，在菜单栏中，选择【修改】菜单项，② 在弹出的下拉菜单中，选择【文档】菜单项，如图 12-35 所示。

step2 ① 弹出【文档设置】对话框，在【背景颜色】框中设置背景颜色为黑色，② 单击【确定】按钮，如图 12-36 所示。

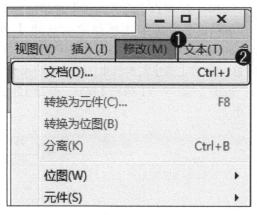

图 12-35

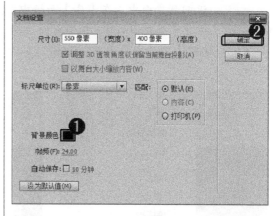

图 12-36

step 3 ① 设置文档后，在菜单栏中，选择【插入】菜单项，② 在弹出的下拉菜单中，选择【新建元件】菜单项，如图 12-37 所示。

step 4 ① 弹出【创建新元件】对话框，在【类型】下拉列表框中，选择【影片剪辑】选项，② 在【名称】文本框中，输入准备创建的名称，如"流星"，③ 单击【确定】按钮，如图 12-38 所示。

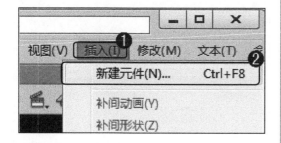

图 12-37

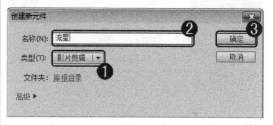

图 12-38

step 5 使用刷子工具在元件舞台中绘制一条水平线并填充成白色，作为流星的基本形状，如图 12-39 所示。

step 6 单击【场景 1】图标，返回到主场景舞台中，如图 12-40 所示。

绘制直线图形

图 12-39

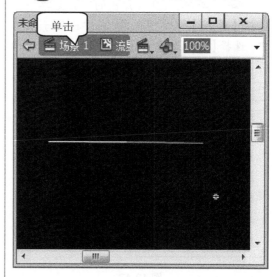

单击

图 12-40

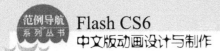

step 7　返回到舞台中，在【库】面板中，右击【流星】元件，在弹出的快捷菜单中，选择【属性】菜单项，如图 12-41 所示。

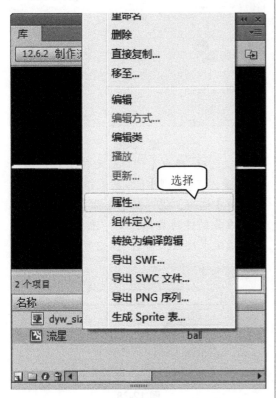

图 12-41

step 9　① 在菜单栏中，选择【文件】菜单项，② 在弹出的下拉菜单中，选择【导入】菜单项，③ 在弹出的子菜单中，选择【导入到舞台】菜单项，如图 12-43 所示。

图 12-43

step 8　① 弹出【元件属性】对话框，在【高级】选项组中，选中【为 ActionScript 导出】和【在第 1 帧中导出】复选框，② 在【类】文本框中，输入类的名称，如 "ball"，③ 单击【确定】按钮，如图 12-42 所示。

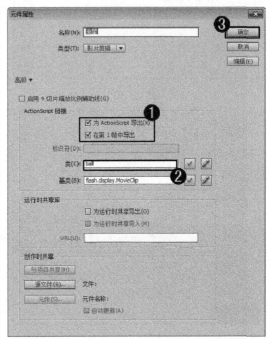

图 12-42

step 10　① 弹出【导入】对话框，选择准备导入的素材背景图像，如 "制作流星雨的动画效果.jpg"，② 单击【打开】按钮，如图 12-44 所示。

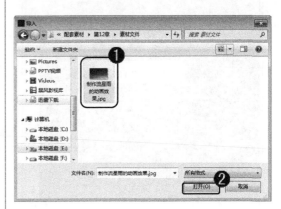

图 12-44

step 11 插入背景图像，然后在舞台中调整其大小，如图 12-45 所示。

调整外部图像大小

图 12-45

step 13 在【时间轴】面板中，选择【图层 2】中的第 1 帧，然后在动作编辑区中，输入如图 12-47 所示的代码。

```
1  stop();//
2  stage.scaleMode=StageScaleMode.EXACT_FIT;//
3  var ROT:irt=20;
4  var NUM:irt=20;
5  var SPEEDEASE:int=5;
6  var SCALEEASE:Number=0.5;
7  var STAGEX:Number=stage.width;
8  var STAGEY:Number=stage.height;
9  var ojArray:Array=new Array();
10 for (var r=0; n<NUM; n++) {
11     var ballMc:ball=new ball();
12     ojArray.push({xSet:int(Math.random()*STAGEX),
13                 ySet:int(Math.random()*STAGEY),
14                 scaleSet:Math.random()+SCALEBASE,
15                 speed:int(Math.random()*2+SPEEDBASE),
16                 mc:ballMc});
17 }
18 for (var m=0; m<NUM; m++) {
19     ojArray[m].mc.x=ojArray[m].xSet;
20     ojArray[m].mc.y=ojArray[m].ySet;
21     ojArray[m].mc.scaleX=ojArray[m].scaleSet
22     ojArray[m].mc.rotation=ROT;
23     stage.addChild(ojArray[m].mc);
24 }
25 stage.addEventListener(Event.ENTER_FRAME, mov);
26 function mov(event:Event):void {
27     var p=0;
28     for (p=0; p<NUM; p++) {
29         var rad = ROT*Math.PI/180;
30         var dx = Math.cos(rad)*ojArray[p].speed;
31         var dy = Math.sin(rad)*ojArray[p].speed;
32         ojArray[p].mc.x += dx;
33         ojArray[p].mc.y += dy;
34         if
35         (ojArray[p].mc.x>=
36         STAGEX-Math.cos(rad)*ojArray[r].mc.vidth) {
37             ojArray[p].mc.x = int(Math.random()*STAGEX);
38             ojArray[p].mc.y = int(Math.random()*STAGEY);
39         }
40     }
```

图层 2 : 1 帧
第 36 行（共 41 行），第 4 列

图 12-47

step 12 ① 单击【时间轴】面板左下角的【新建图层】按钮，② 新建一个图层，如【图层 2】，如图 12-46 所示。

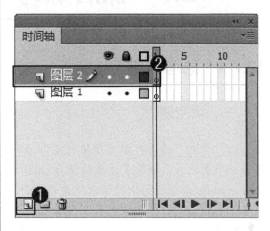

图 12-46

step 14 按下键盘上的 Ctrl+Enter 组合键，检测刚刚创建的动画效果。通过以上操作方法即可完成制作流星雨的动画效果的操作，如图 12-48 所示。

未命名-8.swf
文件(F) 视图(V) 控制(C) 调试(D)

图 12-48

第 12 章 ActionScript 使用进阶

315

12.7 课后练习

12.7.1 思考与练习

一、填空题

1. _____语句可以重复执行某条语句或某段程序。使用_____语句时，系统会先计算一个表达式，如果表达式的值为 true，就执行循环的代码。在执行完循环的每一个语句之后，while 语句会再次对该表达式进行计算。当表达式的值仍为_____时，会再次执行循环体中的语句，直到表达式的值为_____。

2. 在 ActionScript 3.0 中，_____是最基本的编程结构，所以必须先掌握__的基础知识，所有的类都必须放在扩展名为.as 的文件中，每个 as 文件里只能定义一个_____类，且类名要与.as 的文件名相同，这一点和 Java 是完全相同的。

二、判断题

1. switch 语句不是对条件进行测试以获得布尔值，而是对表达式进行求值并使用计算结果来确定要执行的代码块。代码块以 case 语句开头，以 break 语句结尾。   （   ）

2. 在 Flash CS6 中，循环语句允许使用一系列值或变量来反复执行十个特定的代码块。
          （   ）

3. 在 ActionScript 2.0 中，类拥有成员的属性和方法。类的属性就是与类关联的变量，通过关键字 while 来声明，类的方法则是类的行为。   （   ）

三、思考题

1. 如何在影片剪辑中插入 ActionScript？
2. 什么是特殊条件判断？

12.7.2 上机操作

1. 打开"配套素材\第 12 章\素材文件\樱花飘落的动画.jpg、樱花飘落的动画.png"文件，启动 Flash CS6 软件，使用新建文档命令、新建元件命令、导入到舞台命令、任意变形工具、插入关键帧命令、创建传统补间命令、新建图层命令和使用动作面板绘制动画。效果文件可参考"配套素材\第 12 章\效果文件\樱花飘落的动画.fla"。

2. 打开"配套素材\第 12 章\素材文件\箭雨.png"文件，启动 Flash CS6 软件，使用新建文档命令、修改文档命令、新建元件命令、刷子工具、导入到舞台命令、新建图层命令和使用【动作】面板绘制动画。效果文件可参考"配套素材\第 12 章\效果文件\箭雨.fla"。

第13章

使用常用语句创建交互式动画

　　本章主要介绍了编写与管理脚本、场景与帧的控制语句和超链接语句 getURL 方面的知识与技巧，同时还讲解了拖动语句 startDrag、外部链接语句和 fscommand 语句方面的知识。通过本章的学习，读者可以掌握使用常用语句创建交互式动画方面的知识，为深入学习 Flash CS6 知识奠定基础。

1. 编写与管理脚本
2. 场景与帧的控制语句
3. 超链接语句 getURL
4. 拖动语句 startDrag
5. 外部链接语句
6. fscommand 语句

13.1 编写与管理脚本

在 Flash CS6 中，撰写脚本时，用户可以使用【动作】面板将脚本附加到【时间轴】面板上的一个帧，可以通过使用动作脚本，确定事件何时发生并根据事件执行特定的脚本。本节将详细介绍编写与管理脚本方面的知识。

13.1.1 脚本编写方法与要点

编写 Flash 动作脚本要明确想要编写的目标和需要达到的效果，学习动作脚本的最佳方法是编写脚本。下面详细介绍使用【动作】面板编写脚本的操作方法。

如果准备添加函数或者语句等语言元素，可在【动作】面板中，双击该按钮，或者单击【将新项目添加到脚本中】按钮，这样即可选择相应的项目。

在使用【动作】面板编写脚本时，Flash CS6 可自动检测正在输入的动作并提示准备使用的新代码，即包含该动作的完整语法提示，或弹出可能使用的方法或属性名称菜单栏，如图 13-1 所示。

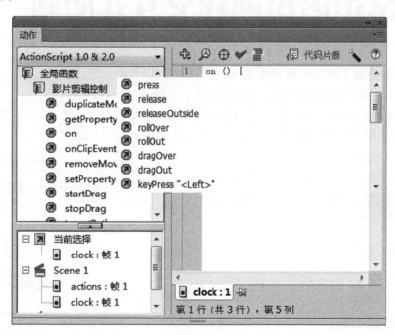

图 13-1

要触发提示代码，是需要有一定条件的，即要严格指定对象类型；使用特定的后缀触发代码提示，在命名对象时，通过为其增加一些特殊后缀，也可以触发代码提示。下面详细介绍支持代码提示所需的后缀，如表 13-1 所示。

表 13-1　支持代码提示所需的后缀

对象类型	变量后缀	对象类型	变量后缀	对象类型	变量后缀
Array	_array	按钮	_btn	摄像头	_cam
Color	_color	ContextMenu	_cm	ContextMenuItem	_cmi
日期	_date	Error	_err	LoadVars	_lv
LocalConnection	_lc	麦克风	_mic	MovieClip	_mc
MovieClipLoader	_mcl	PrintJob	_pj	NetConnection	_nc
NetStream	_ns	SharedObject	_so	Sound	_sound
字符串	_str	TextField	_txt	TextFormat	_fmt
Video	_video	XML	_xml	XMLNode	_xmlnode
XMLSocket	_xmlsocket				

13.1.2　使用脚本助手

　　脚本助手可避免可能出现的语法和逻辑错误，但是使用脚本助手必须熟悉 ActionScript，知道创建脚本时要使用什么方法、函数和变量。下面详细介绍使用脚本助手方面的知识。

　　打开【动作】面板，单击【脚本助手】按钮 ，即可使用脚本助手，如图 13-2 所示。

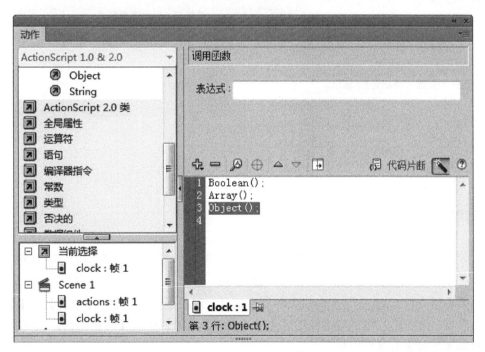

图 13-2

　　在【脚本助手】模式中，【动作】面板会发生如下变化。

- 在【脚本助手】模式下，【添加】按钮 的功能有所变化。 选择【动作】面板或【添加】菜单中的某个项目时，该项目将添加到当前所选文本块的后面。

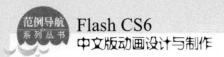

- 使用【删除】按钮，用户可以删除【脚本】窗格中当前所选的项目。
- 使用向上和向下箭头，用户可以将【脚本】窗格中当前所选的项目在代码内向上方或下方移动。
- 【动作】面板中，通常可见的【语法检查】、【自动套用格式】、【显示代码提示】和【调试选项】按钮和菜单项会禁用，因为这些按钮和菜单项不适用于【脚本助手】模式。
- 只有在输入框中键入文本时，才会启用【插入目标】按钮。

13.1.3 调试脚本

在 Flash CS6 中，用户可以使用调试器来查找使用 Flash Player 播放文件时出现的错误。下面将详细介绍调试脚本方面的知识。

在菜单栏中，选择【调试】→【调试影片】→【调试】菜单项，即可打开 ActionScript 2.0 调试器，在当前调试器中，显示文件，并可以修改变量和属性的值，可以使用断点停止 SWF 文件并逐行跟踪动作脚本代码，如图 13-3 所示。

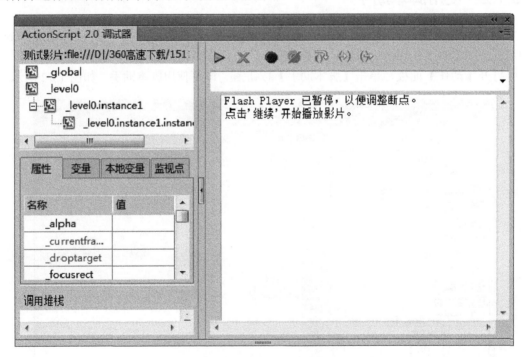

图 13-3

如果希望查看 SWF 文件中的对象和变量信息，可在菜单栏中选择【控制】→【测试影片】菜单项，进入影片测试状态，然后选择【调试】菜单栏中的【对象列表】菜单项，即可查看到文件对象的变量信息。

13.2 场景与帧的控制语句

在 Flash CS6 中，用户可以使用 play 和 stop 语句、gotoAndPlay 和 gotoAndStop 制作动画。本节将以"制作滚动公告"和"制作控制动画进程的按钮"为例，详细介绍场景与帧的控制语句方面的知识。

13.2.1 制作滚动公告

在 Flash CS6 中，当没有语句对影片的播放加以控制时，影片将从第 1 帧顺序播放到最后一帧，不会停止也不会跳转。对帧添加 play()或 stop()语句，可以使影片从指定的层处播放或者指定的层处停止。

stop 语句用于停止当前正在播放的 SWF 文件，此动作最常用的方法是用按钮控制影片剪辑。play 语句可以继续播放被停止下来的动画。下面介绍使用 play 和 stop 语句制作滚动公告的操作方法。

 Step 1　① 新建文档，在菜单栏中，选择【文件】菜单项，② 在打开的下拉菜单中选择【导入】菜单项，③ 在其子菜单中，选择【导入到舞台】菜单项，如图 13-4 所示。

Step 2　① 在打开的【导入】对话框中，选择准备导入的素材背景图片，② 单击【打开】按钮，如图 13-5 所示。

图 13-4

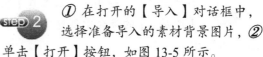

图 13-5

Step 3　将外部图像文件导入舞台后，调整素材图像的大小和位置，如图 13-6 所示。

Step 4　① 在【时间轴】面板的左下角，单击【新建图层】按钮，② 这样即可新建一个图层，如【图层 2】，如图 13-7 所示。

第13章 使用常用语句创建交互式动画

图 13-6

step 5　新建图层后，使用【文本工具】在【图层2】的舞台中创建文本，如图 13-8 所示。

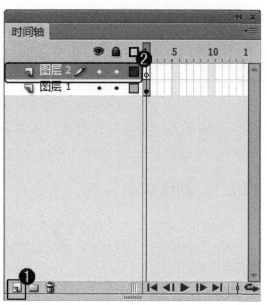

图 13-7

step 6　① 选中创建的文本，执行【修改】主菜单，② 在打开的下拉菜单中，选择【转换为元件】菜单项，如图 13-9 所示。

图 13-8

step 7　① 弹出【转换为元件】对话框，在【类型】下拉列表框中，选择【影片剪辑】选项，② 单击【确定】按钮，将文本转换成元件，如图 13-10 所示。

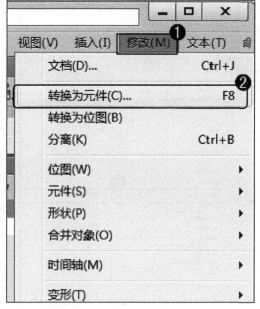

图 13-9

step 8　将文本转换成元件后，在【时间轴】面板中，选中【图层2】的第 1 帧，如图 13-11 所示。

图 13-10

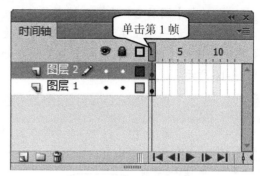

图 13-11

 step 9　使用【选择工具】将创建的文本元件移动至舞台的右侧，如图 13-12 所示。

step 10　分别在【图层 1】和【图层 2】的第 30 帧处按 F6 键插入关键帧，如图 13-13 所示。

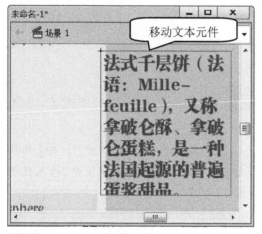

图 13-12

图 13-13

step 11　在【时间轴】面板中，选中【图层 2】的第 30 帧，如图 13-14 所示。

 step 12　使用【选择工具】将创建的文本元件移回原始位置，如图 13-15 所示。

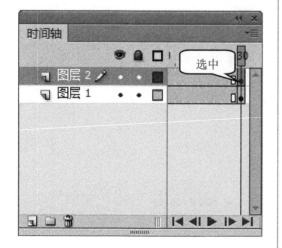

图 13-14

图 13-15

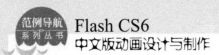
step13 在【图层2】的第1帧至第30帧任意一帧上右击，在弹出的快捷菜单中，选择【创建传统补间】菜单项，如图13-16所示。

图 13-16

step14 ① 创建补间动画后，在【时间轴】面板的左下角，单击【新建图层】按钮 ，② 这样即可新建一个图层，如【图层3】，如图13-17所示。

图 13-17

step15 在【图层3】的第20帧处按F6键插入关键帧，如图13-18所示。

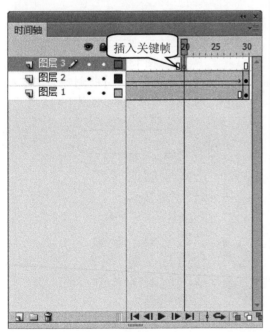

图 13-18

step16 在键盘上按下F9键，打开【动作】面板，在动作编辑区中，输入代码，如图13-19所示。

图 13-19

step17 ① 在【时间轴】面板的左下角，单击【新建图层】按钮 🗗，② 这样即可新建一个图层，如【图层 4】，如图 13-20 所示。

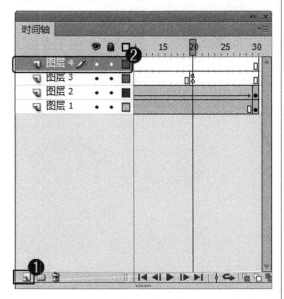

图 13-20

step18 ① 新建图层后，选择【窗口】主菜单，② 在打开的下拉菜单中，选择【公用库】菜单项，③ 在弹出的子菜单中，选择 Buttons 菜单项，如图 13-21 所示。

图 13-21

step19 打开【外部库】面板，选择准备使用的按钮元件，如图 13-22 所示。

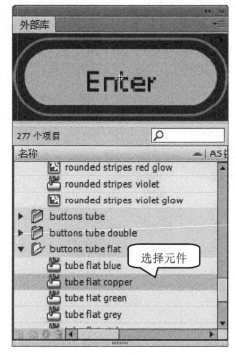

图 13-22

step20 拖曳按钮元件至舞台中并调整其位置和大小，如图 13-23 所示。

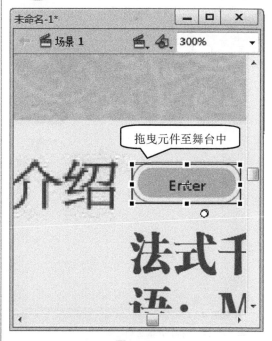

图 13-23

第 13 章　使用常用语句创建交互式动画

325

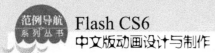
step 21 选择拖曳的按钮元件并双击，进入元件编辑模式，将 "Enter" 字样改为 "播放" 字样，如图 13-24 所示。

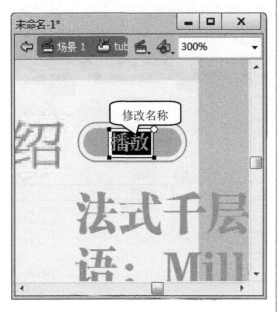

图 13-24

step 22 单击【场景 1】链接项，返回到主场景中，如图 13-25 所示。

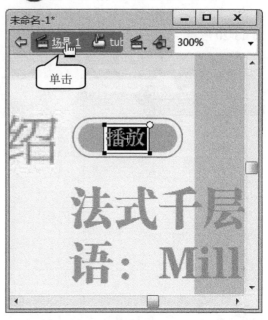

图 13-25

step 23 返回主场景后，选中按钮元件，打开【动作】面板，在动作编辑区中，输入代码，如图 13-26 所示。

图 13-26

step 24 在键盘上按下 Ctrl+Enter 组合键，检测刚刚创建的动画。单击测试动画中的【播放】按钮，用户可以查看文本继续滚动的效果。通过以上方法即可完成制作滚动公告的操作，如图 13-27 所示。

图 13-27

13.2.2 制作控制动画进程的按钮

在 Flash CS6 中，利用 goto 动作可以控制影片跳转到指定的帧或场景上，当影片跳转到指定帧时，可以设定在此帧是进行播放还是停止播放。下面用 gotoAndPlay 和 gotoAndStop 为例，介绍制作控制动画进程按钮的操作方法。

step 1 ① 新建文档，在菜单栏中，选择【文件】菜单项，② 在打开的下拉菜单中，选择【打开】菜单项，如图 13-28 所示。

step 2 ① 在【打开】对话框中，选择准备导入的素材文件，② 单击【打开】按钮，如图 13-29 所示。

图 13-29

图 13-28

step 3 打开素材文件后，用户可以看到素材图像已重合，如图 13-30 所示。

step 4 ① 选择【插入】主菜单，② 在打开的下拉菜单中，选择【新建元件】菜单项，如图 13-31 所示。

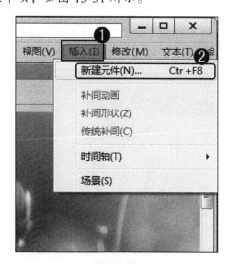

图 13-31

图 13-30

第13章 使用常用语句创建交互式动画

327

5 ① 弹出【创建新元件】对话框，在【类型】下拉列表框中，选择【按钮】选项，② 单击【确定】按钮，如图 13-32 所示。

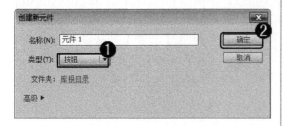

图 13-32

 7 使用【文本工具】在圆形元件中输入文本内容，如"停止"，如图 13-34 所示。

图 13-34

 9 使用【椭圆工具】在舞台中绘制一个圆形，如图 13-36 所示。

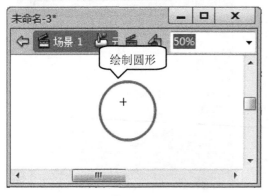

图 13-36

 6 使用【椭圆工具】在舞台中绘制一个圆形，如图 13-33 所示。

图 13-33

8 ① 返回到主场景中，在键盘上按下 Ctrl+F8 组合键，弹出【创建新元件】对话框，在【类型】下拉列表框中，选择【按钮】选项，② 单击【确定】按钮，如图 13-35 所示。

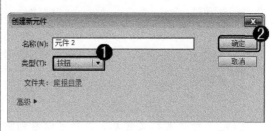

图 13-35

10 使用【文本工具】在圆形元件中输入文本内容，如"播放"，如图 13-37 所示。

图 13-37

step11 ① 返回到主场景中，在键盘上按下 Ctrl+F8 组合键，弹出【创建新元件】对话框，在【类型】下拉列表框中，选择【按钮】选项，② 单击【确定】按钮，如图 13-38 所示。

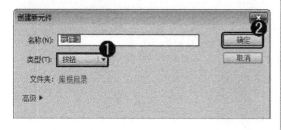

图 13-38

step13 使用【文本工具】在圆形元件中输入文本内容，如"暂停"，如图 13-40 所示。

图 13-40

step15 将创建的 3 个元件拖曳至舞台中指定的位置并调整大小，如图 13-42 所示。

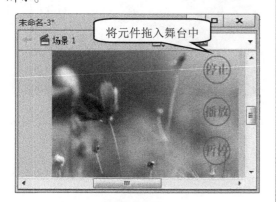

图 13-42

step12 使用【椭圆工具】在舞台中绘制一个圆形，如图 13-39 所示。

图 13-39

step14 ① 返回主场景中后，在【时间轴】面板的左下角，单击【新建图层】按钮，② 这样即可新建一个图层，如【图层 2】，如图 13-41 所示。

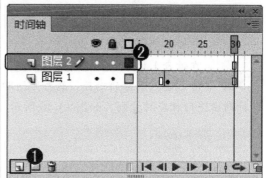

图 13-41

step16 选择【播放】按钮元件后，在键盘上按下 F9 键，打开【动作】面板，在动作编辑区中，输入代码，如图 13-43 所示。

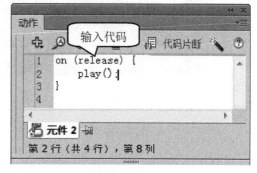

图 13-43

第一三章 使用常用语句创建交互式动画

329

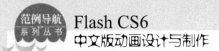

step17 选择【暂停】按钮元件后，在键盘上按下 F9 键，打开【动作】面板，在动作编辑区中，输入代码，如图 13-44 所示。

step18 选择【停止】按钮元件后，在键盘上按下 F9 键，打开【动作】面板，在动作编辑区中，输入代码，如图 13-45 所示。

图 13-44

图 13-45

step19 在键盘上按下 Ctrl+Enter 组合键，检测刚刚创建的动画，单击按钮即可对动画进行相应的控制，如图 13-46 所示。

step20 通过以上方法即可完成制作控制动画进程按钮的操作，如图 13-47 所示。

图 13-46

图 13-47

13.3 超链接语句 getURL

在 Flash CS6 中，制作 Flash 网站的过程中，跳转到其他网页的按钮是最常见的元素之一。在 Flash 文件中使用 getURL 语句可以让指定的浏览器窗口转向指定的 URL 地址。下面以"创建链接到网页动画"和"制作发送电子邮件动画"为例，介绍超链接语句 getURL 方面的知识。

13.3.1 创建链接到网页动画

在 Flash CS6 中，用户可以使用 getURL 语句创建链接到网页的动画。下面介绍创建链接到网页动画的操作方法。

 ① 新建文档，在菜单栏中，选择【文件】菜单项，② 在弹出的下拉菜单中，选择【导入】菜单项，③ 在弹出的子菜单中，选择【导入到舞台】菜单项，如图 13-48 所示。

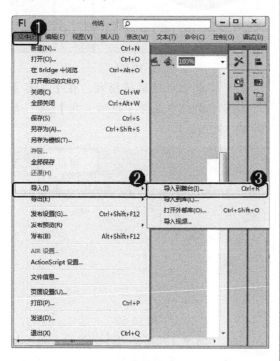

图 13-48

 将外部图像文件导入舞台后，调整素材图像的大小和位置，如图 13-50 所示。

 ① 在【导入】对话框中，选择准备导入的素材背景图片，如"创建链接到网页动画.bmp"，② 单击【打开】按钮，如图 13-49 所示。

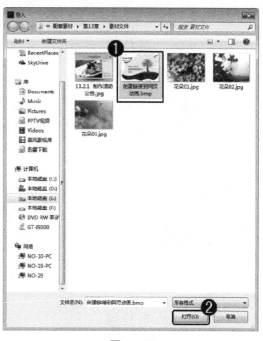

图 13-49

 ① 选择【插入】主菜单，② 在打开的下拉菜单中，选择【新建元件】菜单项，如图 13-51 所示。

第 13 章 使用常用语句创建交互式动画

调整图形大小

图 13-50

图 13-51

step 5 ① 弹出【创建新元件】对话框，在【类型】下拉列表框中，选择【按钮】选项，② 单击【确定】按钮，如图 13-52 所示。

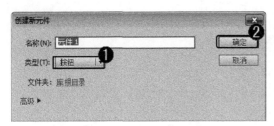

图 13-52

step 6 进入元件编辑模式，在【工具】面板中选择【矩形工具】 ，如图 13-53 所示。

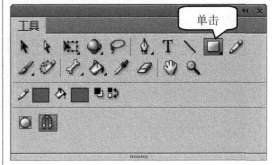

单击

图 13-53

step 7 在【矩形工具】的【属性】面板中，在【矩形选项】选项组中，设置矩形圆角数值，如"5"，② 设置矩形填充颜色，如"#FF3300"，如图 13-54 所示。

step 8 设置【矩形工具】属性后，在文档中，拖动鼠标绘制一个圆角矩形，如图 13-55 所示。

332

图 13-54

图 13-55

step 9　使用【文本工具】在创建的按钮元件上创建文本，如"进入网站"，如图 13-56 所示。

step 10　单击【场景 1】链接项，返回到主场景中，如图 13-57 所示。

图 13-56

图 13-57

step 11 ① 在【时间轴】面板的左下角，单击【新建图层】按钮 ，② 这样即可新建一个图层，如【图层 2】，如图 13-58 所示。

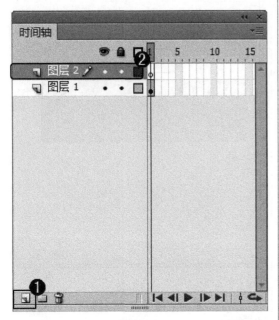

图 13-58

step 13 选中按钮元件，在【动作】面板中，输入如下代码，如：on (release) { getURL("E:/2013/06- Flash CS6 中文版动画设计与制作/配套素材/第 13 章/素材文件/创建链接到网页动画/index.html","_blank"); }，如图 13-60 所示。

图 13-60

step 12 将创建的按钮元件拖入到舞台中，并调整其大小，如图 13-59 所示。

图 13-59

step 14 在键盘上按下 Ctrl+Enter 组合键，检测刚刚创建的动画，单击测试动画中的【进入网站】按钮，用户可以跳转至代码中的网页。通过以上方法即可完成链接到网页动画的操作，如图 13-61 所示。

图 13-61

在 Flash CS6 中，在【动作】面板中输入代码的过程中，用户需注意的是，代码中涉及网站链接的时候，要注意链接网站的存放路径是否正确，不能改变链接网站的存放地址，否则将无法链接到该网站。

13.3.2 制作发送电子邮件动画

在 Flash CS6 中，用户使用 getURL 语句不仅可以完成超文本链接，还可以链接 FTP 地址，CGI 脚本和其他形式，如"发送电子邮件"链接效果。下面介绍制作发送电子邮件动画的操作方法。

Step 1 ① 新建文档，在菜单栏中，选择【文件】菜单项，② 在弹出的下拉菜单中，选择【导入】菜单项，③ 在弹出的子菜单中，选择【导入到舞台】菜单项，如图 13-62 所示。

图 13-62

Step 3 将外部图像文件导入舞台后，调整素材图像的大小和位置，如图 13-64 所示。

Step 2 ① 在【导入】对话框中，选择准备导入的素材背景图片，如"制作发送电子邮件动画.jpg"，② 单击【打开】按钮，如图 13-63 所示。

图 13-63

Step 4 ① 选择【文本工具】后，在【属性】面板中，将【系列】设置为【方正大标宋简体】，② 在【大小】微调框中，设置文本的大小，③ 在【颜色】框中，设置文本颜色，如白色，如图 13-65 所示。

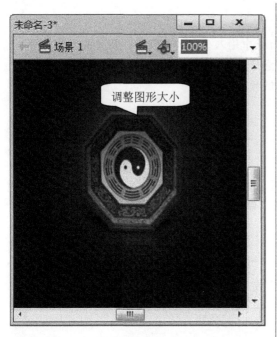

图 13-64

图 13-65

step 5 ① 在【时间轴】面板的左下角，单击【新建图层】按钮 █ ，② 这样即可新建一个图层，如【图层 2】，如图 13-66 所示。

step 6 新建图层后，在文档中创建文本，如"电子邮件链接"，如图 13-67 所示。

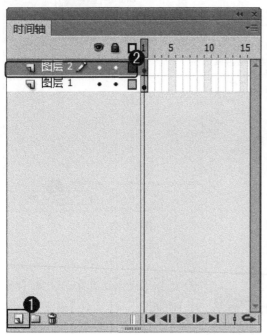

图 13-66

图 13-67

step 7 在【属性】面板中，在【链接】文本框中，输入准备链接的邮箱地址，如"mailto:itmingjian@163.com"，如图 13-68 所示。

step 8 在键盘上按下 Ctrl+Enter 组合键，检测刚刚创建的动画，单击测试动画中的【电子邮件链接】链接项，用户可以打开 Outlook 对该电子邮箱发送邮件。通过以上方法即可完成制作发送电子邮件动画的操作，如图 13-69 所示。

图 13-68

图 13-69

13.4 拖动语句 startDrag

在 Flash CS6 中，startDrag()函数的作用是使影片剪辑实例在影片播放中可以拖动。下面以"制作鼠标跟随效果"和"制作个性化鼠标指针"为例，介绍拖动语句 startDrag 方面的知识。

13.4.1 制作鼠标跟随效果

鼠标跟随是 Flash 动画中常见的动画效果，可以使用户的动画更具个性。下面介绍制作鼠标跟随效果的操作方法。

step 1 ① 新建文档，在菜单栏中，选择【文件】菜单项，② 在弹出的下拉菜单中，选择【导入】菜单项，③ 在弹出的子菜单中，选择【导入到舞台】菜单项，如图 13-70 所示。

step 2 ① 在【导入】对话框中，选择准备导入的素材背景图片，如"制作鼠标跟随效果.bmp"，② 单击【打开】按钮，如图 13-71 所示。

337

第 13 章 使用常用语句创建交互式动画

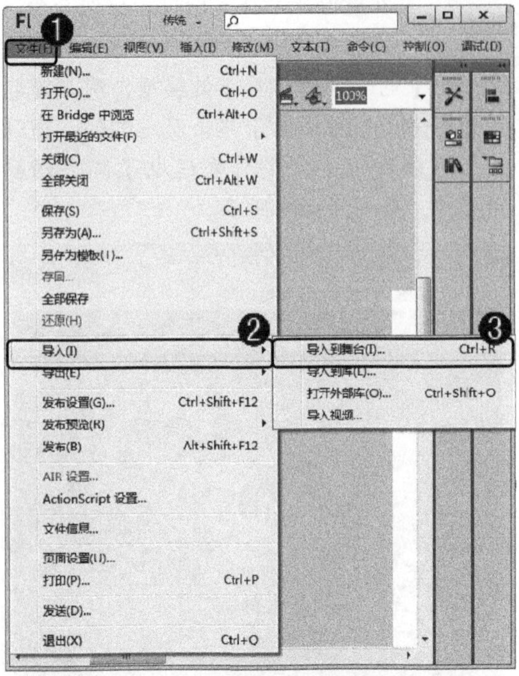

图 13-70

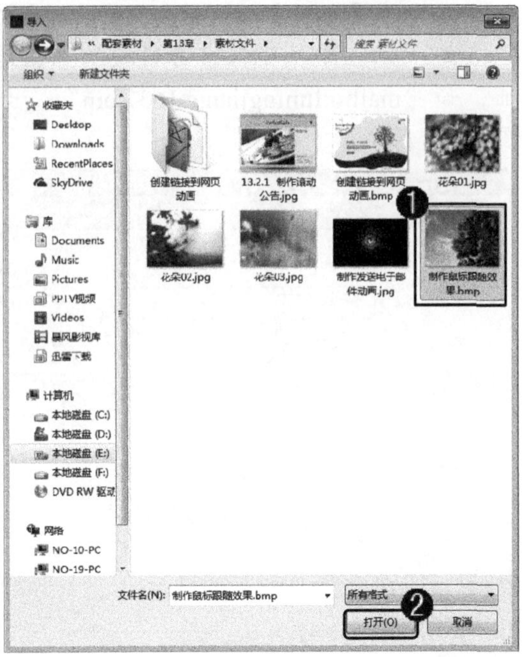

图 13-71

step 3 将外部图像文件导入舞台后，调整素材图像的大小和位置，如图 13-72 所示。

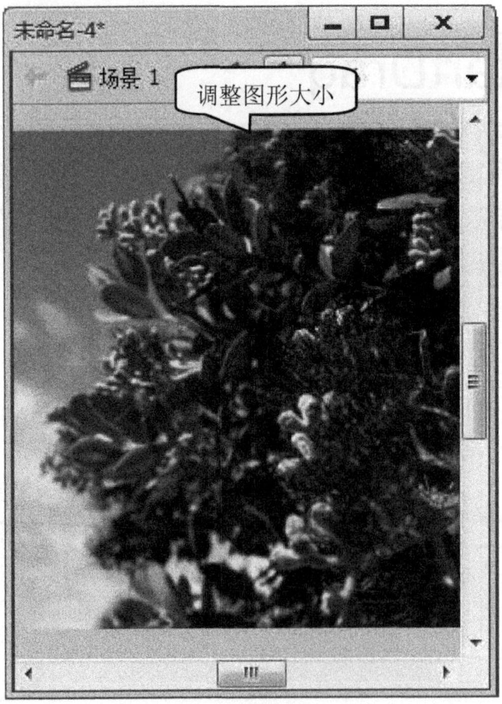

图 13-72

step 4 ① 在【时间轴】面板的左下角，单击【新建图层】按钮，② 这样即可新建一个图层，如【图层 2】，如图 13-73 所示。

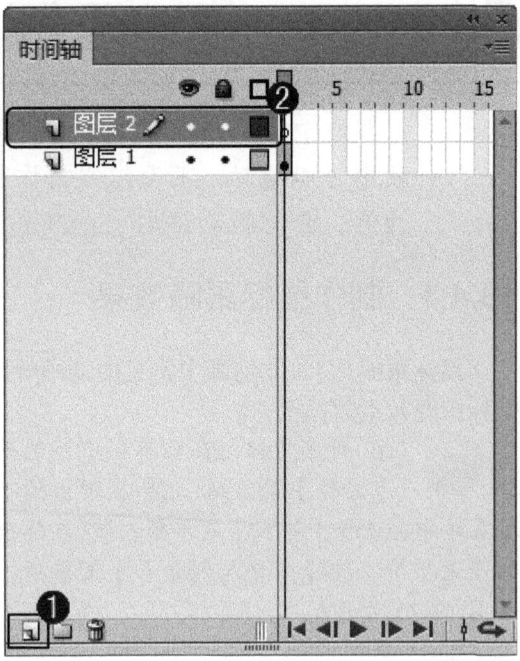

图 13-73

step 5 ① 在菜单栏中，选择【文件】菜单项，② 在弹出的下拉菜单中，选择【导入】菜单项，③ 在弹出的子菜单中，选择【导入到舞台】菜单项，如图 13-74 所示。

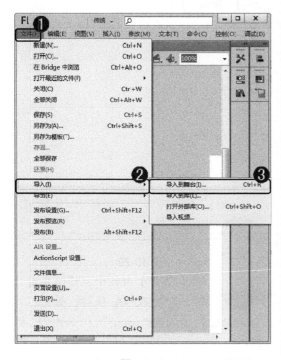

图 13-74

step 7 ① 在键盘上按下 F8 键，弹出【转换为元件】对话框，在【类型】下拉列表框中，选择【影片剪辑】选项，② 单击【确定】按钮，如图 13-76 所示。

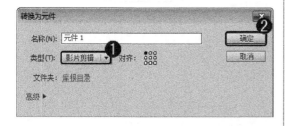

图 13-76

step 9 选中【图层 2】的第 1 帧后，打开【动作】面板，在其中输入代码，如 "startDrag();"，如图 13-78 所示。

step 6 ① 在【导入】对话框中，选择准备导入的图形素材，如 "蝴蝶.png"，② 单击【打开】按钮，如图 13-75 所示。

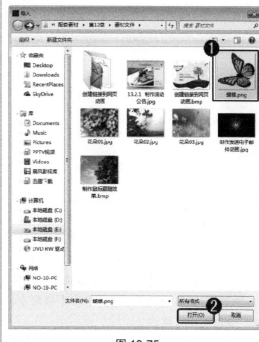

图 13-75

step 8 将蝴蝶图像转换为元件后，在【属性】面板中，在【实例名称】文本框中输入名称，如 "hd"，如图 13-77 所示。

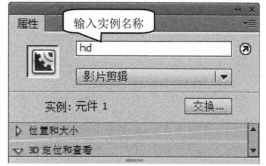

图 13-77

step 10 将鼠标光标放置在()中间，单击【插入目标路径】按钮 ⊕，如图 13-79 所示。

图 13-78

图 13-79

step 11　①弹出【插入目标路径】对话框，选择 hd 选项，②单击【确定】按钮，如图 13-80 所示。

step 12　在【动作】面板中，修改当前代码，将代码修改如下："startDrag("_root.hd",true);"，如图 13-81 所示。

图 13-80

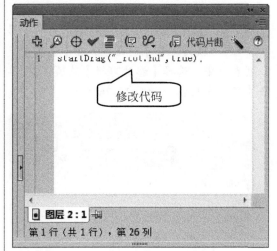

图 13-81

step 13　返回到舞台中，使用【任意变形工具】调整蝴蝶图形的大小，如图 13-82 所示。

step 14　在键盘上按下 Ctrl+Enter 组合键，检测刚刚创建的动画，移动鼠标，蝴蝶将跟随鼠标移动。通过以上方法即可完成制作鼠标跟随效果的操作，如图 13-83 所示。

图 13-82

图 13-83

13.4.2　制作个性化鼠标指针

在 Flash CS6 中，在制作个性化鼠标指针时，用户可以在隐藏指针的时候对另一个影片剪辑实例进行拖曳，这样看起来像是换了一个鼠标样式一般。下面介绍制作个性化鼠标指针的操作方法。

step 1 ① 新建文档，在菜单栏中，选择【文件】菜单项，② 在弹出的下拉菜单中，选择【导入】菜单项，③ 在弹出的子菜单中，选择【导入到舞台】菜单项，如图 13-84 所示。

step 2 ① 在【导入】对话框中，选择准备导入的素材背景图片，如"制作个性化鼠标指针.jpg"，② 单击【打开】按钮，如图 13-85 所示。

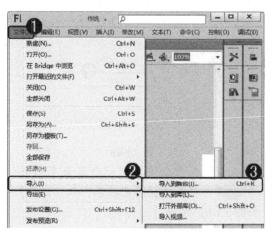

图 13-84

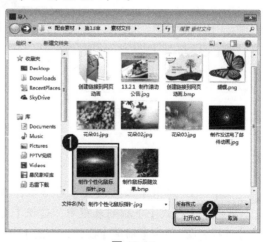

图 13-85

step 3 将外部图像文件导入舞台后，调整素材图像的大小和位置，如图 13-86 所示。

图 13-86

step 5 ① 弹出【创建新元件】对话框，在【类型】下拉列表框中，选择【影片剪辑】选项，② 单击【确定】按钮，如图 13-88 所示。

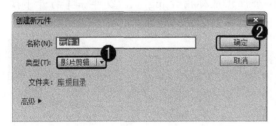

图 13-88

step 7 ① 弹出【工具设置】对话框，在【样式】下拉列表框中，选择【星形】选项，② 单击【确定】按钮，如图 13-90 所示。

step 4 ① 选择【插入】主菜单，② 在弹出的下拉菜单中，选择【新建元件】菜单项，如图 13-87 所示。

图 13-87

step 6 ① 在工具箱中，选择【多角星形工具】按钮，② 在【属性】面板中，单击【选项】按钮，如图 13-89 所示。

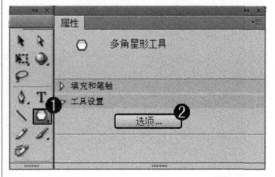

图 13-89

step 8 在舞台中绘制一个五角星形并使用颜料桶填充颜色，如"红色"，如图 13-91 所示。

图 13-90

图 13-91

step 9 ① 返回到主场景中，在【时间轴】面板的左下角，单击【新建图层】按钮 🖿，② 这样即可新建一个图层，如【图层 2】，如图 13-92 所示。

step 10 将创建的影片剪辑元件拖曳至舞台中，如图 13-93 所示。

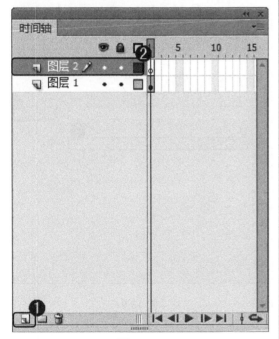

图 13-92

图 13-93

step 11 选择影片剪辑元件后，在【属性】面板中，在【实例名称】文本框中输入实例的名称，如 "shubiao"，如图 13-94 所示。

step 12 选中【图层 2】的第 1 帧后，打开【动作】面板，在其中输入代码，如 "startDrag();"，如图 13-95 所示。

图 13-94

 step13　将鼠标光标放置在()中间，单击【插入目标路径】按钮⊕，如图 13-96 所示。

图 13-96

step15　在【动作】面板中，修改当前代码，将代码修改如下："startDrag("_root.shubiao",true);"，如图 13-98 所示。

图 13-95

step14　① 弹出【插入目标路径】对话框，选择 shubiao 选项，② 单击【确定】按钮，如图 13-97 所示。

图 13-97

step16　鼠标光标放置在代码后，在【动作】面板中，插入如下代码，如"Mouse.hide()"，如图 13-99 所示。

修改代码

图 13-98

```
startDrag("_root.shubiac",true);
Mouse.hide()
```

插入代码

图 13-99

step 17 返回到舞台中，使用【任意变形工具】调整五角星元件的大小，如图 13-100 所示。

step 18 在键盘上按下 Ctrl+Enter 组合键，检测刚刚创建的动画，移动鼠标，五角星将随鼠标指针移动。通过以上方法即可完成制作个性化鼠标指针的操作，如图 13-101 所示。

调整五角星大小

图 13-100

图 13-101

13.5　外部链接语句

在 Flash CS6 中，使用 loadMovie 和 unload Movie 语句，用户可以同时在 Flash 中显示几个影片；使用 loadVariables 语句，用户可以制作翻页效果，下面以"制作电影播放器"和"制作翻页按钮"为例，介绍外部链接语句方面的知识。

13.5.1　制作电影播放器

在 Flash CS6 中，用户可以利用 ActionScript 的 loadMovie 语句将外部的影片载入和卸载。下面介绍使用 loadMovie 和 unload Movie 语句制作电影播放器的操作方法。

step 1 ① 新建文档，在菜单栏中，选择【文件】菜单项，② 在弹出的下拉菜单中，选择【导入】菜单项，③ 在弹出的子菜单中，选择【导入到舞台】菜单项，如图 13-102 所示。

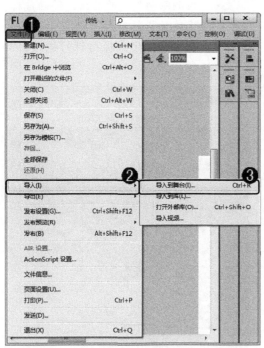

图 13-102

step 3 将外部图像文件导入舞台后，调整素材图像的大小和位置，如图 13-104 所示。

step 2 ① 在【导入】对话框中，选择准备导入的素材背景图片，如"制作电影播放器.bmp"，② 单击【打开】按钮，如图 13-103 所示。

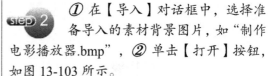

图 13-103

step 4 ① 选择【插入】主菜单，② 在弹出的下拉菜单中，选择【新建元件】菜单项，如图 13-105 所示。

图 13-104

step 5 ① 弹出【创建新元件】对话框，在【类型】下拉列表框中，选择【影片剪辑】选项，② 单击【确定】按钮，如图 13-106 所示。

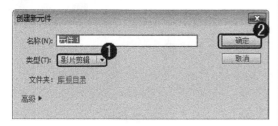

图 13-106

step 7 ① 在【时间轴】面板的左下角，单击【新建图层】按钮 ，② 这样即可新建一个图层，如【图层 2】，如图 13-108 所示。

图 13-105

step 6 使用【矩形工具】绘制一个矩形并使用【颜料桶工具】填充矩形颜色，如橘黄色，如图 13-107 所示。

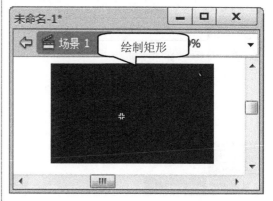

图 13-107

step 8 使用【文本工具】创建准备输入的文本内容，如"载入动画"，如图 13-109 所示。

第一三章 使用常用语句创建交互式动画

347

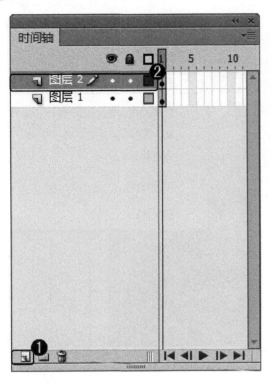

图 13-108

图 13-109

step 9　① 选择【插入】主菜单，② 在弹出的下拉菜单中，选择【新建元件】菜单项，如图 13-110 所示。

step 10　① 弹出【创建新元件】对话框，在【名称】文本框中，输入元件名称，如 "anniu01"，② 在【类型】下拉列表框中，选择【按钮】选项，③ 单击【确定】按钮，如图 13-111 所示。

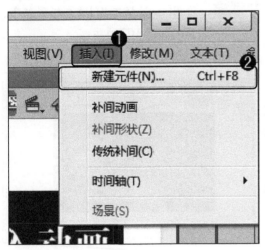

图 13-110

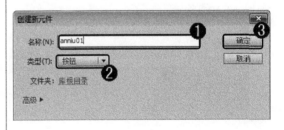

图 13-111

step 11　进入按钮元件编辑模式，在【时间轴】面板中，单击【弹起】帧，如图 13-112 所示。

step 12　使用【矩形工具】绘制一个矩形并使用【颜料桶工具】填充矩形颜色，如橘黄色，如图 13-113 所示。

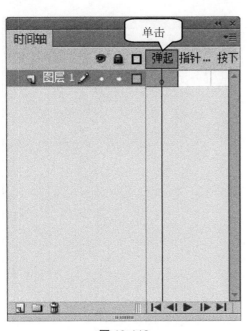

图 13-112

step 13　在键盘上按住 Alt 键的同时，拖动绘制的矩形，复制一个矩形并更改其颜色为"绿色"，如图 13-114 所示。

图 13-113

step 14　使用【文本工具】在绿色矩形上创建文本内容，如"动画 01"，如图 13-115 所示。

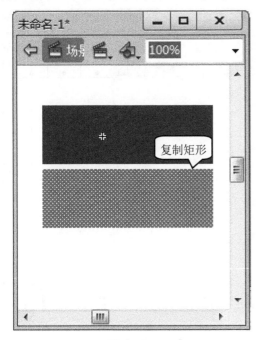

图 13-114

step 15　使用【选择工具】将绿色矩形和文本内容移动至红色矩形上，使两个矩形重合，如图 13-116 所示。

图 13-115

step 16　在【时间轴】面板中，单击【指针】帧，按下 F6 键，插入一个关键帧，如图 13-117 所示。

图 13-116

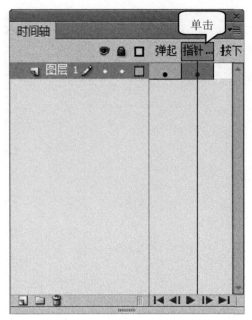

图 13-117

 17 选中创建的文本并更改文本的颜色为黄色,如图 13-118 所示。

 **18** 在【时间轴】面板中,单击【按下】帧,按下 F6 键,插入一个关键帧,如图 13-119 所示。

图 13-118

图 13-119

 19 选中创建的文本并更改文本的颜色为蓝色,如图 13-120 所示。

 **20** 在【时间轴】面板中,单击【点击】帧,按下 F6 键,插入一个关键帧,如图 13-121 所示。

图 13-120

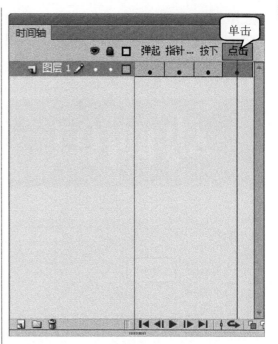

图 13-121

step21 打开【库】面板，右击制作好的"anniu01"元件，在弹出的快捷菜单中，选择【直接复制】菜单项，如图 13-122 所示。

step22 ① 弹出【直接复制元件】对话框，在【名称】文本框中，输入元件名称，如"anniu02"，② 在【类型】下拉列表框中，选择【按钮】选项，③ 单击【确定】按钮，如图 13-123 所示。

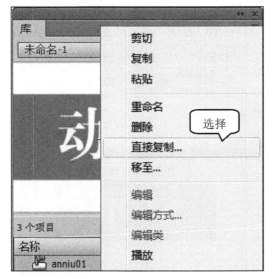

图 13-122

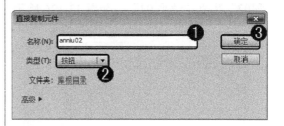

图 13-123

考考您

请您根据上述方法创建一个 Flash 文档并在动画中创建一个播放器，测试一下您的学习效果。

step23 在【库】面板中，双击复制好的"anniu02"元件，进入元件编辑模式，如图 13-124 所示。

step24 进入元件编辑模式后，将元件中的文本"动画 01"改为"动画 02"，如图 13-125 所示。

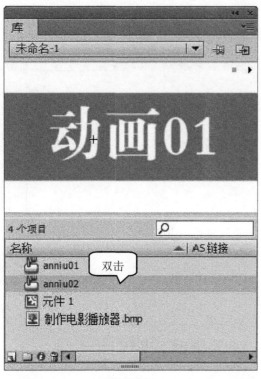

更改文本内容

图 13-124

图 13-125

step25 运用相同的方法将"anniu02"按钮元件直接复制成"anniu03"按钮元件并进入元件编辑模式,将元件中的文本"动画 02"改为"动画 03",如图 13-126 所示。

step26 运用相同的方法将"anniu03"按钮元件直接复制成"stop"按钮元件并进入元件编辑模式,将元件中的文本"动画 03"改为"stop",如图 13-127 所示。

更改文本内容

图 13-126

更改文本内容

图 13-127

step 27　① 返回到主场景中，在【时间轴】面板的左下角，单击【新建图层】按钮🔲，② 这样即可新建一个图层，如【图层 2】，如图 13-128 所示。

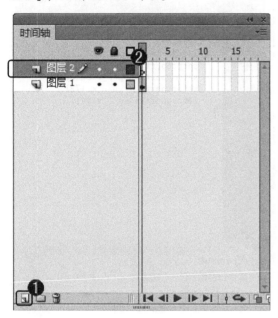

图 13-128

step 29　在影片剪辑元件【属性】面板中，在【名称】文本框中，设置实例的名称为"yp"，如图 13-130 所示。

step 28　将创建的影片剪辑元件拖曳至舞台中并调整其大小和位置，如图 13-129 所示。

将影片剪辑元件拖入至舞台

载入动画

services
services overview

图 13-129

step 30　① 返回到主场景中，在【时间轴】面板的左下角，单击【新建图层】按钮🔲，② 这样即可新建一个图层，如【图层 3】，如图 13-131 所示。

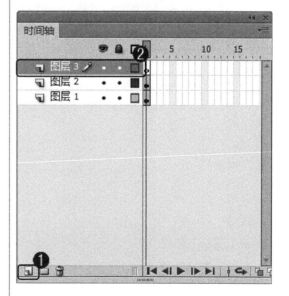

图 13-131

图 13-130

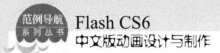

step 31 将创建的 4 个按钮元件拖曳至舞
台中并调整其大小和位置，如
图 13-132 所示。

图 13-132

step 33 在【图层 3】中选中 anniu02 元件，
在【动作】面板中，输入如图 13-134
所示的代码。

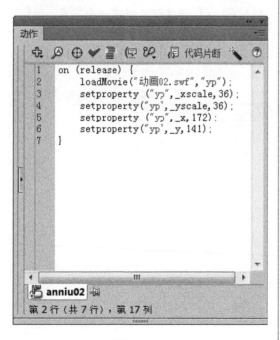

图 13-134

step 32 在【图层 3】中选中 anniu01 元件，
在【动作】面板中，输入如图 13-133
所示的代码。

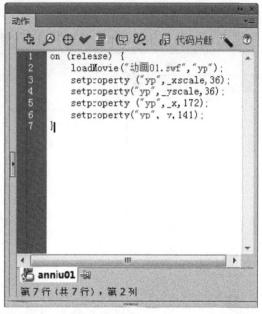

图 13-133

step 34 在【图层 3】中选中 anniu03 元件，
在【动作】面板中，输入如图 13-135
所示的代码。

图 13-135

step35 在【图层3】中选中 stop 元件，在【动作】面板中，输入如图 13-136 所示的代码。

图 13-136

step36 按下 Ctrl+Enter 组合键，检测刚刚创建的动画，单击播放按钮，可以播放或停止动画。通过以上方法即可完成制作电影播放器的操作，如图 13-137 所示。

图 13-137

13.5.2 制作翻页按钮

在 Flash CS6 中，loadVariables 语句是一种网络动作对象，loadVariables 语句是在 Flash 影片和服务器之间传递变量的一种对象。下面介绍使用 loadVariables 语句制作翻页按钮的操作方法。

step 1 ① 新建文档，在菜单栏中，选择【文件】菜单项，② 在弹出的下拉菜单中，选择【导入】菜单项，③ 在弹出的子菜单中，选择【导入到舞台】菜单项，如图 13-138 所示。

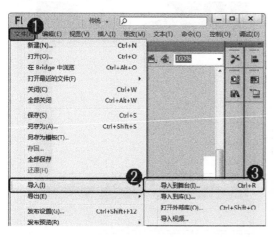

图 13-138

step 2 ① 在【导入】对话框中，选择准备导入的素材背景图片，如"制作翻页按钮.bmp"，② 单击【打开】按钮，如图 13-139 所示。

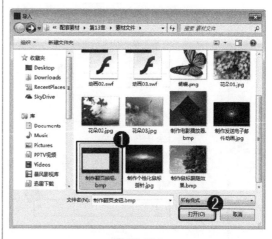

图 13-139

第 13 章 使用常用语句创建交互式动画

355

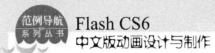

step 3　将外部图像文件导入舞台后，调整素材图像的大小和位置，如图 13-140 所示。

图 13-140

step 5　① 新建图层后，在工具箱中，选择【文本工具】，② 在【属性】面板中，选择【动态文本】选项，③ 在【行为】下拉列表框中，选择【多行】选项，如图 13-142 所示。

图 13-142

step 4　① 在【时间轴】面板的左下角，单击【新建图层】按钮，② 这样即可新建一个图层，如【图层 2】，如图 13-141 所示。

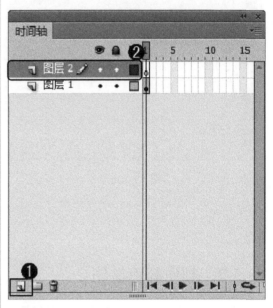

图 13-141

step 6　设置【文本工具】属性后，在舞台中绘制一个文本框，如图 13-143 所示。

图 13-143

step 7　在【属性】面板的在【变量】文本框中，设置变量为"js"，如图13-144所示。

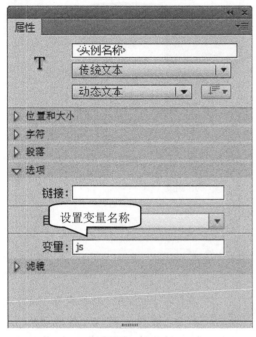

图 13-144

step 9　① 弹出【创建新元件】对话框，在【类型】下拉列表框中，选择【按钮】选项，② 单击【确定】按钮，如图13-146所示。

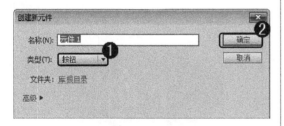

图 13-146

step 11　使用【文本工具】在椭圆上输入文本内容，如"上翻"，如图13-148所示。

step 8　① 选择【插入】主菜单，② 在弹出的下拉菜单中，选择【新建元件】菜单项，如图13-145所示。

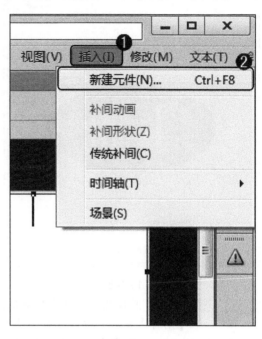

图 13-145

step 10　使用【椭圆工具】绘制一个椭圆并使用【颜料桶工具】填充椭圆的颜色，如 "#CC9900"，如图13-147所示。

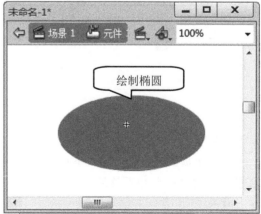

图 13-147

step 12　打开【库】面板，右击制作好的【元件1】按钮元件，在弹出的快捷菜单中，选择【直接复制】菜单项，如图13-149所示。

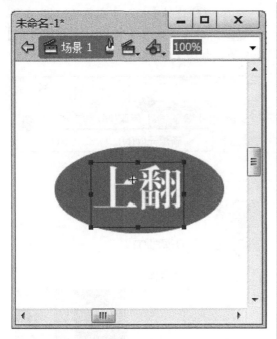

图 13-148

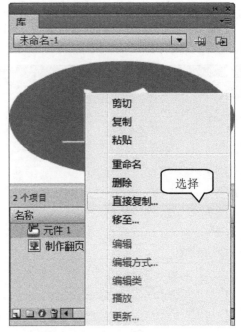

图 13-149

step13 ① 弹出【直接复制元件】对话框，在【名称】文本框中，输入元件名称，如"元件 2"，② 在【类型】下拉列表框中，选择【按钮】选项，③ 单击【确定】按钮，如图 13-150 所示。

step14 在【库】面板中，双击复制好的【元件 2】元件，进入元件编辑模式，将"上翻"字样改为"下翻"，如图 13-151 所示。

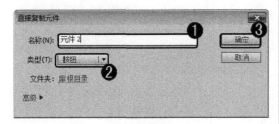

图 13-150

考考您

请您根据上述方法创建一个 Flash 文档并在动画中创建一个翻页效果，测试一下您的学习效果。

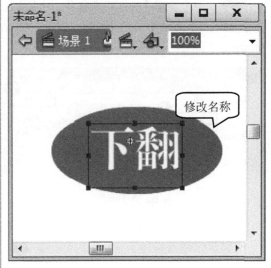

图 13-151

step15 返回到主场景中，将元件 1 和元件 2 拖入至舞台中并调整其位置和大小，如图 13-152 所示。

step16 保存文档，建立一个文档，将其命名为"loadtxt.txt"，在其中输入文本内容并在文本内容前加入代码，如"js="，如图 13-153 所示。

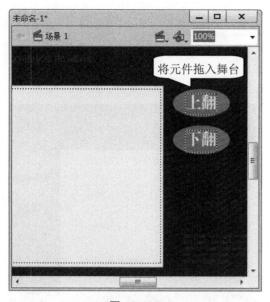

图 13-152

17 选择【图层 2】的第 1 帧后,在【动作】面板中,输入如图 13-154 所示的代码。

图 13-153

18 选中【上翻】按钮元件,在【动作】面板中,输入如图 13-155 所示的代码。

图 13-154

19 选中【下翻】按钮元件,在【动作】面板中,输入如图 13-156 所示的代码。

图 13-155

20 按下 Ctrl+Enter 组合键,检测刚刚创建的动画,单击上翻或下翻按钮,可以上翻或下翻动画。通过以上方法即可完成制作翻页按钮的操作,如图 13-157 所示。

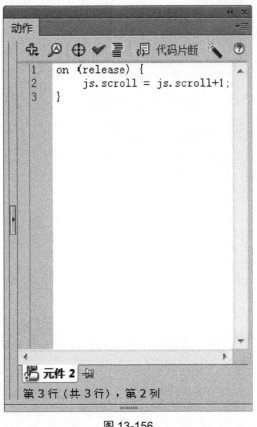

图 13-156

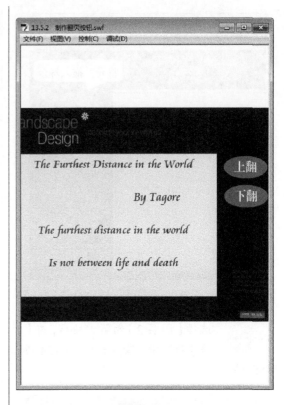

图 13-157

13.6 fscommand 语句

在 Flash CS6 中，使用 fscommand 语句，用户可以在 Flash 中制作全屏播放、退出、执行外部文件等效果。下面以"制作全屏效果"和"制作退出影片"为例，介绍外部链接语句方面的知识。

13.6.1 制作全屏效果

在 Flash CS6 中，使用 fullScreen 语句，用户可以制作全屏播放的效果。下面介绍制作全屏效果的操作方法。

 step 1 ① 新建文档，在菜单栏中，选择【文件】菜单项，② 在弹出的下拉菜单中，选择【导入】菜单项，③ 在弹出的子菜单中，选择【导入到舞台】菜单项，如图 13-158 所示。

step 2 ① 在【导入】对话框中，选择准备导入的素材背景图片，如"制作全屏效果.jpg"，② 单击【打开】按钮，如图 13-159 所示。

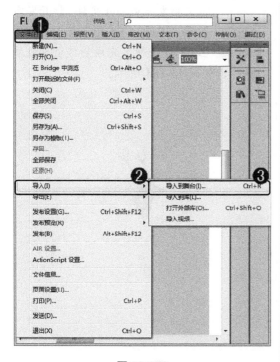

图 13-158

图 13-159

![step 3] 将外部图像文件导入舞台后，调整素材图像的大小和位置，如图 13-160 所示。

![step 4] ① 在【时间轴】面板的左下角，单击【新建图层】按钮，② 这样即可新建一个图层，如【图层 2】，如图 13-161 所示。

图 13-160

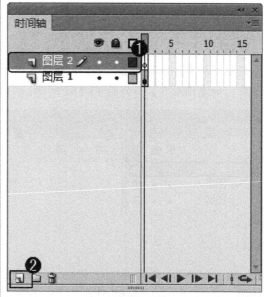

图 13-161

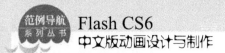
step 5 打开【动作】面板，在其中输入准备设置的代码，如图 13-162 所示。

图 13-162

step 6 将文档发布成.swf 文件，打开发布的.swf 文件，这样即可查看全屏的效果。通过以上方法即可完成制作全屏效果的操作，如图 13-163 所示。

图 13-163

13.6.2 制作退出影片

在 Flash CS6 中，利用 quit 语句，用户可以制作退出影片的效果，下面继续以上一实例"制作全屏效果"为例，介绍制作退出影片的操作方法。

step 1 ① 打开"制作全屏效果"实例，在【时间轴】面板的左下角，单击【新建图层】按钮，② 这样即可新建一个图层，如【图层 3】，如图 13-164 所示。

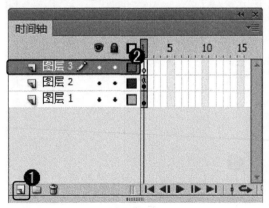

图 13-164

step 2 ① 选择【窗口】主菜单，② 在弹出的下拉菜单中，选择【公用库】菜单项，③ 在弹出的快捷菜单中，选择 Buttons 菜单项，如图 13-165 所示。

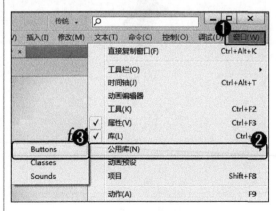

图 13-165

step 3 在打开的【外部库】面板中，选择准备使用的按钮样式，如图 13-166 所示。

图 13-166

step 5 打开【动作】面板，在其中输入准备设置的代码，如图 13-168 所示。

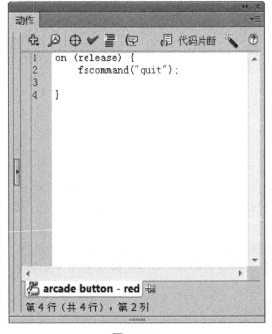

图 13-168

step 4 将准备使用的按钮样式拖曳至舞台中，如图 13-167 所示。

图 13-167

step 6 将文档发布成.swf 文件，打开发布的.swf 文件，单击动画中的按钮，这样即可退出影片。通过以上方法即可完成制作退出影片的操作，如图 13-169 所示。

图 13-169

第13章 使用常用语句创建交互式动画

363

13.7　课后练习

13.7.1　思考与练习

一、填空题

1. 如果准备添加_____或者_____等语言元素，可在【动作】面板中，双击该按钮，或者单击【_____】按钮，这样即可选择相应的项目。

2. 在菜单栏中，选择【调试】→【调试影片】→【调试】菜单项，即可打开_____，在当前调试器中，显示文件，并可以修改变量和属性的值，可以使用断点停止_____并逐行跟踪动作脚本代码。

二、判断题

1. 脚本助手可避免可能出现的语法和逻辑错误，但是使用脚本助手要熟悉 ActionScript，知道创建脚本时要使用什么方法、函数和变量。　　　　　　　　　　　（　　）

2. 如果希望查看 SWF 文件中的对象和变量信息，可在菜单栏中选择【控制】→【测试】菜单项，进入影片测试状态，然后选择【调试】菜单栏中的【对象列表】命令，即可查看到文件对象的变量信息。　　　　　　　　　　　　　　　　　　　（　　）

三、思考题

1. 如何制作鼠标跟随效果？
2. 如何制作发送电子邮件动画？

13.7.2　上机操作

1. 打开"配套素材\第 13 章\素材文件\全屏播放图片.jpg"文件，启动 Flash CS6 软件，使用新建文档命令、导入到舞台命令和使用【动作】面板绘制动画。效果文件可参考"配套素材\第 13 章\效果文件\全屏播放图片.fla"。

2. 打开"配套素材\第 13 章\效果文件\全屏播放图片.fla"文件，启动 Flash CS6 软件，使用新建图层命令、外部库面板和使用【动作】面板绘制动画。效果文件可参考"配套素材\第 13 章\效果文件\制作退出影片.fla"。

范例导航
系列丛书

第14章

使用行为与组件

　　本章主要介绍了行为的应用和组件的基本操作方面的知识与技巧，同时还讲解了使用常见组件和其他组件方面的知识。通过本章的学习，读者可以掌握使用行为与组件方面的知识，为深入学习 Flash CS6 知识奠定基础。

范 例 导 航

1. 行为的应用
2. 组件的基本操作
3. 使用常见组件
4. 其他组件

14.1 行为的应用

在 Flash CS6 中，行为是预先编写的"动作脚本"，它使用户可以将动作脚本编码的强大功能、控制能力和灵活性添加到 Flash 文档中，而不必自己创建动作脚本代码。本节将详细介绍行为的应用方面的知识。

14.1.1 【行为】面板

在 Flash 文档中添加行为是通过【行为】面板来实现的。默认情况下，【行为】面板组合在 Flash 窗口右边的浮动面板组中。执行【窗口】→【行为】命令可以开启和隐藏【行为】面板，如图 14-1 所示。

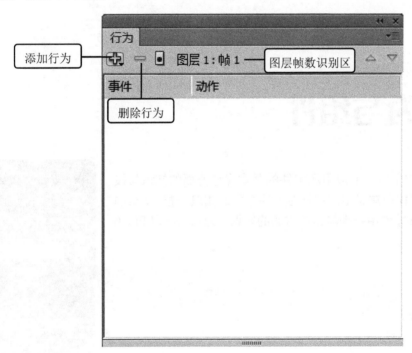

图 14-1

- 【添加行为】按钮：用于在【行为】面板中添加各种行为。
- 【删除行为】按钮：用于在【行为】面板中删除选定的行为。
- 【图层帧数识别区】：表示当前所在图层和当前所在帧。

在 Flash CS6 中，因为 ActionScript 3.0 不支持行为功能，因此，只能在文件发布设为 ActionScript 1.0 或 ActionScript 2.0 时才能使用。同时，用户只有在 Flash 文档中进行操作时才可以使用行为，在外部脚本文件中不可用。

14.1.2 常见的行为种类

选择某一图层上的某一帧后,在【行为】面板中,单击【添加行为】按钮,在弹出的下拉菜单中,用户可以进行 Web、声音、媒体、嵌入的视频、影片剪辑和数据等方面的行为操作;选择创建的按钮元件后,在【行为】面板中,单击【添加行为】按钮,在弹出的下拉菜单中,用户可以进行 Web、声音、媒体、嵌入的视频、影片剪辑、放映文件和数据等方面的行为操作。下面介绍这 7 种行为方面的知识,如图 14-2 所示。

图 14-2

- Web:选择此项,用户可以进行超链接方面的行为操作。
- 声音:选择此项,可以对声音进行控制,包括播放声音、加载声音和停止声音等各种选项。
- 媒体:选择此项,用户可以对媒体文件进行控制。
- 嵌入的视频:选择此项,用户可以对视频进行播放、加载和删除等操作。
- 影片剪辑:选择此项,用户可以对影片进行剪辑、拖动、加载等操作。
- 数据:选择此项,用来触发数据源的位置。
- 放映文件:选择此项,可以实现全屏播放文件的效果。

 # 14.2 组件的基本操作

在 Flash CS6 中,组件是带有参数的影片剪辑,既可以是简单的界面控件,也可以包含不可见的内容,使用组件可以快速地构建具有一致外观和行为的应用程序。本节将详细介绍组件基础操作方面的知识。

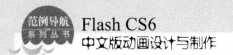

14.2.1　组件的预览与查看

在 Flash 6 中使用组件有多种方法，可以使用【组件】面板来查看组件，并可以在创作过程中将组件添加到文档中。在将组件添加到文档中后，即可在【属性检查器】中查看组件属性。下面详细介绍组件的预览与查看的操作方法。

启动 Flash CS6 程序，新建文档，在菜单栏中，选择【窗口】→【组件】菜单项，这样即可弹出【组件】面板，进行预览与查看，如图 14-3 所示。

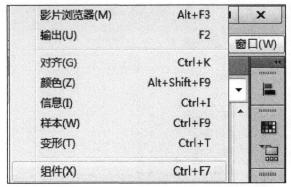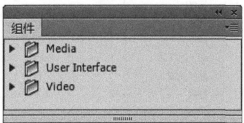

图 14-3

14.2.2　向 Flash 添加组件

在【组件】面板中，将组件拖到舞台上时，就会将编译剪辑元件添加到【库】面板中。下面详细介绍向 Flash 中添加组件的操作方法。

step 1 在菜单栏中，选择【窗口】→【组件】菜单项，打开【组件】面板，单击并拖动准备添加的组件，如图 14-4 所示。

step 2 拖动准备添加的组件至舞台中，这样即可完成向 Flash 中添加组件的操作，如图 14-5 所示。

图 14-4

图 14-5

14.2.3　标签大小及组件的高度和宽度

在 Flash CS6 中，如果组件实例不够大，以致无法显示它的标签，那么标签文本会截断。如果组件实例比文本大，单击区域就会超出标签。

如果使用动作脚本的_width 和 _height 属性来调整组件的宽度和高度，则可以调整该组件的大小，而且组件内容的布局依然保持不变，这将导致组件在影片回放时发生扭曲，这需要使用【任意变形工具】或各大组件对象的 setSize 或 setWidth 方法来解决。

 # 14.3　使用常见组件

在 Flash CS6 中，常见的组件包括按钮组件 Button、复选框组件 CheckBox、单选按钮组件 RadioButton 和下拉列表组件 ComboBox、文本域组件 TextArea 等。本节将详细介绍使用常见的组件方面的知识。

14.3.1　使用按钮组件 Button

Button 组件是一个可调整大小的矩形界面按钮，用户可以给按钮添加一个自定义图标，也可以将按钮的行为从按下改为切换。下面详细介绍按钮组件 Button 的操作方法。

step 1　① 在菜单栏中，选择【窗口】菜单项，② 在弹出的下拉菜单中，选择【组件】菜单项，如图 14-6 所示。

step 2　① 打开【组件】面板，选择 User Interface 选项，② 在展开的选项中，选择 Button 选项，如图 14-7 所示。

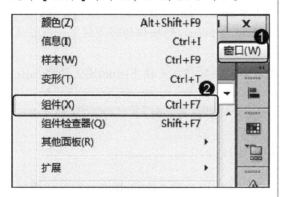

图 14-6

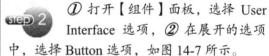
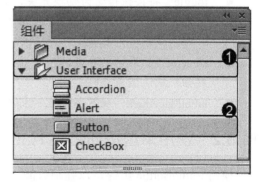

图 14-7

 step 3　将选择的按钮拖曳到舞台中，如图 14-8 所示。

 step 4　在【属性】面板中，用户可以对其参数进行设置，如图 14-9 所示。

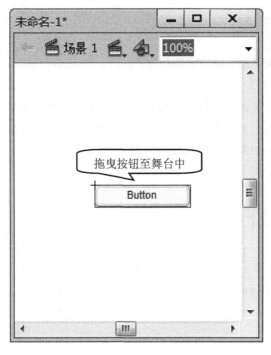

图 14-8

图 14-9

在 Flash CS6 中，在【属性】面板中，用户可以对参数进行如下设置。

■ label：设置按钮上文本的值，默认值是"Button"。

■ icon：给按钮添加自定义图标，该值是库中影片剪辑或图形元件的链接标识符，没有默认值。

■ toggle：将按钮转变为切换开关，如果值为 true，则按钮在单击后保持按下状态，直到再次单击时才返回到弹起状态。如果值为 false，则按钮的行为就像一个普通按钮，默认值为 false。

■ selected：如果切换参数的值是 true，则表示该参数指定是按下(true)还是释放(false)按钮，默认值为 false。

■ labelPlacement：确定按钮上的标签文本相对于图标的方向。

14.3.2 使用单选按钮组件 Radio Button

使用 RadioButton 组件可以强制只能选择一组选项中的一项，RadioButton 组件必须用于至少有两个 RadioButton 实例的组。在任何时刻，只要有一个组成员被选中，选择组中的一个单选按钮将取消选择组内当前选定的单选按钮。

如果单击或按 Tab 键切换到 RadioButton 组件组，会接收焦点，当 RadioButton 组有焦点时，可以使用下列按键来控制，如表 14-1 所示。

表 14-1　控制按键

按　　键	描　　述
向上箭头键/ 向右箭头键	所选项会移至单选按钮组内的前一个单选按钮
向下箭头键/ 向左箭头键	选择将移到单选按钮组的下一个单选按钮
Tab 键	将焦点从单选按钮组移动到下一个组件

step 1　①在菜单栏中，选择【窗口】菜单项，②在弹出的下拉菜单中，选择【组件】菜单项，如图 14-10 所示。

图 14-10

step 2　①打开【组件】面板，选择 User Interface 菜单项，②在展开的选项中，选择 Radio Button 选项，如图 14-11 所示。

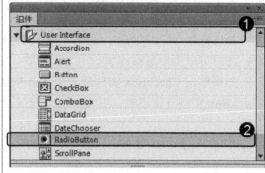

图 14-11

step 3　将选择的组件拖曳到舞台中，如图 14-12 所示。

图 14-12

step 4　在【属性】面板中，用户可以对其参数进行设置，如图 14-13 所示。

图 14-13

第14章　使用行为与组件

371

在属性检查器中，用户可以为每个 RadioButton 组件设置如下参数。

- label: 设置按钮上的文本值，默认值是"单选按钮"。
- data: 是与单选按钮相关的值，没有默认值。
- groupName: 是单选按钮的组名称，默认值为 radioGroup。
- selected: 将单选按钮的初始值设置为被选中(true)或取消选中(false)。被选中的单选按钮中会显示一个圆点，一个组内只有一个单选按钮可以有被选中的值 true。如果组内有多个单选按钮被设置为 true，则会选中最后实例化的单选按钮，默认值为 false。
- labelPlacement: 确定按钮上标签文本的方向，该参数可以是下列四个值之一: left、right、top、bottom，默认值是 right。

14.3.3　使用复选框组件 CheckBox

复选框是一个可以选中或取消选中的方框，复选框被选中后，框中会出现一个复选标记，此时可以为复选框添加一个文本标签，并可以将它放在左侧、右侧、顶部或底部。

如果单击 CheckBox 实例或者用 Tab 按键切换时，CheckBox 实例将接收焦点，当一个 CheckBox 实例有焦点时，可以使用下列按键来控制，如表 14-2 所示。

表 14-2　控制按键

按　键	描　述
Shift + Tab	将焦点移到前一个元素
空格键	选中或者取消选中组件并触发 click 事件
Tab 键	将焦点移到下一个元素

 ① 在菜单栏中，选择【窗口】菜单项，② 在弹出的下拉菜单中，选择【组件】菜单项，如图 14-14 所示。

 ① 打开【组件】面板，选择 User Interface 菜单项，② 在其中选择 CheckBox 选项，如图 14-15 所示。

图 14-14

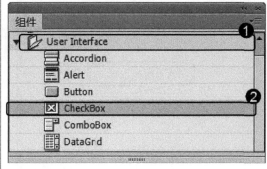

图 14-15

 将选择的组件拖曳到舞台中，如图 14-16 所示。

 在【属性】面板中，用户可以对其参数进行设置，如图 14-17 所示。

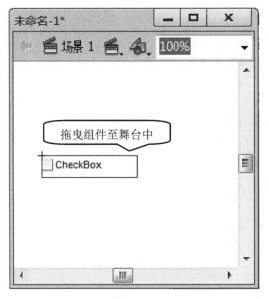

图 14-16

图 14-17

在【属性】面板中，用户可以对参数进行如下设置。

■ label: 设置复选框上文本的值，默认值是 defaultValue。

■ selected: 将复选框的初始值设为选中(true)或取消选中(false)。

■ labelPlacement: 确定复选框上标签文本的方向，该参数可以是下列四个值之一，left、right、top 或 bottom，默认值是 right。

14.3.4 使用下拉列表组件 ComboBox

组合框可以是静态的，也可以是可编辑的，使用静态组合框，可以从下拉列表中做出一项选择。下面详细介绍下拉列表组件 ComboBox 方面的知识。

step 1 ① 在菜单栏中，选择【窗口】菜单项，② 在弹出的下拉菜单中，选择【组件】菜单项，如图 14-18 所示。

step 2 ① 打开【组件】面板，选择 User Interface 菜单项，② 在其中选择 ComboBox 选项，如图 14-19 所示。

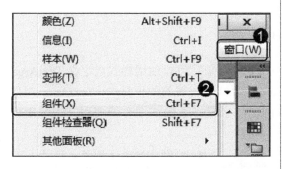

图 14-18

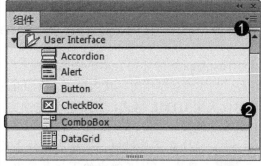

图 14-19

step 3 将选择的组件拖曳到舞台中，如图 14-20 所示。

step 4 在【属性】面板中，用户可以对其参数进行设置，如图 14-21 所示。

拖曳组件至舞台中

图 14-20

设置参数

图 14-21

以下是在属性检查器中为每个 ComboBox 组件设置的创作参数。

- editable：确定 ComboBox 组件是可编辑的(true)还是只能选择的(false)。默认值为 false。
- labels：用一个文本值数组填充 ComboBox 组件。
- data：将一个数据值与 ComboBox 组件中每个项目相联系。该数据参数是一个数组。
- rowCount：设置在不使用滚动条的情况下一次最多可以显示的项目数。默认值 为 5。

14.3.5 使用文本域组件 TextArea

TextArea 组件环绕着本机"动作脚本"TextField 对象，可以使用样式自定义 TextArea 组件；当实例被禁用时，其内容以"disabledColor"样式所代表的颜色显示。TextArea 组件 也可以采用 HTML 格式，或者作为掩饰文本的密码字段。下面详细介绍使用文本域组件 TextArea 的操作方法。

 step 1　①在菜单栏中，选择【窗口】菜单项，②在弹出的下拉菜单中，选择【组件】菜单项，如图 14-22 所示。

step 2　①打开【组件】面板，选择 User Interface 菜单项，②在其中选择 TextArea 选项，如图 14-23 所示。

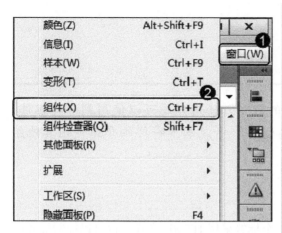

图 14-22

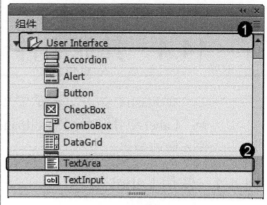

图 14-23

step 3　将选择的组件拖曳到舞台中，如图 14-24 所示。

step 4　在【属性】面板中，用户可以对其参数进行设置，如图 14-25 所示。

图 14-24

图 14-25

下面是在属性检查器中为每个 TextArea 组件设置的创作参数。

- text: 指明 TextArea 的内容，无法在属性检查器或组件检查器面板中输入回车。默认值为""(空字符串)。
- html: 指明文本是(true)否(false)采用 HTML 格式，默认值为 false。
- editable: 指明 TextArea 组件是(true)否(false)可编辑，默认值为 true。
- wordWrap: 指明文本是(true)否(false)自动换行，默认值为 true。

14.4 其他组件

在 Flash CS6 中，除了常见的组件外，用户还可以使用到一些组件，如"Label 组件"和"Scrollpane 组件"等。本节将详细介绍使用其他组件方面的知识。

14.4.1 使用 Label 组件

一个标签组件就是一行文本，可以指定一个标签采用 HTML 格式，也可以控制标签的对齐和大小。Label 组件没有边框，不具有焦点，并且不广播任何事件。

每个 Label 实例的实时预览反映了创作时在属性检查器中对参数所做的更改，标签没有边框，因此，查看实时预览的唯一方法就是设置其文本参数。如果文本太长，并且选择设置 autoSize 参数，那么实时预览将不支持 autoSize 参数，而且不能调整标签边框大小。下面详细介绍使用 Label 组件的操作方法。

step 1 ① 在菜单栏中，选择【窗口】菜单项，② 在弹出的下拉菜单中，选择【组件】菜单项，如图 14-26 所示。

step 2 ① 打开【组件】面板，选择 User Interface 菜单项，② 在其中选择 Label 选项，如图 14-27 所示。

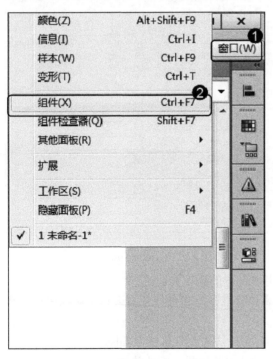

图 14-26

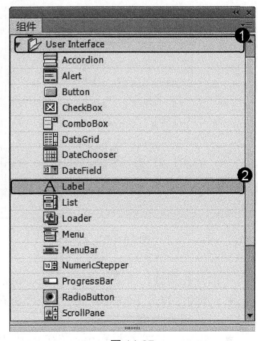

图 14-27

step 3 将选择的组件拖曳到舞台中，如图 14-28 所示。

step 4 在【属性】面板中，用户可以对其参数进行设置，如图 14-29 所示。

图 14-28   图 14-29

以下是可以在属性检查器中为每个 Label 组件设置的创作参数。

- text: 指明标签的文本,默认值是 Label。
- html: 指明标签是(true)否(false)采用 HTML 格式,如果将 html 参数设置为 true,就不能用样式来设定 Label 的格式,默认值为 false。
- autoSize: 指明标签的大小和对齐方式应如何适应文本,默认值为 none。

14.4.2 使用 ScrollPane 组件

滚动窗格组件在一个可滚动区域中显示影片剪辑、JPEG 文件和 SWF 文件,可以让滚动条能够在一个有限的区域中显示图像。

如果单击或切换到 ScrollPane 实例,该实例将接收焦点,当 ScrollPane 实例具有焦点时,可以使用下列按键来控制,如表 14-3 所示。

表 14-3 控制按键

按　键	描　述
向下箭头	内容向上移动一垂直滚动行
End 键	内容移动到滚动窗格的底部
向左箭头	内容向右移动一水平滚动行
Home 键	内容移动到滚动窗格的顶部
Page Down 键	内容向上移动一垂直滚动页
Page Up 键	内容向下移动一垂直滚动页
向右箭头	内容向左移动一水平滚动行
向上箭头	内容向下移动一垂直滚动行

第一四章 使用行为与组件

377

① 在菜单栏中，选择【窗口】菜单项，② 在弹出的下拉菜单中，选择【组件】菜单项，如图 14-30 所示。

① 打开【组件】面板，选择 User Interface 菜单项，② 在其中选择【Scrollpane】选项，如图 14-31 所示。

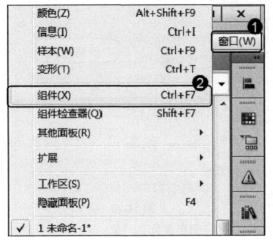

图 14-30

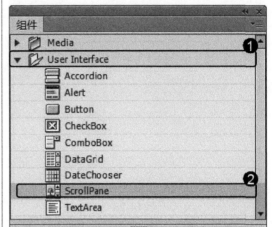

图 14-31

step 3　将选择的组件拖曳到舞台中，如图 14-32 所示。

step 4　在【属性】面板中，用户可以对其参数进行设置，如图 14-33 所示。

图 14-32

图 14-33

下面是在属性检查器中为每个 ScrollPane 组件实例设置的创作参数。

■　contentPath：指明要加载到滚动窗格中的内容。该值可以是本地 SWF 或 JPEG 文件的相对路径，或 Internet 上的文件的相对或绝对路径，也可以是设置为 "为动作脚本导出" 的库中的影片剪辑元件的链接标识符。

- hLineScrollSize：指明每次按下箭头按钮时水平滚动条移动多少个单位，默认值为 5。

- hPageScrollSize：指明每次按下轨道时水平滚动条移动多少个单位，默认值为 20。

- hScrollPolicy：显示水平滚动条，该值可以为 on、off 或 auto，默认值为 auto。

- scrollDrag：是一个布尔值，它允许(true)或不允许(false)，可在滚动窗格中滚动内容，默认值为 false。

- vLineScrollSize：指明每次按下箭头按钮时垂直滚动条移动多少个单位，默认值为 5。

- vPageScrollSize：指明每次按下轨道时垂直滚动条移动多少个单位，默认值为 20。

 # 14.5 范例应用与上机操作

通过本章的学习，读者基本可以掌握使用行为与组件方面的基本知识和操作技巧。下面通过几个范例应用与上机操作练习一下，以达到巩固学习、拓展提高的目的。

14.5.1 制作知识问答界面

通过本章常见组件方面的知识，用户可以制作知识问答界面的动画效果。下面介绍制作知识问答界面的操作方法。

素材文件：配套素材\第 14 章\素材文件\制作知识问答界面.bmp
效果文件：配套素材\第 14 章\效果文件\14.5.1　制作知识问答界面.fla

step 1 新建文档，并将素材导入到舞台中，调整其大小，如图 14-34 所示。

step 2 ① 在【时间轴】面板中，单击【新建图层】按钮，② 新建一个图层，如【图层 2】，如图 14-35 所示。

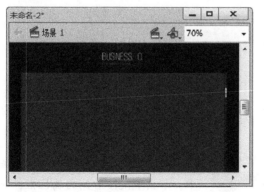
图 14-34

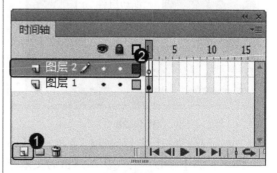
图 14-35

第 14 章 使用行为与组件

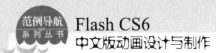

step 3 使用【文本工具】在舞台中创建多个文本，如图 14-36 所示。

图 14-36

step 5 将选择的组件拖曳到舞台中并调整其大小，如图 14-38 所示。

图 14-38

step 7 ① 弹出【值】对话框，多次单击【添加】按钮 ＋，② 在弹出的文本框中，添加如图 14-40 所示的数据作为答案选项，③ 单击【确定】按钮，如图 14-40 所示。

step 4 ① 打开【组件】面板，选择 User Interface 菜单项，② 在其中选择 ComboBox 选项，如图 14-37 所示。

图 14-37

step 6 在【属性】面板中，单击 data 右侧的属性框，如图 14-39 所示。

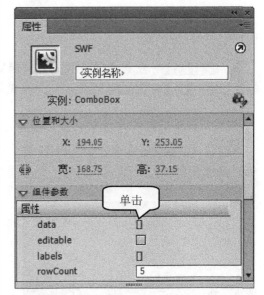

图 14-39

step 8 创建答案选项后，在【属性】面板中，单击 labels 右侧的属性框，如图 14-41 所示。

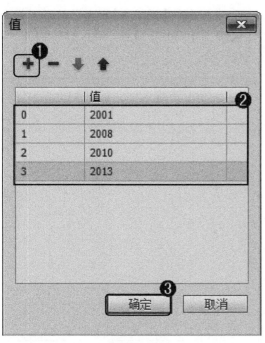

图 14-40

图 14-41

step 9 ① 弹出【值】对话框,多次单击【添加】按钮 ➕,② 在弹出的文本框中,添加如图 14-42 所示的数据作为答案选项,③ 单击【确定】按钮,如图 14-42 所示。

step 10 返回到舞台中,选中 ComboBox 组件后,在【属性】面板中,在【实例名称】文本框中,设置实例名称为"box",如图 14-43 所示。

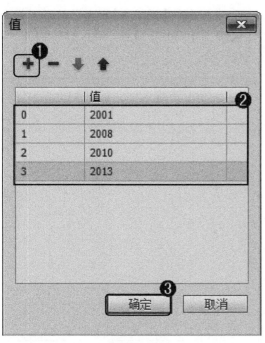

图 14-42

图 14-43

第14章 使用行为与组件

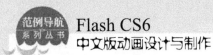
step 11　① 在【时间轴】面板中，单击【新建图层】按钮 🖫，② 新建一个图层，如【图层 3】，如图 14-44 所示。

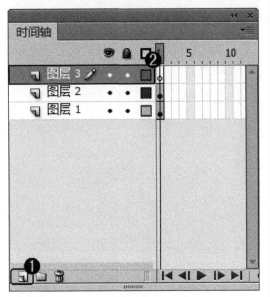

图 14-44

step 13　① 在【时间轴】面板中，单击【新建图层】按钮 🖫，② 新建一个图层，如【图层 4】，如图 14-46 所示。

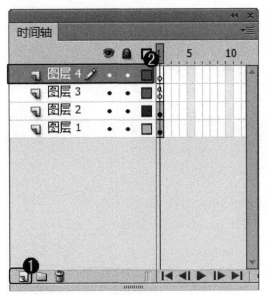

图 14-46

step 15　打开【外部库】面板，选择准备使用的按钮元件并将其拖曳至舞台中，如图 14-48 所示。

step 12　选中【图层 3】的第 1 帧后，打开【动作】面板，输入如图 14-45 所示的代码。

图 14-45

step 14　① 新建图层后，选择【窗口】主菜单，② 在弹出的下拉菜单中，选择【公用库】菜单项，③ 在弹出的子菜单中，选择 Buttons 菜单项，输入如图 14-47 所示的代码。

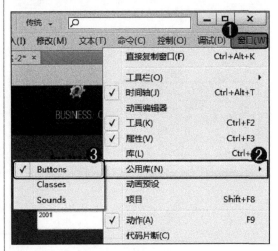

图 14-47

step 16　双击该按钮元件进入编辑状态，将"Enter"字样改为"答题"字样，如图 14-49 所示。

图 14-48

图 14-49

step 17 返回主场景中，选中创建的按钮元件，在【属性】面板中，在【实例名称】文本框中，设置实例名称为"tj_btn"，如图 14-50 所示。

step 18 ① 在【时间轴】面板中，单击【新建图层】按钮，② 新建一个图层，如【图层 5】，③ 在【图层 1】和【图层 5】的第 2 帧处插入关键帧，如图 14-51 所示。

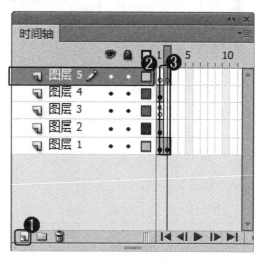

图 14-50

图 14-51

step 19 选中【图层 5】的第 2 帧后，在【外部库】面板中，选择准备使用的按钮元件并拖曳至舞台中，如图 14-52 所示。

step 20 双击该按钮元件进入编辑状态，将"Enter"字样改为"返回"字样，如图 14-53 所示。

图 14-52

图 14-53

step21 返回主场景中，选中创建的按钮元件，在【属性】面板中，在【实例名称】文本框中，设置实例名称为"fh_btn"，如图 14-54 所示。

step22 ① 在【时间轴】面板中，单击【新建图层】按钮，② 新建一个图层，如【图层 6】，如图 14-55 所示。

图 14-54

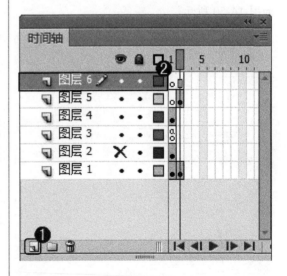

图 14-55

step23 选择【图层 6】的第 2 帧后，使用【文本工具】，在舞台中绘制一个文本矩形框，如图 14-56 所示。

step24 ① 创建文本矩形框后，在【属性】面板中，将文本框转换为【动态文本】模式，② 在【变量】文本框中，设置变量名称，如"jg"，如图 14-57 所示。

图 14-56

step25 设置变量名称后，选择【答题】按钮元件，在【动作】面板中，输入如图 14-58 所示的代码。

图 14-57

step26 选择【返回】按钮元件，在【动作】面板中，输入如图 14-59 所示的代码。

```
1  on (press) {
2      if
3  (box.getValue() == "2001") {
4  jg = "对不起，你选择的答案错误！";
5      }
6  if (box.getValue() == "2010") {
7  jg = "对不起，你选择的答案错误！";
8      }
9  if (box.getValue() == "2013") {
10 jg = "对不起，你选择的答案错误！";
11     }
12 if (box.getValue() == "2008") {
13 jg = "恭喜你，选择正确！";
14 }
15 gotoAndStop(2);
16 }
```

tj_btn
第 9 行（共 16 行），第 28 列

图 14-58

step27 在键盘上按下 Ctrl+Enter 组合键，检测刚刚创建的动画，在下拉列表中选择答题选项，单击【答题】按钮，如图 14-60 所示。

```
1  on
2  (release) {
3      gotoAndStop(1);
4  jg = "";
5  }
```

fh_btn
第 4 行（共 5 行），第 10 列

图 14-59

step28 提交答案，进入判断界面，无论正确与否，都有提示信息，单击【返回】按钮，则可重新答题，这样即可完成制作知识问答界面的操作，如图 14-61 所示。

图 14-60

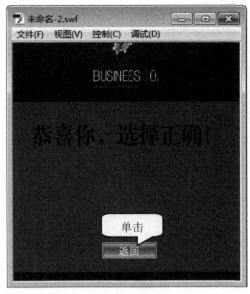

图 14-61

14.5.2 制作英文版月历

通过本章常见组件方面的知识，用户可以制作英文版月历的动画效果。下面介绍制作英文版月历的操作方法。

素材文件 配套素材\第 14 章\素材文件\14.5.2 制作英文版月历.jpg

效果文件 配套素材\第 14 章\效果文件\14.5.2 制作英文版月历.fla

step 1 新建文档，并将素材导入到舞台中，调整其大小，如图 14-62 所示。

图 14-62

step 2 ① 打开【组件】面板，选择 User Interface 菜单项，② 在其中选择 Datechooser 选项，如图 14-63 所示。

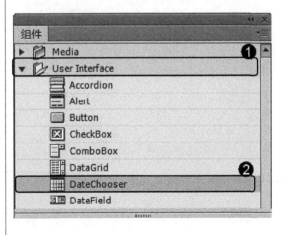

图 14-63

将选择的组件拖曳到舞台中并调整其大小，如图 14-64 所示。

图 14-64

step 5 ① 选中转换后的影片剪辑元件，在【属性】面板的【混合】下拉列表框中，选择【正片叠底】选项，② 在【呈现】下拉列表框中，选择【缓存为位图】选项，③ 在【呈现】下方的下拉列表框中，选择【透明】选项，如图 14-66 所示。

step 4 ① 选中组件，在键盘上按下 F8 键，在弹出的【转换为元件】对话框的【类型】下拉列表框中，选择【影片剪辑】选项，② 单击【确定】按钮，这样即可将组件转换成影片剪辑元件，如图 14-65 所示。

图 14-65

step 6 在键盘上按下 Ctrl+Enter 组合键，检测刚刚创建的动画。这样即可完成制作英文版月历的操作，如图 14-67 所示。

图 14-67

图 14-66

14.6 课后练习

14.6.1 思考与练习

一、填空题

1. 如果使用动作脚本的_____width 和_____height 属性来调整组件的_____，则可以调整该组件的大小，而且组件内容的布局依然_____，这将导致组件在影片回放时发生扭曲，这需要使用_____或各种组件对象的 setSize 或 setWidth 方法来解决。

2. _____是一个可以选中或取消选中的方框，复选框被选中后，框中会出现一个_____，此时可以为复选框添加一个文本标签，并可以将它放在左侧、右侧、_____。

二、判断题

1. RadioButton 组件是一个可调整大小的矩形界面按钮，用户可以给按钮添加一个自定义图标，也可以将按钮的行为从按下改为切换。 （ ）

2. 组合框可以是静态的，也可以是可编辑的，使用静态组合框，可以从下拉列表中做出一项选择。 （ ）

3. 滚动窗格组件在一个可滚动区域中显示影片剪辑、JPEG 文件和 SWF 文件，可以让滚动条能够在一个有限的区域中显示图像。 （ ）

三、思考题

1. 如何使用单选按钮组件 RadioButton？
2. 如何使用 Label 组件？

14.6.2 上机操作

1. 打开"配套素材\第 14 章\素材文件\知识问答题.jpg"文件，启动 Flash CS6 软件，使用新建文档命令、导入到舞台命令、新建图层命令、组件面板、文本工具、外部库面板和使用【动作】面板绘制动画。效果文件可参考"配套素材\第 14 章\效果文件\知识问答题.fla"。

2. 打开"配套素材\第 14 章\素材文件\制作中文版月历.JPG"文件，启动 Flash CS6 软件，使用新建文档命令、导入到舞台命令、【组件】面板和使用【动作】面板绘制动画。效果文件可参考"配套素材\第 14 章\效果文件\制作中文版月历.fla"。

第15章

Flash 动画的测试与发布

本章主要介绍了 Flash 动画的测试和优化影片方面的知识与技巧，同时还讲解了发布 Flash 动画和导出 Flash 动画方面的知识。通过本章的学习，读者可以掌握 Flash 动画的测试与发布方面的知识，为深入学习 Flash CS6 知识奠定基础。

1. Flash 动画的测试

2. 优化影片

3. 发布 Flash 动画

4. 导出 Flash 动画

 # 15.1　Flash 动画的测试

对 Flash 动画文件进行测试和发布，可以确保作品能流畅并按照期望的情况进行播放，这样才可以使作品在网络中播放得流畅自如，提高点击率。本节将详细介绍 Flash 动画测试方面的知识。

15.1.1　测试影片

在制作完成 Flash 影片后，用户就可以将其导出，在导出之前应对动画文件进行测试，以检查是否能够正常播放。下面详细介绍测试影片的操作方法。

创建动画后，在菜单栏中选择【控制】→【测试影片】→【测试】菜单项，即可测试当前准备查看的影片，查看到最终播放效果，如图 15-1 所示。

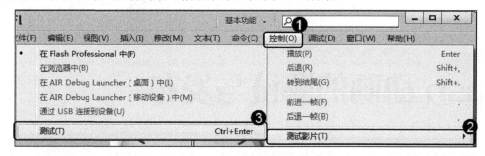

图 15-1

15.1.2　测试场景

使用调试器可以测试影片中的动作，如果想对具体的交互功能和动画进行预览，也可选择【测试场景】菜单项。下面详细介绍测试场景的操作方法。

启动 Flash CS6，在菜单栏中，选择【控制】→【测试场景】菜单项，即可测试当前准备查看的场景播放效果，如图 15-2 所示。

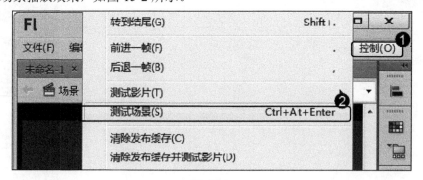

图 15-2

15.2 优化影片

优化影片可以优化影片的质量，通常 Flash 作品在制作过程或者完成以后都需要进行优化。本节将详细介绍优化 Flash 影片方面的知识。

15.2.1 图像文件的优化

在 Flash CS6 中，用户可以对图像文件进行优化，得到更清晰的画面。下面详细介绍图像文件优化的操作方法。

step 1 打开【库】面板，右击导入的图像文件，在弹出的快捷菜单中，选择【属性】菜单项，如图 15-3 所示。

step 2 弹出【位图属性】对话框，用户在其中可以对位图的属性参数进行设置，从而对图像文件进行优化，如图 15-4 所示。

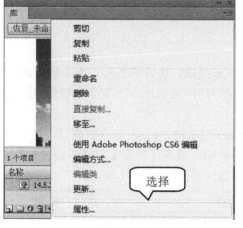

图 15-3

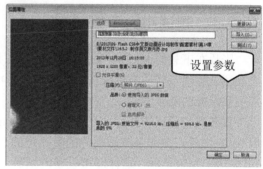

图 15-4

在【位图属性】对话框中，用户可以对其中的参数进行如下设置。

- 允许平滑：选中该复选框，用户可以决定是否柔化图像。
- 压缩：在【压缩】下拉列表中，其中包括【照片(JPGE)】和【无损(PN/GIF)】，用于决定在输出时图像的压缩率，该选项是优化图像的重点，通过设置图像的压缩率，可以减少图像文件的占用空间。
- 更新：单击该按钮可以更新图片源。
- 导入：单击该按钮，弹出【导入位图】对话框，可以导入一张新的图片代替此图。

15.2.2 矢量图形的优化

矢量图是用包含颜色位置属性的直线或曲线公式来描述图像的，因此矢量图可以任意放大而不变形，大小与图形的尺寸无关，但与图形的复杂程度有关。下面详细介绍矢量图形优化的操作方法。

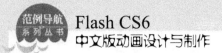
step 1 ① 启动 Flash CS6,选中矢量图形,在菜单栏中,选择【修改】菜单项,② 在弹出的下拉菜单中,选择【形状】菜单项,③ 在弹出的子菜单中,选择【优化】菜单项,如图 15-5 所示。

step 2 ① 弹出【优化曲线】对话框,在【优化强度】文本框中,输入优化的数值,② 单击【确定】按钮,这样即可完成矢量图形的优化操作,如图 15-6 所示。

图 15-6

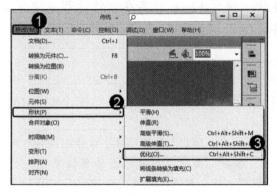

图 15-5

15.2.3 测试影片下载性能

影片在下载的过程中,如果下载的数据并未下载完成,影片将暂停,直至数据到达为止,测试影片下载性能可以发现在下载过程中可能导致中断的地方。下面详细介绍测试影片下载性能的操作方法。

打开准备测试的影片,在键盘上按下 Ctrl+Enter 组合键,Flash 会在新窗口中打开并播放 SWF 文件,在弹出测试影片的对话框的在菜单栏中,选择【视图】→【下载设置】→56k(4.7KB/s)菜单项,这样即可设置测试影片的下载性能,如图 15-7 所示。

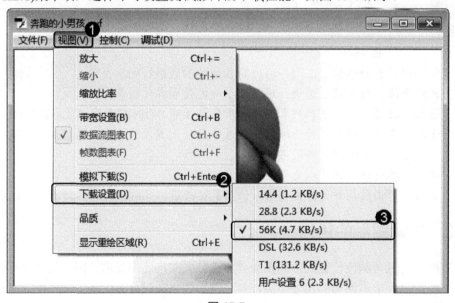

图 15-7

15.3 发布 Flash 动画

测试影片的过程中，在没有问题的前提下，用户可以按照要求发布 Flash 动画，以便于动画的推广和传播。本节将详细介绍发布 Flash 动画方面的知识。

15.3.1 设置发布属性

在发布 Flash 动画之前，用户可以对发布的内容进行设置，达到适合的效果。下面介绍发布设置方面的知识。

step 1 ① 启动 Flash CS6，测试动画文件后，在菜单栏中，选择【文件】菜单项，② 在弹出的下拉菜单中，选择【发布设置】菜单项，如图 15-8 所示。

step 2 弹出【发布设置】对话框，在当前对话框中，用户可以对动画的发布格式进行设置，如图 15-9 所示。

图 15-8

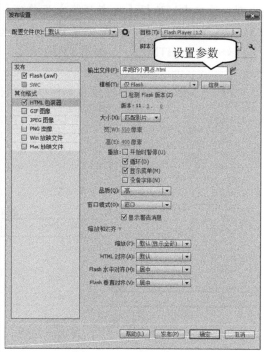

图 15-9

在【发布设置】对话框中，选中【HTML 包装器】复选框，用户可以对以下参数进行设置。

- 【模板】：生成 HTML 文件时所用的模板。
- 【大小】：定义 HTML 文件中 Flash 动画的大小单位。
- 【播放】：在其中包括【开始时暂停】、【显示菜单】、【循环】和【设备字体】复选框。

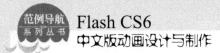

- 【品质】：可以选择动画的图像质量。
- 【窗口模式】：可以选择影片的窗口模式。
- 【显示警告消息】：选择该复选框后，如果影片出现错误，会弹出警告消息。
- 【HTML 对齐】：用于确定影片在浏览器窗口中的位置。
- 【缩放】：可以设置动画的缩放大小。
- 【Flash 水平对齐】：可以设置动画在页面中的水平排列位置。
- 【Flash 垂直对齐】：可以设置动画在页面中的垂直排列位置。

15.3.2　预览发布效果

在 Flash CS6 中，使用【发布预览】命令，用户可以导出从其子菜单中选择的类型文件并在默认浏览器中打开，如果预览的是 QuickTime 影片，则【发布预览】命令将启动 QuickTime 影片播放器。

step 1　① 要用发布功能预览文件，只需要在【发布设置】对话框中定义导出选项后，选择【文件】菜单项，② 在弹出的下拉菜单中，选择【发布预览】菜单项，③ 并从子菜单中选择所需要预览的格式选项，如"默认(HTML)"，如图 15-10 所示。

step 2　这样即可完成发布预览的操作，如图 15-11 所示。

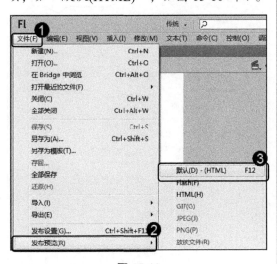

图 15-10

图 15-11

15.3.3　发布 Flash 动画

在发布预览完成后，就可以发布 Flash 动画了。下面详细介绍发布 Flash 动画的操作方法。

step 1　① 打开完成的 Flash 动画，在菜单栏中，选择【文件】菜单项，② 在弹出的下拉菜单中，选择【另存为】菜单项，将动画保存至指定位置，如图 15-12 所示。

step 2　① 在菜单栏中，选择【文件】菜单项，② 在弹出的下拉菜单中，选择【发布设置】菜单项，如图 15-13 所示。

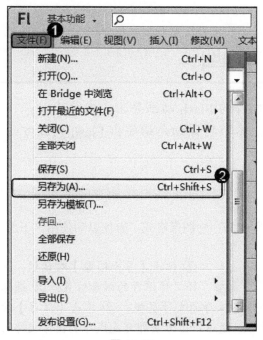

图 15-12

图 15-13

step 3 ① 在【发布设置】对话框中，选中【HTML 包装器】复选框，② 设置发布的参数，③ 单击【发布】按钮，如图 15-14所示。

step 4 保存的 HTML 文件将在文件夹中生成，双击生成的 HTML 文件，即可查看发布的 Flash 影片，如图 15-15所示。

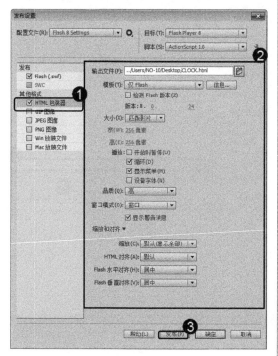

图 15-14

图 15-15

第 15 章 Flash 动画的测试与发布

15.4 导出 Flash 动画

　　使用导出功能，用户可以将制作的 Flash 动画导出，在导出时，可以根据所需设置导出的对应格式。本节将详细介绍导出 Flash 动画方面的知识。

15.4.1 导出图像文件

　　在制作动画时，有时需要将动画中的某个图像储存为图像格式，方便以后使用。下面详细介绍导出图像文件的操作方法。

step 1 ① 在舞台中，选中准备要导出的图形对象，在菜单栏中，选择【文件】菜单项，② 在弹出的子菜单中，选择【导出】菜单项，③ 在弹出的下拉菜单中，选择【导出图像】菜单项，如图 15-16 所示。

step 2 ① 弹出【导出图像】对话框，选择文件保存的磁盘位置，② 选择准备保存的文件类型，③ 单击【保存】按钮。通过以上方法即可完成导出图像文件的操作，如图 15-17 所示。

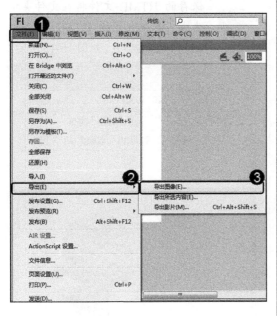

图 15-16

图 15-17

15.4.2 导出影片文件

　　在 Flash CS6 中，用户还可以根据需要，导出文档中的影片文件。下面介绍导出影片文件的操作方法。

step 1 ① 在 Flash CS6 中，在舞台中，选中准备要导出的影片后，在菜单栏中，选择【文件】菜单项，② 在弹出的下拉菜单中，选择【导出】菜单项，③ 在弹出的子菜单中，选择【导出影片】菜单项，如图 15-18 所示。

step 2 ① 弹出【导出影片】对话框，选择文件保存的磁盘位置，② 选择准备保存的文件类型，③ 单击【保存】按钮。通过以上方法即可完成导出影片的操作，如图 15-19 所示。

图 15-18

图 15-19

15.5 课后练习

一、填空题

1. _____是用包含颜色位置属性的直线或曲线公式来描述图像的，因此_____可以任意放大而不变形，大小与图形的_____，但与图形的复杂程度有关。

2. 影片在下载的过程中，如果下载的数据_____，影片将暂停，直至数据到达为止，测试影片下载性能可以发现在下载过程中可能_____的地方。

3. 在 Flash CS6 中，使用_____命令，用户可以导出从其子菜单中选择的类型文件并在默认浏览器中打开，如果预览的是"_____"影片，则【发布预览】命令将启动_____影片播放器。

二、判断题

1. 在发布 Flash 动画之前，用户可以对发布的内容进行设置，达到适合的效果。（　　）

2. 使用调试器可以测试影片中的动作，如果想对具体的交互功能和动画进行预览，也可选择【测试场景】菜单项。　　　　　　　　　　　　　　　　　　　　　（　　）

3. 在制作动画时，有时需要将动画中的某个图像储存为影片格式。　　　　　（　　）

4. 在制作完成 Flash 影片后，用户就可以将其导出，在导出之前应对动画文件进行测试，以检查是否能够正常播放。　　　　　　　　　　　　　　　　　　　　　　（　　）

三、思考题

1. 如何进行矢量图形的优化？

2. 如何查看预览发布效果？

课后练习答案

第 1 章

一、填空题

1. Flash CS6 声音 交互式的影片
2. 网页设计 网络动画 游戏设计
3. 菜单栏 主工具栏 浮动面板

二、判断题

1. ×
2. √
3. ×

三、思考题

1. 场景是所有动画元素的最大活动空间，也就是常说的舞台，是编辑和播放动画的矩形区域。在舞台上可以放置、编辑向量插图、文本框、按钮、导入的位图图形、视频剪辑等对象。

2. 启动 Flash CS6，在菜单栏中，选择【文件】菜单项，在弹出的下拉菜单中，选择【保存】菜单项。

弹出【另存为】对话框，选择文件保存的路径，在【文件名】下拉列表框中，输入名称，单击【保存】按钮，即可保存文档。

上机操作

1. 启动 Flash CS6，在菜单栏中，选择【文件】菜单项，在弹出的下拉菜单中，选择【新建】菜单项。

弹出【新建文档】对话框，在【类别】区域中，选择准备新建的文档类型，如"ActionScript 2.0"，在【宽】和【高】微

调框中，设置文档的页面大小，单击【确定】按钮，通过以上方法即可完成新建 ActionScript 2.0 文件的操作。

2. 启动 Flash CS6，创建文件后，在菜单栏中，选择【文件】菜单项，在弹出的下拉菜单中，选择【保存】菜单项。

弹出【另存为】对话框，选择文件保存的路径，在【文件名】下拉列表框中，输入名称，在【保存类型】区域中，选择【Flash CS6 未压缩文档(*.xfl)】选项，单击【保存】按钮，通过以上方法即可完成保存未压缩文档的操作。

第 2 章

一、填空题

1. 4 "查看"区 "选项"区
2. 位图 像素阵列的排列 越小
3. 更改笔触 纯色 渐变色

二、判断题

1. √
2. ×
3. √
4. √

三、思考题

1. 在工具箱中，单击【喷涂刷工具】按钮，在属性面板中，在【画笔】区域中，在【宽】和【高】微调框中，设置喷刷工具的像素值，如"5"。

在舞台中，在椭圆四周，单击鼠标并拖动鼠标左键，喷刷图形，然后释放鼠标，这

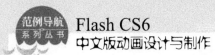

样即可完成运用【喷涂刷工具】喷涂图形的操作。

2. 打开"系统图标"素材后，在工具栏中，单击【颜料桶工具】按钮，在【属性】面板中，在【填充颜色】框中，选择颜料桶工具的颜色，如"灰色"。

在舞台中，单击准备填充的图形区域，这样即可将绘制的图形填充为准备填充的颜色，通过上述方法即可完成使用颜料桶工具的操作。

上机操作

1. 新建文档，在工具箱中，单击【椭圆工具】按钮，在键盘上按住 Shift 键的同时，在舞台上绘制一个正圆。

选中绘制的圆，在其【属性】面板中，设置【宽】和【高】的数值为 100，在【填充和笔触】区域中，设置为【无笔触】颜色，设置【填充颜色】数值为黑色。

在【对齐】面板中，选中【与舞台对齐】复选框，选中【水平中齐】按钮和【垂直中齐】按钮。

在舞台中，绘制一个椭圆，作为高光，在【属性】面板中，设置笔触为白色，无填充颜色。

在【颜色】面板中，选择【线性渐变】选项，在工具箱中，选择【颜料桶工具】，在舞台中，对创建的椭圆进行黑白的渐变填充。

在工具箱中，单击【渐变变形工具】按钮，在舞台中，对创建的渐变填充效果进行调整。

在工具箱中，单击【选择工具】按钮，在椭圆的笔触上点一下，选择椭圆的边线，然后在键盘上按下 Delete 键，将椭圆的边线删除。

再制作出一个渐变图形并调整其位置和渐变方向。

在舞台中，绘制一个椭圆，作为高光点，在【属性】面板中，设置【无笔触】颜色，设置【填充颜色】为白色，这样即可完成绘制按钮的操作。

2. 新建文档，在工具箱中，单击【椭圆工具】按钮，在舞台上绘制一个椭圆，作为蝴蝶的大翅膀。

在工具箱中，单击【椭圆工具】按钮，在舞台上绘制一个椭圆，作为蝴蝶的小翅膀。

在工具箱中，单击【椭圆工具】按钮，在舞台上绘制一个椭圆，作为蝴蝶的身体。

在工具箱中，单击【线条工具】按钮，在作为蝴蝶身体的椭圆上方绘制两条直线，作为蝴蝶的触须。

在工具箱中，单击【椭圆工具】按钮，在作为蝴蝶触角的直线上方绘制两个椭圆，作为蝴蝶的触角。

在工具箱中，单击【刷子工具】按钮，在作为蝴蝶翅膀的大小椭圆中，绘制几个斑点，作为蝴蝶的花纹。

在工具箱中，单击【颜料桶工具】，在舞台中，对创建的蝴蝶各个组成部分填充自定义颜色，使蝴蝶生动、漂亮。

通过上述操作方法即可完成绘制蝴蝶的操作。

第 3 章

一、填空题

1. 【动画消除锯齿】【可读性消除锯齿】【自定义消除锯齿】
2. 分离 填充图形 文本
3. 模糊 品质 角度

二、判断题

1. ×
2. √

3. √

三、思考题

1. 在工具箱中，单击【文本】工具按钮，在【属性】面板中，选择【动态文本】选项。

将鼠标指针移动到场景中，当鼠标指针变成"十"形状时，按住鼠标并拖动至合适大小，释放鼠标即可在舞台中出现文本框，然后在其中输入文本。通过以上方法即可完成创建动态文本的操作。

2. 选中准备添加超链接的文本后，在【属性】面板的【选项】区域中，在【链接】文本框中，输入准备添加超链接的网址。

返回到舞台中，文本下方出现下划线，这样即可完成设置超链接的操作。

上机操作

1. 新建文档，在菜单栏中，选择【修改】菜单项，在弹出的下拉菜单中，选择【文档】菜单项。

弹出【文档设置】对话框，将场景的宽度设置成550px，将场景的高度设置成150px，将场景的背景颜色设置为天蓝色，单击【确定】按钮。

修改文档后，在工具箱中，选择【文本工具】按钮，在场景中，单击并拖动鼠标指针，绘制一个空白文本编辑框，在其中输入文本。

在键盘上两次按下Ctrl+B组合键，将创建的文本彻底分离。

在工具箱中，选择【墨水瓶工具】按钮，在【属性】面板中，设置准备填充文本笔画边线的颜色，如"黄色"。

在舞台中，在每一个笔画上单击，这样即可看到文本笔画的边缘增加了设置的颜色线条。

在工具箱中，选择染料桶工具，在【颜色】面板中，选择【线性渐变】选项，选择准备应用的渐变颜色。

在场景中，分别点击每个文字的每一个笔画，进行颜色渐变填充。通过以上方法即可完成制作霓虹灯文本的操作。

2. 新建文档，在菜单栏中，选择【修改】菜单项，在弹出的下拉菜单中，选择【文档】菜单项。

弹出【文档设置】对话框，将场景的宽度设置成450px，将场景的高度设置成300px，将场景的背景颜色设置为天蓝色，单击【确定】按钮。

修改文档后，在工具箱中，选择【文本工具】按钮，在场景中，单击并输入文本，如"HI"。

在键盘上两次按下Ctrl+B组合键，将创建的文本彻底分离。

在工具箱中，选择【墨水瓶工具】按钮，在【属性】面板中，设置准备填充文本笔画边线的颜色，如"黑色"，笔触大小设置为3点。

在舞台中，在每一个笔画上单击，这样即可看到文本笔画的边缘增加了设置的颜色线条。

在工具箱中，单击【选择】按钮，在文本的内部颜色上进行单击，选中文本的内部颜色，然后在键盘上按下Delete键进行删除操作，只剩下黑色边框。

选择全部文本边框后，按住<Alt>键的同时拖动选中的文本边框至其他位置，这样可以快速复制全部文本边框，然后将复制文本边框调整至合适的位置。

使用选择工具将两个文本边框图形重叠的部分删除，再将形成立体遮挡面间的线条删除。

在工具箱底部，单击【紧贴至对象】按钮，选择线条工具，在舞台中绘制直线，将线条补充完整，形成立体字的构架图形。

使用选择工具将文字中多样的线条选中并删除。

在【颜色】面板中，在【类型】下拉列表框中，选择【径向渐变】选项，选择准备应用的渐变颜色。

在工具箱中，选择染料桶工具，在场景中，在文字上点击，这样即可为立体字的正面添加渐变色。

添加渐变色后，使用选择工具将字体的黑色边框删除。

通过上述方法即可完成制作立体字体的操作。

第 4 章

一、填空题

1. 渐变变形 填充变形 径向渐变填充
2. 颜料桶 封闭区域
3. 刷子 已有图形 颜色 形状

二、判断题

1. √
2. ×
3. √

三、思考题

1. 打开素材文件后，在工具栏中，选择【滴管工具】按钮，在舞台中，单击填充颜色的图形，此时滴管已经吸取该图形颜色。

在工具箱中，选择【颜料桶工具】按钮，在舞台中，单击准备填充的图形，通过以上方法即可将吸管中颜色填充到其他图形中。

2. 打开素材文件后，在工具箱中，选择【墨水瓶工具】按钮，在【属性】面板中，在【笔触颜色】框中，选择准备应用的笔触颜色，在【笔触】文本框中，设置笔触大小

为 3 点，在【样式】下拉列表框中，选择准备应用的笔触样式。

在舞台中，单击图形的边线，这样即可完成使用墨水瓶工具改变线条颜色和样式的操作。

上机操作

1. 打开素材文件后，在工具箱中，选择【颜料桶工具】按钮，在【属性】面板的【填充颜色】框中，选择准备应用的填充颜色。

在舞台中，单击时钟矩形的内部，这样即可完成使用颜料桶工具填充时钟背景颜色的操作。

在工具箱中，选择【墨水瓶工具】按钮，在【属性】面板的【笔触颜色】框中，选择准备应用的笔触颜色，在【笔触】文本框中，设置笔触大小数值，在【样式】下拉列表框中，选择准备应用的笔触样式。

在舞台中，单击五角星图形的边线，这样即可完成使用墨水瓶工具改变五角星线条颜色和样式的操作。

在工具箱中，选择【颜料桶工具】按钮，在【属性】面板的【填充颜色】框中，选择准备应用的填充颜色。

在舞台中，单击五角星图形的内部，这样即可完成使用颜料桶工具填充五角星图形颜色的操作，也就完成填充星星时钟的操作。

2. 打开素材文件后，打开【颜色】面板，在【类型】下拉列表框中，选择【线性渐变】选项，设置第一个色标颜色为 3300FF，设置第二个色标颜色为 FF5DFF。

在工具箱中，选择【颜料桶工具】按钮，在舞台中，单击蝴蝶翅膀图形的内部，这样即可在图形内部添加线性渐变颜色，从而完成更改蝴蝶翅膀渐变颜色的操作。

第 5 章

一、填空题

1. 手形工具 选择工具 手形工具
2. 变形参考 旋转 变形点
3. 标尺 辅助线 横线

二、判断题

1. √
2. ×
3. √

三、思考题

1. 在 Flash CS6 中，打开素材文件并选择准备翻转的图形部分后，在菜单栏中，选择【修改】菜单项，在弹出的下拉菜单中，选择【变形】菜单项，在弹出的子菜单中，选择【水平翻转】菜单项。

通过以上步骤即可完成水平翻转对象的操作。

2. 打开素材文件并选择准备联合的两个图形后，在菜单栏中，选择【修改】菜单项，在弹出的子菜单中，选择【合并对象】菜单项，在弹出的子菜单中，选择【联合】菜单项。

通过以上步骤即可完成联合对象的操作。

上机操作

1. 启动 Flash CS6，新建一个文档，在键盘上按下组合键 Ctrl+R，将素材文件导入到舞台，然后执行【修改】→【变形】→【缩放】菜单项，调整素材文件的大小和位置。

在【时间轴】面板中，单击【新建图层】按钮，新建一个图层，如【图层 2】。

在新建的图层中，单击工具箱中的【文本工具】按钮，在舞台中，创建文本，如"音乐贺卡"。

在键盘上连续两次按下 Ctrl+B 组合键，将文字分离出来。

在键盘上按住 Alt 键的同时，拖动文字至指定的位置，复制创建的文本，并在【属性】面板中，设置复制文本的填充颜色。

填充复制的文本后，在场景中，选中准备组合的文本对象，在键盘上按下 Ctrl+G 组合键，将创建的文本与复制的文本组合在一起。

组合文本后，在工具箱中，选择任意变形工具，在舞台中，对组合的对象进行倾斜操作。

倾斜文本后，在工具箱中，选择任意变形工具，在舞台中，对组合的对象进行旋转操作。

通过以上操作方法即可完成制作贺卡的操作。

2. 启动 Flash CS6，新建一个文档，在工具箱中，单击【线性工具】按钮，在舞台中，绘制一条直线。

绘制直线后，在工具箱中，单击【选择工具】按钮，在键盘上按住 Alt 键的同时，拖动绘制的直线至指定的位置，复制创建的直线。

复制直线后，选择该直线，在菜单栏中，选择【修改】菜单项，在弹出的下拉菜单中，选择【变形】菜单项，在弹出的子菜单中，选择【缩放与旋转】菜单项。

弹出【缩放和旋转】对话框，在【旋转】文本框中，输入直线旋转的角度，如"36"，单击【确定】按钮。

此时，在舞台中，复制的直线已经按照一定角度旋转，然后拖动旋转的直线至指定位置。

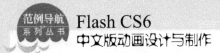

选择旋转后的直线，运用上述方法继续复制并旋转其他直线，然后拖动旋转后的直线至指定位置，得到五角星最终效果。

创建所有直线，在键盘上按下 Ctrl+G 组合键，将创建的直线组合在一起，通过以上操作方法即可完成绘制五角星的操作。

第 6 章

一、填空题

1. 影片剪辑 大小 静态 连续 重复
2. 实例 衍生的实例 删除

二、判断题

1. ×
2. √
3. √

三、思考题

1. 元件和实例两者相互联系，但两者又不完全相同。

首先，元件决定了实例的基本形状，这使得实例不能脱离元件的原形而进行无规则的变化，一个元件可以有多个实例相联系，但每个实例只能对应于一个确定的元件。

其次，一个元件的多个实例可以有一些自己的特别属性，这使得和同一元件对应的各个实例可以变得各不相同，实现了实例的多样性，但无论怎样变，实例在基本形状上是相一致的，这一点是不可以改变的。

最后，元件必须有与之相对应的实例存在才有意义，如果一个元件在动画中没有相对应的实例存在，那么这个元件是多余的。

2. 在舞台中，选择准备分离的实例后，在菜单栏中，选择【修改】菜单项，② 在弹出的下拉菜单中，选择【分离】菜单项。

将实例分离为图形，即填充色和线条的组合，这样即可对分离的实例进行设置填充颜色、改变图形的填充色的操作。

上机操作

1. 启动 Flash CS6，创建图形元件后并将其移动至场景中后，在菜单栏中，选择【插入】菜单项，在弹出的下拉菜单中，选择【新建元件】菜单项。

弹出【创建新元件】对话框，在【名称】下拉列表框中，输入新元件名称，在【类型】下拉列表框中，选择【影片剪辑】选项，单击【确定】按钮。

在舞台中，使用椭圆工具创建一个圆形。

在【时间轴】面板中，选中第 15 帧，按下快捷键 F6，插入一个关键帧。

插入关键帧后，将绘制的圆形删除，使用多角形工具创建一个星形。

在【时间轴】面板中，在第 1～15 帧之间任意一帧上右击，在弹出的快捷菜单中，选择【创建补间形状】菜单项。

此时，在【库】面板中，单击【播放】按钮，这样即可播放影片剪辑元件，通过以上方法即可完成制作变形图形的操作。

2. 启动 Flash CS6，新建文档，在菜单栏中，选择【插入】菜单项，在弹出的下拉菜单中，选择【新建元件】菜单项。

弹出【创建新元件】对话框，在【名称】下拉列表框中，输入新元件名称，在【类型】下拉列表框中，选择【按钮】选项，单击【确定】按钮。

在【时间轴】面板中，单击【弹起】帧。

在舞台中，使用椭圆工具绘制一个圆形，然后使用线条工具在圆形内绘制出一个喇叭图形。

使用颜料桶工具填充喇叭图形的颜色，如填充"绿色"。

在【时间轴】面板中，单击【指针经过

帧，然后在键盘上按下快捷键 F6，这样可以插入一个关键帧。

使用线条工具在喇叭图形中绘制一条斜线，然后使用颜料桶工具填充喇叭图形的颜色，如填充"蓝色"。

在舞台中，单击【场景 1】选项，返回至场景中。

将绘制的元件拖入至舞台中，在键盘上按下组合键 Ctrl+Enter，这样即可检测创建的喇叭按钮。

将鼠标移动至创建的喇叭按钮上，发现喇叭按钮改变样式，这样即可完成制作喇叭按钮的操作。

第 7 章

一、填空题

1. JPG WMF PNG EPS
2. QuickTime 7 AVI MPG/MPEG
3. MP3，WAV　AIFF

二、判断题

1. √
2. √
3. ×

三、思考题

1. 在【库】面板中，右击编辑的位图图像，在弹出的快捷菜单中，选择【编辑方式】菜单项。

弹出【选择外部编辑器】对话框，在对话框中，选择准备使用的编辑软件，这样即可进入该软件进行相应的编辑，编辑完成后，保存图像并关闭软件即可完成位图的编辑。

2. 选中准备转换为矢量图的位图，在菜单栏中，选择【修改】菜单项，在弹出的

下拉菜单中，选择【位图】菜单项，在弹出的子菜单中，选择【转换位图为矢量图】菜单项。

弹出【转换位图为矢量图】对话框，设置各项参数，单击【确定】按钮。

通过以上方法即可完成将位图转换为矢量图的操作。

上机操作

1. 打开素材文件，新建一个图层，并将其移动至图层最顶端。

在新建的图层中，在第 85 帧处单击，并在键盘上按下 F6 快捷键，插入关键帧。

选择【文件】菜单项，在弹出的下拉菜单中，选择【导入】菜单项，在弹出的子菜单中，选择【导入视频】菜单项。

弹出【导入视频】对话框，单击【浏览】按钮。

弹出【打开】对话框，选择准备导入的视频文件，单击【打开】按钮。

返回【导入视频】对话框中，单击【下一步】按钮。

在【导入视频】对话框的【外观】下拉列表框中，选择准备应用的播放器样式，单击【下一步】按钮。

在【导入视频】对话框中，单击【完成】按钮。

视频文件导入到舞台中，调整视频文件的大小和位置。

按下组合键 Ctrl+Enter，用户可查看嵌入视频的播放效果，这样即可完成在网站中插入视频的操作。

2. 打开素材文件，在菜单栏中，选择【文件】菜单项，在弹出的下拉菜单中，选择【导入】菜单项，在弹出的子菜单中，选择【导入到库】菜单项。

弹出【导入到库】对话框，选择准备打开的音频文件，单击【打开】按钮。

此时，声音文件就被导入到库中，选中库中的声音，拖曳至舞台中，然后释放鼠标。

按下组合键 Ctrl+Enter，用户可查看音频播放效果，这样即可完成为动画片头添加声音的操作。

第 8 章

一、填空题

1. 帧 文字 速率 空白关键帧
2. 文件量 灵活性 动画
3. 元件 颜色 动作补间

二、判断题

1. ×
2. √
3. √
4. ×

三、思考题

1. 选中准备要转换为关键帧的帧，右击，在弹出的快捷菜单中，选择【转换为空白关键帧】菜单项，这样即可完成将帧转换为空白关键帧的操作。

2. 要插入帧，应该先选中准备插入帧的位置，然后在菜单栏中，选择【插入】菜单项，在弹出的下拉菜单中，选择【时间轴】菜单项，在弹出的子菜单中，选择相应的菜单项，这样即可完成插入各种类型帧的操作。

上机操作

1. 启动 Flash CS6，新建一个文档，在菜单栏中，选择【文件】→【导入】→【导入到库】菜单项。

弹出【导入到库】对话框，选择素材背景图，单击【打开】按钮，将图形导入到【库】面板中。

在【库】面板中，单击【素材 1】选项，并将其拖曳至舞台中，并设置大小。

在菜单栏中，选择【修改】→【转换为元件】菜单项。

弹出【转换为元件】对话框，单击【确定】按钮，将其转换为元件。

在【时间轴】面板中，单击第 10 帧，按下 F6 键，插入关键帧。

选中图像，并在【属性】面板的【色彩效果】区域中，单击展开【样式】下拉按钮，选择 Alpha 选项，设置透明度的数值为 0。

右击第 1～10 帧之间的任意一帧，在弹出的快捷菜单中，选择【创建传统补间】菜单项。

在【时间轴】面板的左下角，单击【新建图层】按钮，新建一个【图层 2】，选择第 10 帧，按下 F6 键插入关键帧，并将【库】面板中的【素材 2】拖动到舞台中，并设置大小。

选中【图层 2】中的第 10 帧图像，在菜单栏中，选择【修改】→【转换为元件】菜单项，将其转换为元件。

选中【图层 2】的第 20 帧，按下 F6 键，插入关键帧，用同样的方法，打开【属性】面板，设置透明度的数值为 0。

右击第 10～20 帧之间的任意一帧，在弹出的快捷菜单中，选择【创建传统补间】菜单项。

在【时间轴】面板的左下角，单击【新建图层】按钮，新建一个【图层 3】，选择第 20 帧，按下 F6 键插入关键帧，并将【库】面板中的【素材 3】拖动到舞台中，并设置大小。

选中【图层 3】中的第 20 帧图像，在菜单栏中，选择【修改】→【转换为元件】菜单项，将其转换为元件。

选中【图层 3】的第 30 帧，按下 F6 键，插入关键帧，同样的方法，打开【属性】面板，设置透明度的数值为 0。

右击第 20～30 帧之间的任意一帧，在弹出的快捷菜单中，选择【创建传统补间】菜单项。

在【时间轴】面板的左下角，单击【新建图层】按钮，新建一个【图层 4】，选择第 30 帧，按下 F6 键插入关键帧，并将【库】面板中的【素材 4】拖动到舞台中，并设置大小。

选中【图层 4】中的第 30 帧图像，在菜单栏中，选择【修改】→【转换为元件】菜单项，将其转换为元件。

选中【图层 4】的第 40 帧，按下 F6 键，插入关键帧。

选中第 40 帧的图像，打开【属性】面板，在【色彩效果】区域中，单击展开【样式】下拉按钮，选择 Alpha 选项，设置透明度的数值为 0。

右击第 30～40 帧之间的任意一帧，在弹出的快捷菜单中，选择【创建传统补间】菜单项。

在键盘上按下 Ctrl+Enter 组合键，测试影片效果，通过以上步骤即可完成切换效果动画的操作。

2. 新建文档，在菜单栏中，选择【文件】菜单项，在弹出的下拉菜单中，选择【导入】菜单项，弹出的子菜单中，选择【导入到舞台】菜单项。

在【导入】对话框中，选择准备导入的图片，单击【打开】按钮。

弹出 Adobe Flash CS6 对话框，单击【是】按钮。

在 Adobe Flash CS6 对话框中，单击【否】按钮，程序将不会按照序号以逐帧形式导入到舞台。

程序会自动把图片的序列按序号以逐帧形式导入到舞台中去。

导入后的动画序列，被 Flash 自动分配在 8 个关键帧中，如果一帧一个动作对于动画速度过于太快，用户可以在图层上，每个帧后按下一次 F5 键，插入普通帧。

在键盘上按下组合键 Ctrl+Enter，检测刚刚创建的动画。通过以上方法即可完成制作奔跑小孩的逐帧动画的操作。

第 9 章

一、填空题

1. 图层 不同层 增加动画文件
2. 普通层 引导层 遮罩层
3. 两个 传统补间动画 运动引导层

二、判断题

1. √
2. √
3. ×
4. √

三、思考题

1. 在【时间轴】面板中，选中准备删除的图层，单击面板底部的【删除】按钮。

此时，图层中对应的图形跟随图层一起被删除，通过以上方法即可完成删除图层的操作。

2. 在菜单栏中，选择【插入】主菜单，在弹出的下拉菜单中，选择【场景】菜单项，这样即可创建场景。

上机操作

1. 新建文档，在菜单栏中，选择【文件】→【导入】→【导入到舞台】菜单项，将素材图片导入到舞台并调整其大小。

在【时间轴】面板中，单击【新建图层】按钮，新建一个图层。

在工具箱中，单击【椭圆工具】按钮，设置填充颜色为"白色"，在舞台中绘制出一个圆。

在工具箱中，单击【选择工具】按钮，在键盘上按住 Ctrl 键的同时，拖动绘制的圆形，将其复制到指定位置。

将绘制的两个圆形选中，在键盘上按下 F8 键，弹出【转换为元件】对话框，在【类型】选项组中，选择【影片剪辑】选项，单击【确定】按钮。

转换为影片剪辑元件后，在舞台中双击影片剪辑元件，进入元件编辑模式。

在【时间轴】面板中，选中第 20 帧，在键盘上按下 F6 键，插入关键帧。

插入关键帧后，将两个圆形向右下角移动一段距离。

在【时间轴】面板中，选中第 40 帧，在键盘上按下 F6 键，插入关键帧。

插入关键帧后，将两个圆形向左上角移动一段距离。

在【时间轴】面板中，选中第 60 帧，在键盘上按下 F6 键，插入关键帧。

插入关键帧后，将两个圆形向右上角移动一段距离。

在第 1～20 帧之间、第 20～40 帧之间和第 40～60 帧之间右键单击，在弹出的快捷菜单中，选择【创建传统补间】菜单项。

创建补间动画后，选择【编辑】菜单项，在弹出的下拉菜单中，选择【编辑文档】菜单项。

返回到场景 1，在【时间轴】面板中，右键单击【图层 2】图层，在弹出的快捷菜单中，选择【遮罩层】菜单项。

此时，在键盘上按下 Ctrl+Enter 组合键，检测刚刚创建的动画，通过以上方法即可完成制作望远镜扫描动画的操作。

2. 新建文档，在菜单栏中，选择【文件】菜单项，在弹出的下拉菜单中，选择【导入】菜单项，在弹出的子菜单中，选择【导入到舞台】菜单项。

在【导入】对话框中，选择准备导入的素材背景图片，如"幸福男女.jpg"，单击【打开】按钮。

将图像导入至舞台中，然后调整其大小和位置。

在【时间轴】面板的左下角，单击【新建图层】按钮，新建一个普通图层，如【图层 2】。

使用文本工具在【图层 2】中创建文本，如"爱"。

在键盘上按下 F8 键，弹出【转换为元件】对话框，在【类型】选项组中，选择【图形】选项，单击【确定】按钮，将文本转换成元件。

在【时间轴】面板中，选中【图层 1】的第 50 帧，按 F5 键插入帧。

在【时间轴】面板中，选中【图层 2】的第 50 帧，按 F6 键插入关键帧。

在【时间轴】面板中，在【图层 2】上右键单击，在弹出的快捷菜单中，选择【创建传统运动引导层】菜单项。

创建引导层后，使用椭圆工具在舞台中绘制一个椭圆，作为文本元件的运行轨道。

使用橡皮擦工具擦除椭圆的一部分，作为元件运动的起点和终点。

在【图层 2】中，选择第 1 帧，将文本元件拖动至路径的起始点。

在【图层 2】中，选择第 50 帧，将文本元件拖动至路径的终止点。

在【图层 2】中，在第 1～50 帧之间的任意一帧上右击，在弹出的快捷菜单中，选择【创建传统补间】菜单项。

按下组合键 Ctrl+Enter，测试创建的动画，通过以上方法即可完成制作"新婚男女"沿轨道运动的动画操作。

第 10 章

一、填空题

1. 骨骼 父子关系 移动

2. 正向运动学 父对象 子对象 向下传递

3. 3D 空间 影片剪辑实例 3D 透视效果

4. 缓动 骨骼 减速

二、判断题

1. ×

2. √

3. √

三、思考题

1. 打开素材文件后，使用选择工具，选中准备添加弹簧属性的骨骼。

选中骨骼后，在【属性】面板中，在展开【弹簧】设置栏中，在【强度】微调框中，设置弹簧强度数值，在【阻尼】微调框中，设置弹簧阻尼数值，这样即可完成向骨骼添加弹簧属性的操作。

2. 选择创建的 3D 动画后，在【属性】面板中，在【透视角度】微调框中，输入数值，这样即可调整 3D 动画的透视角度。

在【属性】面板中，在【消失点】区域中，在 X 和 Y 微调框中，输入数值，这样即可调整 3D 动画的消失点。

上机操作

1. 启动 Flash CS6，新建一个文档，使用【椭圆工具】按钮和线条工具，绘制小鱼的图形。

在工具箱中，单击【骨骼工具】按钮，在图形上创建骨骼系统。

在【时间轴】的第 15 帧位置上右击，在弹出的快捷菜单中，选择【插入姿势】选项。

在工具箱中，选择【选择工具】按钮，将鼠标移动到骨骼上，调整骨骼形状。

在【时间轴】的第 8 帧位置上右击，在弹出的快捷菜单中，选择【插入姿势】菜单项。

在工具箱中，选择【选择工具】按钮，将鼠标移动到骨骼上，调整骨骼形状。

在键盘上按下 Ctrl+Enter 组合键，检测刚刚创建的动画，这样即可完成制作"游动的鱼"的动画操作。

2. 启动 Flash CS6，新建一个文档，在工具箱中，单击【矩形工具】按钮。

在【颜色】面板中，单击展开【纯色】下拉按钮，选择【线性渐变】选项，设置颜色参数。

在场景中，绘制一个矩形，使用颜料桶工具填充矩形，并选择渐变变形工具设置填充方向。

在菜单栏中，选择【文件】→【导入】→【导入到舞台】菜单项，将素材图片导入到舞台。

按下 F8 键，弹出【转换为元件】对话框，在【类型】下拉列表框中，选择【影片剪辑】选项，单击【确定】按钮。

在工具箱中，单击 3D 平移工具，在【时间轴】面板的第 1 帧上右击，在弹出的快捷菜单中，选择【创建补间动画】菜单项。

在舞台中，单击并拖动鼠标指针，沿 Z 轴移动实例元件。

在【图层 1】的第 24 帧处，按下 F5 键，插入帧。

在键盘上按下 Ctrl+Enter 组合键，检测刚刚创建的动画，这样即可完成制作"移动的气球"的动画操作。

第 11 章

一、填空题

1. ActionScript 2.0 函数 对象支持
2. 变量 变量值 字符串
3. 数值运算符 数值运算符

二、判断题

1. √
2. √
3. ×
4. ×

三、思考题

1. 在 ActionScript 中，除了关键字区分大小写之外，其余 ActionScript 的大小写字母可以混用，但是遵守规则的书写约定可以使用脚本代码更容易被区分，便于阅读，以下语句的含义是相同的，例如：

```
name=s
NAME=s
```

2. String 数据类型表示的是一个字符串。无论是单一字符还是数千字符串，都使用这个变量类型，除了内存限制以外，对长度没有任何限制，但是，如何要赋予字符串变量，字符串数据应用单引号或双引号引用。

第 12 章

一、填空题

1. while while true false
2. 类 编写类 public

二、判断题

1. √

2. ×
3. ×

三、思考题

1. 选中要添加代码的影片剪辑元件，在菜单栏中，选择【窗口】→【动作】菜单项，打开【动作】面板，单击【动作】工具栏中的【将新项目添加到脚本中】，选择【全局函数】→【影片剪辑控制】→ removeMovieClip 选项，即可添加 ActionScript 代码。

2. 在 Flash CS6 中，特殊条件判断语句一般用于赋值，本质是一种计算形式，格式如下：

变量=判断条件？表达式 1 ：表达式 2；

如果判断条件成立，a 就取表达式 1 的值；如果不成立，a 就取表达式 2 的值。

如下列代码：

```
Var a: Number=1
Var b: Number=2
Var max: Number=a>b a:b
```

执行以后，max 就为 a 和 b 中较大的值，即值为 2。

上机操作

1. 新建文档，在菜单栏中，选择【插入】菜单项，在弹出的下拉菜单中，选择【新建元件】菜单项。

弹出【新建元件】对话框，在【类型】下拉列表框中，选择【图形】选项，在【名称】文本框中，输入准备创建的名称，如"樱花"，单击【确定】按钮。

在菜单栏中，选择【文件】菜单项，在弹出的下拉菜单中，选择【导入】菜单项，在弹出的子菜单中，选择【导入到舞台】菜单项。

弹出【导入】对话框，选择准备导入的素材背景图像，如"樱花飘落的动画.png"，单击【打开】按钮。

使用任意变形工具调整图形的大小，使其更加符合樱花的大小。

在菜单栏中，选择【插入】菜单项，在弹出的下拉菜单中，选择【新建元件】菜单项。

弹出【新建元件】对话框，在【类型】下拉列表框中，选择【影片剪辑】选项，在【名称】文本框中，输入准备创建的名称，如"樱花影片"，单击【确定】按钮。

创建【樱花影片】元件后，将【樱花】元件拖入至【樱花影片】元件中。

在【时间轴】面板的【图层1】中，分别在第10帧和第20帧处，插入关键帧。

插入关键帧后，在【时间轴】面板中选择第10帧。

在舞台中，将第10帧中的组件"樱花"往左下方拖动一小段距离。

在【属性】面板的【样式】下拉列表框中，选择Alpha选项，在Alpha文本框中，输入数值，如"100"。

在【时间轴】面板中，选择第20帧。

在舞台中，将第20帧中的组件"樱花"往左下方拖动一小段距离，应注意的是拖动的距离要多过第10帧。

在【属性】面板的【样式】下拉列表框中，选择Alpha选项，在Alpha文本框中，输入数值，如"0"。

拖动元件至指定位置并设置效果后，在【时间轴】面板中，右击第1帧，在弹出的快捷菜单中，选择【创建传统补间】菜单项。

在【时间轴】面板中，右击第20帧，在弹出的快捷菜单中，选择【创建传统补间】菜单项。

返回到场景1中，在菜单栏中，选择【文件】菜单项，在弹出的下拉菜单中，选择【导入】菜单项，在弹出的子菜单中，选择【导入到舞台】菜单项。

弹出【导入】对话框，选择准备导入的素材背景图像，如"樱花飘落的动画.ipg"，单击【打开】按钮。

使用任意变形工具调整图形的大小。

在【时间轴】面板中，新建一个图层，如【图层2】。

将【樱花影片】元件拖曳至舞台。

选中【樱花影片】元件后，在【属性】面板中，在【名称】文本框中，设置实例名称，如"img"。

在【时间轴】面板中，在【图层1】和【图层2】中，在键盘上按下F5键，在第3帧处插入普通帧。

在【时间轴】面板中，新建一个图层，如【图层3】，同时在第1帧、第2帧和第3帧处插入三个空白关键帧。

在【时间轴】面板中，选中【图层3】中的第1帧。

在键盘上按下F9键，打开【动作】面板，在动作编辑区中，输入如下代码。

```
var i=0;
```

在【时间轴】面板中，选中【图层3】中的第2帧。

在【动作】面板中，在动作编辑区中，输入如下代码。

```
var k = random(60);
duplicateMovieClip("img", "img"+i,
i);
with (this["img"+i]) {
    _xscale = _yscale=k+20;
    _alpha = k+40;
    _y = 50-k;
    _x = random(550);
}
i++;
```

在【时间轴】面板中，选中【图层3】中的第3帧。

在【动作】面板中，在动作编辑区中，输入如下代码。

```
if (i>300) {
    i = 0;
} else {
    gotoAndPlay(2);
}
```

选中编辑动画的文档，在【属性】面板的【脚本】下拉列表框中，选中 ActionScript 2.0 选项。

按下键盘上的 Ctrl+Enter 组合键，检测刚刚创建的动画效果，通过以上操作方法即可完成制作樱花飘落的动画效果的操作。

2. 新建文档，在菜单栏中，选择【修改】菜单项，在弹出的下拉菜单中，选择【文档】菜单项。

弹出【文档设置】对话框，在【背景颜色】框中设置背景颜色为白色，单击【确定】按钮。

设置文档后，在菜单栏中，选择【插入】菜单项，在弹出的下拉菜单中，选择【新建元件】菜单项。

弹出【新建元件】对话框，在【类型】下拉列表框中，选择【影片剪辑】选项，在【名称】文本框中，输入准备创建的名称，如"箭雨"，单击【确定】按钮。

使用刷子工具在元件舞台中绘制一条箭形并填充成黑色，作为箭的基本形状。

单击【场景1】链接项，返回到主场景舞台中。

返回到舞台中，在【库】面板中，右键单击【箭雨】元件，在弹出的快捷菜单中，选择【属性】菜单项。

弹出【元件属性】对话框，在【高级】扩展区域中，选中【为 ActionScript 导出】和【在第1帧中导出】复选框，在【类】文本框中，输入类的名称，如"ball"，单击【确定】按钮。

在菜单栏中，选择【文件】菜单项，在弹出的下拉菜单中，选择【导入】菜单项，在弹出的子菜单中，选择【导入到舞台】菜单项。

弹出【导入】对话框，选择准备导入的素材背景图像，如"箭雨.png"，单击【打开】按钮。

插入背景图像，然后在舞台中调整其大小。

单击【时间轴】面板左下角的【新建图层】按钮，新建一个图层，如【图层2】。

在【时间轴】面板中，选择【图层2】中的第1帧，然后在动作编辑区中，输入如下代码。

```
stop();//
stage.scaleMode=StageScaleMode.E
XACT_FIT;//
var ROT:int=150;
var NUM:int=20;
var SPEEDBASE:int=5;
var SCALEBASE:Number=0.5;
var STAGEX:Number=stage.width;
var STAGEY:Number=stage.height;
var ojArray:Array=new Array();
for (var n=0; n<NUM; n++) {
    var ballMc:ball=new ball();
    ojArray.push({xSet:int(Math.
random()*STAGEX),

ySet:int(Math.random()*STAGEY),

scaleSet:Math.random()+SCALEBASE,

speed:int(Math.random()*2+SPEEDBASE)
,
                mc:ballMc});
}
for (var m=0; m<NUM; m++) {
    ojArray[m].mc.x=ojArray[m].x
Set;
    ojArray[m].mc.y=ojArray[m].y
Set;
    ojArray[m].mc.scaleX=ojArray
[m].scaleSet;
    ojArray[m].mc.rotation=ROT;
    stage.addChild(ojArray[m].mc
);
}
stage.addEventListener(Event.ENT
```

```
ER_FRAME,mov);
    function mov(event:Event):void {
        var p=0;
        for (p=0; p<NUM; p++) {
            var rad = ROT*Math.PI/180;
            var dx =
Math.cos(rad)*ojArray[p].speed;
            var dy =
Math.sin(rad)*ojArray[p].speed;
            ojArray[p].mc.x += dx;
            ojArray[p].mc.y += dy;
            if
            (ojArray[p].mc.x>=

STAGEX+Math.cos(rad)*ojArray[p].mc.w
idth) {
                ojArray[p].mc.x =
int(Math.random()*STAGEX);
                ojArray[p].mc.y =
int(Math.random()*STAGEY);
            }
        }
    }
```

按下键盘上的 Ctrl+Enter 组合键，检测刚刚创建的动画效果，通过以上操作方法即可完成制作箭雨的动画效果操作。

第 13 章

一、填空题

1. 函数 语句 将新项目添加到脚本中
2. ActionScript 2.0 调试器 SWF 文件

二、判断题

1. √
2. ×

三、思考题

1. 新建文档，在菜单栏中，选择【文件】菜单项，在弹出的下拉菜单中，选择【导入】菜单项，在弹出的子菜单中，选择【导入到舞台】菜单项。

在【导入】对话框中，选择准备导入的素材背景图片，单击【打开】按钮。

将外部图像文件导入舞台后，调整素材图像的大小和位置。

在【时间轴】面板的左下角，单击【新建图层】按钮，这样即可新建一个图层，如【图层 2】。

在菜单栏中，选择【文件】菜单项，在弹出的下拉菜单中，选择【导入】菜单项，在弹出的子菜单中，选择【导入到舞台】菜单项。

在【导入】对话框中，选择准备导入的蝴蝶图形素材，单击【打开】按钮。

在键盘上按下 F8 键，弹出【转换为元件】对话框，在【类型】下拉列表框中，选择【影片剪辑】选项，单击【确定】按钮。

将蝴蝶图像转换为元件后，在【属性】面板中，在【实例名称】文本框中输入名称，如"hd"。

选中【图层 2】的第 1 帧后，打开【动作】面板，在其中输入代码，如"startDrag();"。

将鼠标光标放置在()中间，单击【插入目标路径】按钮。

弹出【插入目标路径】对话框，选择 hd 选项，单击【确定】按钮。

在【动作】面板中，修改当前代码，将代码修改如下：

"startDrag("_root.hd",true);"

返回到舞台中，使用任意变形工具调整蝴蝶图形的大小。

在键盘上按下 Ctrl+Enter 组合键，检测刚刚创建的动画，移动鼠标，蝴蝶将跟随鼠标移动，通过以上方法即可完成制作鼠标跟随效果的操作。

2. 新建文档，在菜单栏中，选择【文件】菜单项，在弹出的下拉菜单中，选择【导

Flash CS6 中文版动画设计与制作

入】菜单项，在弹出的子菜单中，选择【导入到舞台】菜单项。

在【导入】对话框中，选择准备导入的素材背景图片，如"制作发送电子邮件动画.jpg"，单击【打开】按钮。

将外部图像文件导入舞台后，调整素材图像的大小和位置。

选择文本工具后，在【属性】面板中，将【系列】设置为【方正大标宋简体】，在【大小】微调框中，设置文本的大小，在颜色框中，设置文本颜色，如"白色"。

在【时间轴】面板的左下角，单击【新建图层】按钮，这样即可新建一个图层，如【图层2】。

新建图层后，在文档中创建文本，如"电子邮件链接"。

在【属性】面板的【链接】文本中，输入准备链接的邮箱地址，如 mailto:itmingjian@163.com。

在键盘上按下 Ctrl+Enter 组合键，检测刚刚创建的动画，单击测试动画中的【电子邮件链接】链接项，用户可以打开 Outlook 对该电子邮箱发送邮件。通过以上方法即可完成制作发送电子邮件动画的操作。

上机操作

1. 新建文档，在菜单栏中，选择【文件】菜单项，在弹出的下拉菜单中，选择【导入】菜单项，在弹出的子菜单中，选择【导入到舞台】菜单项。

在【导入】对话框中，选择准备导入的素材背景图片，单击【打开】按钮。

将外部图像文件导入舞台后，调整素材图像的大小和位置。

在【时间轴】面板的左下角，单击【新建图层】按钮，这样即可新建一个图层。

打开【动作】面板，在其中输入准备设置的代码。

将文档发布成.swf 文件，打开发布的.swf 文件，这样即可查看全屏的效果，通过以上方法即可完成全屏播放图片的操作。

2. 打开"全屏播放图片"实例，在【时间轴】面板的左下角，单击【新建图层】按钮，这样即可新建一个图层，如【图层3】。

执行【窗口】主菜单，在弹出的下拉菜单中，选择【公用库】菜单项，在弹出的子菜单中，选择 Button 菜单项。

在打开的【外部库】面板中，选择准备使用的按钮样式。

将准备使用的按钮样式拖曳至舞台中。

打开【动作】面板，在其中输入准备设置的代码。

将文档发布成.swf 文件，打开发布的.swf 文件，单击动画中的按钮，这样即可退出影片。通过以上方法即可完成退出全屏的操作。

第 14 章

一、填空题

1. 宽度和高度　保持不变　任意变形工具
2. 复选框　复选标记　顶部或底部

二、判断题

1. ×
2. √
3. √

三、思考题

1. 在菜单栏中，选择【窗口】菜单项，在弹出的下拉菜单中，选择【组件】菜单项。

打开【组件】面板，选择 User Interface 菜单项，在展开的选项中，选择 Button 选项。

将选择的组件拖曳到舞台中。

在【属性】面板中，用户可以对其参数进行设置。

2. 在菜单栏中，选择【窗口】菜单项，在弹出的下拉菜单中，选择【组件】菜单项。

打开【组件】面板，选择 User Interface 菜单项，在其中选择 Label 选项。

将选择的组件拖曳到舞台中。

在【属性】面板中，用户可以对其参数进行设置。

上机操作

1. 新建文档并将素材导入到舞台中，调整其大小。

在【时间轴】面板中，单击【新建图层】按钮，新建一个图层，如【图层 2】。

使用文本工具在舞台中创建问题文本。

打开【组件】面板，选择 User Interface 菜单项，在其中选择 Combo Box 选项。

将选择的组件拖曳到舞台中并调整其大小。

在【属性】面板中，单击 data 右侧的属性框。

弹出【值】对话框，多次单击【添加】按钮，在弹出的文本框中，添加数据作为答案选项，单击【确定】按钮。

创建答案选项后，在【属性】面板中，单击 labels 右侧的属性框。

弹出【值】对话框，多次单击【添加】按钮，在弹出的文本框中，添加数据作为答案选项，单击【确定】按钮。

返回到舞台中，选中 Combo Box 组件后，在【属性】面板的【实例名称】文本框中，设置实例名称为"box"。

在【时间轴】面板中，单击【新建图层】按钮，新建一个图层，如【图层 3】。

选中【图层 3】的第 1 帧后，打开【动作】面板，输入代码。

在【时间轴】面板中，单击【新建图层】按钮，新建一个图层，如【图层 4】。

新建图层后，执行【窗口】主菜单，在弹出的下拉菜单中，选择【公共库】菜单项，在弹出的子菜单中，选择 Button 菜单项，输入代码。

打开【外部库】面板，选择准备使用的按钮元件并将其拖曳至舞台中。

双击该按钮元件进入编辑状态，将"Enter"字样改为"提交"字样。

返回主场景中，选中创建的按钮元件，在【属性】面板的【实例名称】文本框中，设置实例名称为"tj_btn"。

在【时间轴】面板中，单击【新建图层】按钮，新建一个图层，如【图层 5】，在【图层 1】和【图层 5】的第 2 帧处插入关键帧。

选中【图层 5】的第 2 帧后，在【外部库】面板中，选择准备使用的按钮元件并拖曳至舞台中。

双击该按钮元件进入编辑状态，将"Enter"字样改为"返回"字样。

返回主场景中，选中创建的按钮元件，在【属性】面板的【实例名称】文本框中，设置实例名称为"fh_btn"。

在【时间轴】面板中，单击【新建图层】按钮，新建一个图层，如【图层 6】。

选择【图层 6】的第 2 帧后，使用文本工具，在舞台中绘制一个文本矩形框。

创建文本矩形框后，在【属性】面板中，将文本框转换为动态文本模式，在【变量】文本框中，设置变量名称，如"jg"。

设置变量名称后，选择【答题】按钮元件，在【动作】面板中，输入代码。

选择【返回】按钮元件，在【动作】面板中，输入代码。

在键盘上按下 Ctrl+Enter 组合键，检测刚刚创建的动画，在下拉列表中选择答题选项，单击【提交】按钮。

提交答案，进入判断界面，无论正确与否，都有提示信息，单击【返回】按钮，则可重新答题，这样即可完成制作知识问答界面的操作。

2. 新建文档并将素材导入到舞台中，调整其大小。

打开【组件】面板，选择 User Interface 菜单项，在其中选择 Datechooser 选项。

将选择的组件拖曳到舞台中并调整其大小。

在【属性】面板中，单击 dayNames 右侧的属性框。

弹出【值】对话框，在【值】区域中，将代表星期的英文字母改为中文状态，单击【确定】按钮。

在【属性】面板中，单击 monthNames 右侧的属性框。

弹出【值】对话框，在【值】区域中，将代表月份的英文字母改为中文状态，单击【确定】按钮。

选中组件，在键盘上按下 F8 键，在弹出的【转换为元件】对话框中，在【类型】下拉列表框中，选择【影片剪辑】选项，单击【确定】按钮，这样可以将组件转换成影片剪辑元件。

选中转换后的影片剪辑元件，在【属性】面板的【混合】下拉列表框中，选择【正片叠底】选项，在【呈现】下拉列表框中，选择【缓存为位图】选项，在【呈现】下方的下拉列表框中，选择【透明】选项。

在键盘上按下 Ctrl+Enter 组合键，检测刚刚创建的动画，这样即可完成制作中文版月历的操作。

第 15 章

一、填空题

1. 矢量图 矢量图 尺寸无关
2. 未下载完成 导致中断
3. 【发布预览】 QuickTime QuickTime

二、判断题

1. √
2. √
3. ×
4. √

三、思考题

1. 启动 Flash CS6，选中矢量图形，在菜单栏中，选择【修改】菜单项，在弹出的下拉菜单中，选择【形状】菜单项，在弹出的子菜单中，选择【优化】菜单项。

弹出【优化曲线】对话框，在【优化强度】文本框中，输入优化的数值，单击【确定】按钮，这样即可完成矢量图形优化的操作。

2. 要用发布功能预览文件，只需要在【发布设置】对话框中，定义导出选项后，选择【文件】菜单项，在弹出的下拉菜单中，选择【发布预览】菜单项，并从子菜单中选择所需要预览的格式选项，如【默认(HTML)】。

这样即可完成发布预览的操作。